理工系のための
確率・統計

竹田雅好・上村稔大 共著

培風館

はじめに

　本書は，基本的な微分積分および線形代数の初歩を学んだ，あるいは現在学んでいる理工系の学生を主な対象とする確率・統計の教科書である．

　調べたい対象を固定し，その対象に関して調べたい事柄があるとする．例えば，対象が日本人成人男性で，調べたい事柄として平均身長が考えられる．一般に，調べたい事柄は数値で表現され，その一つひとつに対して数値が対応する．対象の数が少なければ，すべての対象を調べることにより対象の数と同数の数値が得られ，完全な情報を得ることができるかもしれない．しかし，対象が日本人成人男性ともなると，全員の身長を調べて平均値をだすことは大変であり費用もかかる．たとえ対象の数が少なくても，一つの事柄を調べることに大変な費用がかかる場合もあるだろう．

　統計学の目的は，調べたい対象の中から無作為に選ばれた対象の限られた数値 (データ) を使って，全体を推し量る手法を与えることにある．どの対象が選ばれるかわからないので，選ばれる前の数値は確率変数として表現され，その確率変数の分布を知りたい．選ばれた後はいくつかの数値が与えられることになり，その与えられた数値から確率変数の分布を推測することが必要となる．

　確率・統計などとセットでよばれることが多いので区別のつかないものと思っているかもしれない．確かに，統計学は確率論を基礎にしている．しかし，確率論と統計学では視点において大きな違いがある．確率論では，あらかじめ与えられた確率によって確率変数の数学的な平均・分散が定義される．完全に数学である．しかし統計学では，あらかじめ与えられた確率などなく，あるのはサンプルとして選ばれたいくつかの数値のみである．その数値たちも何がでてくるかわからない．この数値をもとに調べたい事柄について判断を下す方法が統計である．その意味で，統計を理解するには厳密さにこだわりすぎないおおらかさが求められる．一方で，たくさんの数 (ランダムなデータ) が集まると，そこには何らかの傾向が現れるのも事実である．このことの数学的裏づけをするのが確率論であり，統計学の基礎が確率論といわれる理由である．したがって，両者をバランス良く学ぶことが肝要であり，厳密さにとらわれすぎると統計学を理解できずに学習を途中であきらめることになりかねない．

i

　不確実性を含む多数のデータから，知りたい事柄に対してそれなりの確信を
もって判断を下さないといけない場面が現実世界には山ほど存在する．確率や
統計の誤った理解は，誤った決定や主張を導くことになるだろう．統計学は，
まさに意思決定の手段であり，数学だけではないおもしろさがある．

　本書では，確率論の入門からはじめて，古典統計学の理論である推定・検定
を学ぶ．本書と同様のタイトルをもつおびただしい数の教科書が出版されてい
る．本書はそれらの標準的な本に比べて確率論に偏っているかもしれない．ま
た，理工系の 1，2 回生のときに学習する微分・積分の内容のいくつかの定理の
証明も可能な限り入れた．その分，初学者が通常学ぶ統計の内容の取り扱いが
多少手薄になった．使いながら，修正・補充できたらと考えている．一方で，
分布に関するベイズの公式，その点推定への応用，事象に関する確率不等式の
取り扱いや大偏差原理におけるクラメールの定理など，通常の教科書では詳し
く取り上げられない内容も加えるなど，類書には見られない特色がでたのでは
ないかと思っている．統計学を一度は学んだが，その背景にある数学について
知りたい読者にとっても有用な書となるものと思う．なお，若干難しい内容に
ついては * をつけている．はじめは読み飛ばしてもかまわない．必要になった
段階で改めて読み返してもらえばよい．★ の付いた証明についても難易度の高
い内容が含まれているため少し文字を小さくしている．

　本書の執筆にあたって，次の本を参考にした．

- 「数理統計学 (改訂版)」(稲垣宣生 著，2003 年，裳華房)
- 「確率モデル要論——確率論の基礎からマルコフ連鎖へ——」(尾畑伸明 著，2012 年，牧野書店)
- 「統計学の基礎」(栗栖 忠・稲垣宣生・濱田年男 著，2001 年，裳華房)
- 「確率と統計」(道工 勇 著，2012 年，数学書房)
- 「A course in probability thoery (3rd edition)」(Kai Lai Chung 著，2000 年，Academic Press)
- 「Introduction to probability and statistics for engineers and scientists (6th edition)」(Sheldon M. Ross 著，2020 年，Academic Press)

　最後に，本書で掲載している多くの図や表，付表や巻末の問および章末問題
の略解の作成にあたっては，防衛大学校の土田兼治先生に多大なるご協力をい
ただいた．ここに感謝の意を表します．

　本書が確率・統計の理解の向上につながり，さらにはデータサイエンスの一
翼を担う理論的基礎の知識を背景にもった人材育成の一助となれば幸いである．

　2023 年 弥生 3 月

竹田 雅好・上村 稔大

目　　次

1

データを集める

　AI やデータサイエンスなど，いわゆる大量のデータに基づいて分析を行う場面が多くなってきた．ところが，データをどう扱ってよいか，どう分析にのせてよいかがわからないことも多い．そもそも，データとして「何が必要なのか」が判然としないまま，目の前にあるデータをコンピュータに入力して，統計処理ソフト等を用いて出力された結果を見ただけで分析できた気になっている人も多いのではないか．本章では，確率や統計の考え方を述べるために必要な言葉の定義を行ったうえで，簡単なデータを用いながら，データを分析するとはどういうことか，データから何がいえるのかについて，古典的な記述統計の立場から説明していくことにする．

1.1　データを集める

　データを入手するためには，何らかの (調査) 行動を起こす，あるいは実験を行う必要がある．このとき，その行動・実験のことを，**試行実験** (trial)(簡単に，**試行**または**実験**とよぶことがある) という．また，その試行によって現れる可能な結果が何であるかを知っておく必要がある．その際の結果をすべて集めたものを**標本空間** (sample space) とよび，Ω で表す．こうして得られるデータ一つひとつを**標本** (sample) あるいは**標本点** (sample point) とよぶ．

◇**例** 1.1. (1) サイコロを 1 回投げる試行を考える．このときの標本空間 Ω は

$$\Omega = \{1, 2, 3, 4, 5, 6\}$$

である．

(2) 来週 1 週間に雨が降る日を数える試行を考えると，このときの標本空間は $\Omega = \{0, 1, 2, 3, 4, 5, 6, 7\}$ である．

(3) ある高速道路の地点を 1 時間に通り過ぎる車のデータをとる試行は，車の数を数えることから，標本空間は

$$\Omega = \{0, 1, 2, 3, \cdots, n, n+1, \cdots\}$$

である．ここで Ω は，$\cdots, n, n+1, \cdots$ と無限に続いている．何台通り

1

過ぎるか具体的にはわからないため，結果としては上限なく集めておく必要があることからこのようにしておくのである．　　　　　　　　□

◎**問** 1.1. 次の各試行における標本空間を求めよ．
 (1) 100 問のクイズで，あなたが正解する問題の数 (を数える試行) の標本空間．
 (2) 1 年間であなたが医者にかかる回数 (を数える試行) の標本空間．
 (3) 銀行の窓口で待たされる時間 (を測る試行) の標本空間．

標 本 調 査

　必要なデータを集めるために，調べたい対象をすべて調査することを**一斉調査**あるいは**全数調査** (センサス，census) という．全国の調査で政府が行うものを**国勢調査** (national census) という．このとき，対象となる全体集合を**母集団** (population) という．一方，一斉調査とは別の方法で，代表となる標本を選んで調査することを**標本調査** (sampling) という．以下，標本調査の代表的なものをあげる．

- **無作為抽出**あるいは**ランダム・サンプリング**
  最もよく知られている調査方法の一つである．これは，母集団のどの標本も等しい割合で選ばれる選び方である．例えば，宝くじで当たった人を選んで調査するなど．
- **層化無作為多段階抽出**
  世論調査などで用いられる方法で，まず，母集団から母集団を正確に代表しているいくつかの標本の集団を意図的に選び出し，選ばれた中から，標本を無作為抽出で選び出す方法である．

▷**注意** 1.1. 市場調査における調査方法では，聞き取り調査，電話調査，RDD，訪問調査等いろいろあるが，時間とコストとの兼ね合いが重要となる．特に，すべてを調査することが困難な場合，あるいは莫大な費用がかかる場合は，標本調査を行う必要がある．そのときには，調査された標本が母集団を正確に代表していることが重要である．

◇**例** 1.2. あるテニスサークルでは運営方法を変更したいと思っている．サークルには 150 人のメンバー (大学生 50 人，社会人 100 人) が所属している．そこで，15 人を選び出して聞き取り調査をすることとした．

 (i) 全員 (150 人) から無作為に 15 人選ぶとすると，場合によっては社会人が大勢を占めて，大学生の意見が反映されにくくなる場合がある．

そのような可能性を排除するために，

 (ii) 大学生 50 人から 5 人を社会人 100 人から 10 人をそれぞれ無作為に選び出して調査することが考えられる．これは**層化無作為 2 段階抽出**である．　□

1.2 データを分析する

データが集まったら，次にデータを読み解くことが必要である．通常，データは数値化した形で得られる場合が多い．記述統計学においては，得られたデータを足し合わせて平均をとったり，何らかデータをグループ化してチャートやグラフを用いて図示する．また，より進んだデータ分析を行うためには推測統計学を用いる．

以下，よく知られたデータの取り扱い方を紹介しよう．

- **探索的データ解析** (exploratory data analysis)
  1960年代にテューキー (J.W. Tukey) によって提唱された，データの示唆する情報を多面的にとらえるアプローチである．データのパターンを探したり，特徴的なデータや，ターゲットとなるデータとの関係性・相関性をみつけることが目的となる．具体的には，
  ▷ データの分布 (拡がり具合) をみるために，**ヒストグラム**，**箱ひげ図**，**棒グラフ**や**帯グラフ**などでデータを表現し，
  ▷ データの関係性をみるために，**散布図**を描いたり，データを**クロス集計**したり，**ヒートマップ (色分け表)** で表したりすることなど，
  が基本的な考え方である．

- **演繹と帰納**
  様々な統計モデルを用いてデータ分析を行う際には，「このモデルが正しければ，これらの結果が従う」といった主張を行うことができるが，これは**演繹的**に導かれたものである．一般論から，ある特別な場合を議論する場合に適用される手法である．一方，「選ばれた標本の性質から，母集団も同じ性質をもつと結論できる」といった主張は**帰納的**に導かれたものである．ただし，標本が母集団から無作為に選ばれていると仮定したときの話である．

- **データの尺度**
  データは数値化されて得られる場合が多いと述べたが，その数値の捉え方は場面ごとに異なる．
  ▷ **分類の尺度** (classificatory scales) 例えば，「中学生」「高校生」「大学生」をそれぞれ数字の 1, 2, 3 で表現することがある．このとき，2 だからといって，高校生 (2) が中学生 (1) より "大きい"，大学生 (3) より "小さい"，という考え方はできない．また，中学生，高校生，大学生の 3 人がいたからといって，3 人の平均値は $\frac{1+2+3}{3} = 2$ だから，平均は「高校生 (2)」である，という使い方はできない．**分類**とは，データ

を適当にラベル化 (数値化) して，そのラベルに含まれるかどうかを考えるだけである．

▷ **順序の尺度** (ranking scales)　人々の意見に対して，順序を付けて (例えば 1 から 5 まで)「より悪い」(1)，⋯，「より良い」(5) 等と解釈することがある．ここでも，(数値の) 平均という考え方はそぐわない[1]．

▷ **間隔の尺度** (interval scales)　データ (数値) が意味をもつ範囲を考えることがある．例えば，ある地点の気温が 30°C とすると，それは 15°C よりは 15 度高いのであって，2 倍の暑さとは解釈しない．また，時間のデータを分析する場合，例えば，10 時に対して，5 時の 2 倍の時間という解釈はしない．また，間隔の尺度でも平均の考え方はそぐわない (もちろん，間隔の尺度においてあえて平均の考えを用いている分析もある)．

▷ **比の尺度** (ratio scales)　例えば，3 kg のスイカは 1 kg のそれより 2 kg 重いし，しかも 3 倍の重さである．これは**比**の考え方を用いている．また，この場合は平均の考え方も用いることができる．

◎**問 1.2.** 次のデータはどの尺度を用いるのが適当か？
(1) 電話番号　　　(2) 握力検査　　　(3) 統計学の試験の点数
(4) スポーツ大会の着順　　　(5) 血液型

1.3　確率の定義

確率 (probability) と関係の深い言葉に**ランダムネス** (randomness) という語がある．厳密に定義することが研究として試みられているが，ここでは，次に何が起こるか確定的に予想できないことと定義しておこう．例えば，コインを投げ続ける試行を考えると，次に表が出る，あるいは裏が出ることを確定的にいうことはできないが，全体として法則性があるとみてとれる．それゆえ，その法則性を研究することで確率論が成立するのである．すなわち，次にどちらが出るかを言い当てられなくとも，1/2 の確率で表が出る，あるいは裏が出るという命題はたてられる．その意味で，確率論は，ランダムネスそのものではなく，"ランダムネスの法則を扱う" 数学ということができる．したがって，事象の起こる確率を知っても，コインを投げて次にどちらが出るかを言い当てることはできない．

一方，"ランダムネスの法則を利用する" のが統計学である．そこで，まずはその法則について学ぶことにする．前節で，標本空間について説明した．こ

---

1)　たまに政府機関の調査で，順序の平均をとって，無理やり解釈している場合が見受けられる．

こでは，標本空間 Ω の部分集合，これを**事象** (event) とよび，事象の起こり
やすさとして**確率** (probability) を定義する[2]．事象の全体を $\mathcal{F}$ で表す．集合
$A \subset \Omega$ が事象であることは $A \in \mathcal{F}$ (あるいは $\mathcal{F} \ni A$) ということと同じであ
る．次の表は，事象に関する表現を論理記号を用いて表したものである．なお，
集合の演算との関連も注意してほしい[3]．

起こりうる最大の事象	Ω (標本空間)
絶対に起こらない事象	$\varnothing$ (空事象)
A, B のいずれかが起こる事象	$A \cup B$ (和事象)
A, B のどちらも起こる事象	$A \cap B$ (積事象)
A が起こらない事象	$A^c = \Omega \backslash A$ (余事象)
A は起こるが B は起こらない事象	$A \backslash B = A \cap B^c$ (差事象)

ここで，事象 A が起きれば必ず事象 B も起きるとき，A は B の**部分事象**と
よび $A \subset B$ と書く．また，事象 A と B が同時に起こらないとき，A と B は
排反事象であるといい，$A \cap B = \varnothing$ と書き表す．

「統計学」や「データ分析」でなされる判断の多くは，得られるデータの (出
現) 確率，あるいは (出現) 頻度に基づいて行われる．これが統計学，特に統計
的推測論の基礎である．

◇**例** 1.3. サイコロを 1 回振る試行を行う．このとき，標本空間は

$$\Omega = \{1, 2, 3, 4, 5, 6\}$$

である．また，それぞれ，$A =$ "偶数が出る"，$B =$ "3 以下の数字が出る"，
$C =$ "6 の目が出る" とする．このとき，事象 A, B, C を書き表すと，

$$A = \{2, 4, 6\}, \quad B = \{1, 2, 3\}, \quad C = \{6\}$$

である．また，

$$A^c = \{1, 3, 5\}, \quad A \cap B = \{2\}, \quad B \cup C = \{1, 2, 3, 6\}, \quad (A \cup B)^c = \{5\}$$

である．　　　　　　　　　　　　　　　　　　　　　　　　　　　　□

◎**問** 1.3. 上の例 1.3 の集合 Ω, A, B, C を考える．このとき，次の集合を書き表せ．
(1) $B^c, C^c, A \cup B, C \cup A$
(2) $B \cap C, C \cap A, (A \cup B \cup C)^c$
(3) $A^c \cap B, B^c \cap C, C^c \cap A$

2)　一般に，標本空間の元の個数が有限でないとき，部分集合のすべてに対して "確率" を定義
することはできないことが知られている．数学的には，可測空間に基づいて確率 (= **確率測度**) を
定義することになる．
3)　集合の演算の詳しい説明については付録の §A.1 を参照のこと．

確 率 空 間

様々な試行によって起こりうる (結果) 事象の集まり，およびそれらの起こり
やすさを表現するために，それを数学的に議論するための枠組みを用意してお
く必要がある.

試行によって得られる対象となるすべての結果を集めたものが**標本空間** Ω で
あった. そして，標本空間 Ω の部分集合 (事象) の集まり (これを**集合族**と
いう) $\mathcal{F}$ で次の性質をもったもの，Ω 上の $\overset{\text{シグマ}}{\sigma}$**-加法族** ($\sigma$-field) とよぶ，を考
える:

(σ.1) Ω および $\varnothing$ は $\mathcal{F}$ に含まれる ($\Omega, \varnothing \in \mathcal{F}$),

(σ.2) A が $\mathcal{F}$ に含まれるならば，A の余事象 A^c も $\mathcal{F}$ に含まれる ($A \in \mathcal{F} \Rightarrow$
         $A^c \in \mathcal{F}$),

(σ.3) $A_1, A_2, \cdots, A_n, \cdots$ が $\mathcal{F}$ に含まれるならば，これらの和事象 $A_1 \cup$
         $A_2 \cup \cdots \cup A_n \cup \cdots$ も $\mathcal{F}$ に含まれる ($\{A_n\}_{n=1}^{\infty} \subset \mathcal{F} \Rightarrow \bigcup_{n=1}^{\infty} A_n \in \mathcal{F}$).

Ω の部分集合全体の集合族を $\mathcal{P}(\Omega)$ とすると，$\mathcal{P}(\Omega)$ は明らかに Ω 上の
σ-加法族となる.

一般に，(必ずしも σ-加法族とは限らない) Ω の集合族 $\mathcal{A}$ に対して，$\mathcal{A}$ を含む
最小の Ω 上の σ-加法族が存在することが知られている. これを $\sigma(\mathcal{A})$ と書く.

▷ **注意 1.2.** (1) $\mathcal{A}$ が Ω 上の σ-加法族ならば，$\mathcal{A} = \sigma(\mathcal{A})$ である.
(2) 集合族 $\mathcal{A}_1, \mathcal{A}_2$ に対して，$\mathcal{A}_1 \subset \mathcal{A}_2$ ならば $\sigma(\mathcal{A}_1) \subset \sigma(\mathcal{A}_2)$ である.
(3) $A \subset \Omega$ に対して，$\mathcal{A} = \{A\}$ ならば $\sigma(\{A\}) = \{\varnothing, A, A^c, \Omega\}$ である.

そして最後に，事象の集まりである σ-加法族 $\mathcal{F}$ が定まったら，$\mathcal{F}$ に含まれ
る個々の事象の起こりやすさを表す指標 (確率) を用意する. 各 $A \in \mathcal{F}$ に対し
て A の起こる**確率**を $P(A)$ と書くとき，P は次の性質をもつ:

(p.1) すべての事象 $A \in \mathcal{F}$ に対して, $0 \leqq P(A) \leqq 1$ を満たし, 特に $P(\Omega) = 1$
        かつ $P(\varnothing) = 0$ となる,

(p.2) (**完全加法性**または**可算加法性**) 互いに排反な事象の列 $A_1, A_2, \cdots, A_n, \cdots$
        ($i \neq j \Rightarrow A_i \cap A_j = \varnothing$) に対して，

$$P\left(\bigcup_{n=1}^{\infty} A_n\right) = \sum_{n=1}^{\infty} P(A_n)$$

が成り立つ.

このとき，Ω と $\mathcal{F}$ の組 $(\Omega, \mathcal{F})$ を**可測空間**，さらに P を付け加えた三つ組

$(\Omega, \mathcal{F}, P)$ を**確率空間**とよぶ. P を Ω 上の**確率測度**という[4]. 今後, このような確率空間を数学的なモデルとして扱うことになる.

◇**例 1.4.** (1) (コイン投げのモデル) $n \in \mathbb{N}$ とする.

$$\Omega = \big\{ \boldsymbol{\omega} = (\omega_1, \omega_2, \cdots, \omega_n) : \omega_i = 0 \text{ または } 1, \ i = 1, 2, \cdots, n \big\}$$

とおき, $\mathcal{F}$ を Ω の部分集合全体 $\mathcal{P}(\Omega)$ とする. このとき, Ω の元の個数は 2^n 個である. 任意の $A \in \mathcal{F}$ に対して, A の元の個数を $n(A)$ と表すとき,

$$P(A) = \frac{n(A)}{2^n}$$

と定義すると, P は Ω 上の確率測度となる.

(2) Ω を可算集合とし, $\Omega = \{\omega_1, \omega_2, \cdots, \omega_n, \cdots\}$ とする. $\{p_i\}$ を非負値の数列で $\sum_{n=1}^{\infty} p_n = 1$ が成り立つものとする. このとき,

$$P(A) = \sum_{k, \, \omega_k \in A} p_k, \quad A \subset \Omega$$

と定めると, P は可測空間 $(\Omega, \mathcal{P}(\Omega))$ 上の確率測度となる. ただし, $\sum_{k, \, \omega_k \in A}$ は, $\omega_k \in A$ となる k について p_k の和をとることを意味する. 三つ組 $(\Omega, \mathcal{P}(\Omega), P)$ を**離散確率空間**とよぶ.

(3) $\Omega = [0, 1]$ とし, $[0, 1]$ に含まれる開区間の集合族 $\{(a, b) : 0 \leqq a < b \leqq 1\}$ を含む最小の $[0, 1]$ 上の σ-加法族を $[0, 1]$ 上の**ボレル可測集合族** (Borel σ-field) とよび, これを $\mathcal{B}([0, 1])$ と書く. このとき, 任意の $A = (a, b)$ に対して,

$$P(A) = b - a$$

となる $([0, 1], \mathcal{B}[0, 1])$ 上の確率測度がただ一つ存在することが知られている. この P のことを **$[0, 1]$ 上のルベーグ測度** (Lebesgue measure) とよぶ.

□

次に, 以下の命題が成り立つことを示す.

命題 1.1. $(\Omega, \mathcal{F})$ を可測空間とするとき, 次が成り立つ:

$(\sigma.4)$ $A_1, A_2, \cdots, A_n, \cdots$ が $\mathcal{F}$ に含まれるならば, これらの積事象 $A_1 \cap A_2 \cap \cdots \cap A_n \cap \cdots$ も $\mathcal{F}$ に含まれる $(\{A_n\}_{n=1}^{\infty} \subset \mathcal{F} \ \Rightarrow \ \bigcap_{n=1}^{\infty} A_n \in \mathcal{F})$.

---

4) 正確には, 事象の集合族 $\mathcal{F}$ をあわせた $(\Omega, \mathcal{F})$ 上の確率測度というべきであるが, 簡単のため $\mathcal{F}$ は省略する.

証明：各 n について $B_n = A_n^c$ とおくと，$B_n \in \mathcal{F}$ であるから，$(\sigma.3)$ より $\bigcup\limits_{n=1}^{\infty} A_n^c = \bigcup\limits_{n=1}^{\infty} B_n \in \mathcal{F}$. ここで，$(\sigma.2)$ を用いると**ド・モルガンの法則**から，

$$\bigcap_{n=1}^{\infty} A_n = \Big(\bigcup_{n=1}^{\infty} A_n^c \Big)^c \in \mathcal{F}$$

となる．   □

命題 1.2. $(\Omega, \mathcal{F}, P)$ を確率空間とする．このとき，確率 P は次の性質をもつ：

$(p.3)$ (**有限加法性**) $A_1, A_2, \cdots, A_n$ が互いに排反ならば，

$$P\Big(\sum_{k=1}^{n} A_k \Big) = \sum_{k=1}^{n} P(A_k).$$

$(p.4)$ (**余事象の確率**) $P(A^c) = 1 - P(A)$.

$(p.5)$ (**単調性**) $A \subset B$ ならば，$P(B \backslash A) = P(B) - P(A)$ が成り立つ．特に $P(A) \leqq P(B)$ となる．

$(p.6)$ (**包含排除公式**)[5] 事象 B, C に対して，

$$P(B \cup C) = P(B) + P(C) - P(B \cap C)$$

が成り立つ．したがって，**劣加法性** $P(B \cup C) \leqq P(B) + P(C)$ も成り立つ．

$(p.7)$ (**単調収束定理 1**) $A_1 \subset A_2 \subset \cdots \subset A_n \subset \cdots$ ならば，$A = \bigcup\limits_{n=1}^{\infty} A_n$ とおくと，

$$P(A) = \lim_{n \to \infty} P(A_n)$$

が成り立つ．

$(p.8)$ (**単調収束定理 2**) $A_1 \supset A_2 \supset \cdots \supset A_n \supset \cdots$ ならば，$A = \bigcap\limits_{n=1}^{\infty} A_n$ とおくと，

$$P(A) = \lim_{n \to \infty} P(A_n)$$

が成り立つ．

$(p.9)$ (**可算劣加法性**) 任意の事象の列 $\{A_n\}_{n=1}^{\infty}$ に対して，

$$P\Big(\bigcup_{n=1}^{\infty} A_n \Big) \leqq \sum_{n=1}^{\infty} P(A_n).$$

---

5) ここでは，2つの事象の和事象についての公式を述べたが，より一般の $n \geqq 3$ についての公式も知られている．3つの事象に対する公式は

$$P(A \cup B \cup C) = P(A) + P(B) + P(C) - P(A \cap B) - P(B \cap C) - P(C \cap A) + P(A \cap B \cap C)$$

である．

証明: $(p.3)$. $A_1, A_2, \cdots, A_n$ を互いに排反とする. $k = n+1, n+2, \cdots$ に対して $A_k = \varnothing$ とおくと, $\{A_k\}_{k=1}^{\infty}$ は互いに排反である. このとき, $\bigcup_{k=1}^{n} A_k = \bigcup_{k=1}^{\infty} A_k$, $P(A_k) = P(\varnothing) = 0 \ (k \geqq n+1)$ に注意すると, $(p.2)$ より,

$$P\Big(\sum_{k=1}^{n} A_k \Big) = P\Big(\sum_{k=1}^{\infty} A_k \Big) = \sum_{k=1}^{\infty} P(A_k) = \sum_{k=1}^{n} P(A_k).$$

$(p.4)$. $A_1 = A$, $A_2 = A^c$ とおくと, A_1, A_2 は互いに排反であり, $A_1 \cup A_2 = A \cup A^c = \Omega$ となる. $(p.3)$ および $(p.1)$ により

$$1 = P(\Omega) = P(A_1 \cup A_2) = P(A_1) + P(A_2) = P(A) + P(A^c)$$

が成り立つから, $P(A^c) = 1 - P(A)$ となる.

$(p.5)$. $A \subset B$ とする. このとき, $B = A \cup (B \backslash A)$ かつ $A \cap (B \backslash A) = \varnothing$ である. よって, $(p.3)$ より $P(B) = P(A) + P(B \backslash A)$ となるから,

$$P(B \backslash A) = P(B) - P(A)$$

が成り立つ. また, $P(B \backslash A) \geqq 0$ に注意すると, $P(A) \leqq P(B)$ を得る.

$(p.6)$. $A_1 = B \cap C^c$, $A_2 = B \cap C$, $A_3 = C \cap B^c$ とおくと, A_1, A_2, A_3 は互いに排反な事象の列であり, $B \cup C = A_1 \cup A_2 \cup A_3$ だから, $(p.3)$ より

$$P(B \cup C) = P(A_1) + P(A_2) + P(A_3)$$
$$= P(B \cap C^c) + P(B \cap C) + P(C \cap B^c).$$

一方, $B = (B \cap C^c) \cup (B \cap C) = A_1 \cup A_2, C = (B \cap C) \cup (C \cap B^c) = A_2 \cup A_3$ であることに注意すると,

$$P(B \cup C) = \Big(P(B \cap C^c) + P(B \cap C) \Big) + \Big(P(C \cap B^c) + P(B \cap C) \Big)$$
$$- P(B \cap C)$$
$$= P(B) + P(C) - P(B \cap C).$$

$(p.7)$. $A_1 \subset A_2 \subset \cdots \subset A_n \subset \cdots$ とし, $A = \bigcup_{n=1}^{\infty} A_n$ とおく. また, $B_1 = A_1$, $n \geqq 2$ に対しては $B_n = A_n \backslash A_{n-1}$ と事象の列 $\{B_n\}$ を定める. すると, $\{B_n\}$ は互いに排反となるから, $A = \bigcup_{n=1}^{\infty} A_n = \bigcup_{n=1}^{\infty} B_n$ に注意して $(p.2)$ を用いると

$$P(A) = \sum_{n=1}^{\infty} P(B_n)$$

が成り立つ．また，$n \geqq 2$ のとき，$B_n = A_n \backslash A_{n-1}$ かつ $A_{n-1} \subset A_n$ より，$(p.6)$ を用いると $P(B_n) = P(A_n) - P(A_{n-1})$ となることから，

$$\begin{aligned}
P(A) &= \sum_{n=1}^{\infty} P(B_n) = P(B_1) + \lim_{n \to \infty} \sum_{k=2}^{n} P(B_k) \\
&= P(A_1) + \lim_{n \to \infty} \sum_{k=2}^{n} \big(P(A_k) - P(A_{k-1}) \big) \\
&= P(A_1) + \lim_{n \to \infty} \big(P(A_n) - P(A_1) \big) = \lim_{n \to \infty} P(A_n)
\end{aligned}$$

となる．

$\underline{(p.8)}$．$A_1 \supset A_2 \supset \cdots \supset A_n \supset \cdots$ とし，$A = \bigcap_{n=1}^{\infty} A_n$ とおく．$n \geqq 1$ に対して，$B_n = A_1 \backslash A_n$ と定めると，$B_1 \subset B_2 \subset \cdots \subset B_n \subset \cdots$ となる．ド・モルガンの法則により

$$\bigcup_{n=1}^{\infty} B_n = A_1 \backslash \bigcap_{n=1}^{\infty} A_n = A_1 \backslash A$$

となることに注意すると，$(p.5), (p.7)$ により

$$\begin{aligned}
P(A_1) - P(A) &= P\Big(A_1 \backslash \bigcap_{n=1}^{\infty} A_n \Big) = P\Big(\bigcup_{n=1}^{\infty} B_n \Big) \\
&= \lim_{n \to \infty} P(B_n) = \lim_{n \to \infty} \big(P(A_1) - P(A_n) \big).
\end{aligned}$$

よって，両辺 $P(A_1)$ を消去すると，

$$P(A) = \lim_{n \to \infty} P(A_n)$$

が成り立つ．

$\underline{(p.9)}$．各 $n \geqq 1$ に対して $B_n = \bigcup_{k=1}^{n} A_k$ とおくと，$\{B_n\}$ は単調増加であり，$\bigcup_{n=1}^{\infty} B_n = \bigcup_{n=1}^{\infty} A_n$ となる．よって，$(p.7)$ および $(p.6)$ を繰り返し用いることにより

$$\begin{aligned}
P\Big(\bigcup_{n=1}^{\infty} A_n \Big) &= P\Big(\bigcup_{n=1}^{\infty} B_n \Big) = \lim_{n \to \infty} P(B_n) = \lim_{n \to \infty} P\Big(\bigcup_{k=1}^{n} A_k \Big) \\
&\leqq \lim_{n \to \infty} \big(P(A_1) + P(A_2) + \cdots + P(A_n) \big) = \sum_{n=1}^{\infty} P(A_n). \quad \square
\end{aligned}$$

相対頻度としての確率空間

Ω を有限集合，Ω の元の個数を $n(\Omega)$ とする．Ω の部分集合のすべてを $\mathcal{F}$ とおくと，$\mathcal{F}$ は Ω 上の σ-加法族である．事象 A の確率を定義するために，

Ω のどの標本点の起こりやすさも同等である

(このことを**同様に確からしい**という) と仮定する．このとき，事象 A の確率 $P(A)$ を，

$$P(A) = \frac{n(A)}{n(\Omega)} \tag{1.1}$$

と定義する．ここで，$n(A)$ は A の標本点の数を表す．このとき，$(p.1)$ および $(p.2)$ が成り立つことがわかる．したがって，$(\Omega, \mathcal{F}, P)$ は確率空間である．これを**有限確率空間**とよぶことがある．

◇**例 1.5.** コインを 2 回続けて投げる試行を行う．このとき，**表が出る**ことを H (Head の略)，**裏が出る**ことを T (Tail の略) で表すことにすると，

$$\Omega = \{\mathsf{HH},\ \mathsf{HT}, \mathsf{TH}, \mathsf{TT}\}$$

である．ここで標本点として，HT は 1 回目に表，2 回目に裏が出たことを意味する．コインに偏りがなければ，表・裏の出やすさは同等であるから，$A = \{\mathsf{HH}\}$ とおくと，

$$P(A) = \frac{1}{4}$$

である．また，$B =$ "少なくとも 1 回は表が出る" とすると，$B^c =$ " 1 回も表が出ない" だから，$B^c = \{\mathsf{TT}\}$．よって，$P(B^c) = \frac{1}{4}$ より $P(B) = 1 - P(B^c) = 1 - \frac{1}{4} = \frac{3}{4}$．一方，$B = \{\mathsf{HH}, \mathsf{HT}, \mathsf{TH}\}$ だから，直接 $P(B) = \frac{3}{4}$ と求めることもできる．　　　　　　　　　　　　　　　　　　　　　　□

◆**例題 1.1.** 箱の中に赤玉が 4 個，青玉が 6 個，白玉が 5 個入っている．この箱から球を 1 つ取り出す試行を行う．

(1) 取り出された玉が赤である確率を求める．

(2) 取り出された玉が青である確率を求める．

(3) 取り出された玉が赤でない確率を求める．

(4) 取り出された玉が赤か白である確率を求める．

　解答：R, B, W をそれぞれ，取り出される玉が赤である事象，青である事象，白である事象とすると，

(1) $P(R) = \dfrac{4}{4+6+5} = \dfrac{4}{15}$

(2) $P(B) = \dfrac{6}{4+6+5} = \dfrac{2}{5}$

(3) (1) の結果を用いると，$P(R^c) = 1 - P(R) = 1 - \dfrac{4}{15} = \dfrac{11}{15}$.

(4) $R \cap W = \varnothing$ より，$P(R \cup W) = P(R) + P(W) = \dfrac{4}{15} + \dfrac{5}{15} = \dfrac{3}{5}$.　□

◎**問 1.4.** 偏りのないサイコロを 2 回続けて投げる試行を行う．このとき，1 回目には 4 以上の目が出て，2 回目には 4 以下の目が出る事象の確率を求めよ．

◎**問 1.5.** 偏りのないコインを 4 回続けて投げる試行を行う．このとき，次の問いに答えよ．

(1) 標本空間 Ω を書き表せ．

(2) 4 回のうち少なくとも 1 回は表が出る事象の確率を求めよ．

◇**例 1.6.** 5 つの工場 A, B, C, D, E をもつ会社の品質管理者は，毎週月曜から金曜日まで，製品の品質をチェックするために 1 日につき 1 つの工場を訪れる．また，どの工場を訪問するかは無作為に選ばれる．

(1) 工場 A から E への訪問ルートの数を数える試行を考えたとき，標本点の数 (標本空間の元の個数) はいくつあるか．

(2) 管理者が，2 週続いて同じルートで工場を訪問してしまう確率を求めよ．

解説： (1) ある週，工場を A–B–C–D–E の順で訪れるものとすると，これが 1 つの標本点となる．よって，考え方は次のとおりである：

(i) 月曜日に訪問可能な工場は，5 つの可能性があるから，5 通りである，

(ii) 火曜日は，月曜日に訪問した工場以外だから，4 通りである．

したがって，5 つの工場を訪問するルートの数 (標本点の数) は，

$$5! = 5 \times 4 \times 3 \times 2 \times 1 = 120 \quad (通り)$$

である．

(2) 2 週にわたって訪問するルートを数える試行だから，ルートの数 (標本空間の元の数) は

$$n(\Omega) = 5! \times 5! = 120 \times 120$$

であり，2 週続けて同じルートで工場を訪問するという事象を G とすると，$n(G) = 120$ だから，

$$P(G) = \frac{n(G)}{n(\Omega)} = \frac{120}{120 \times 120} = \frac{1}{120}.$$　□

◎**問 1.6.** A, B, C を，ある試行によって得られる標本空間 Ω の事象とする．次の各問いに答えよ．

(1) $A \cup B \cup C = \Omega$, $A \cap B \cap C = \varnothing$ を満たすとする．また，$P(A) = 0.25$, $P(B) = 0.55$ かつ $P(A \cap B) = P(B \cap C) = P(C \cap A) = 0.1$ であるとき，$P(C)$ を求めよ．

(2) $P(A) = 0.6$, $P(B) = 0.2$, $P(C) = 0.1$, $P(A \cup B) = 0.7$, $P(B \cup C) = 0.3$, $P(C \cup A) = 0.7$ であるとき, A, B, C がすべて起らない事象の確率を求めよ.

1.4 条件付確率と独立性

はじめに, 条件付確率について述べる.

条件付確率

事象 A, B に対して, $P(B) > 0$ とする. このとき, **事象 B が与えられたときの事象 A の条件付確率**, $P(A|B)$ または $P_B(A)$ と書く, を

$$P(A|B) = P_B(A) = \frac{P(A \cap B)}{P(B)} \tag{1.2}$$

で定義する. 条件付確率 $P(A|B)$ は, Ω の代わりに B を全体集合 (標本空間) とみたときの A の相対的な確率を表している.

Ω を有限集合とし, 特に, Ω のどの標本点も同様に確からしく現れると仮定するならば, $A \subset \Omega$ の確率は (1.1) より

$$P(A) = \frac{n(A)}{n(\Omega)}$$

で与えられる. このとき, $n(B) > 0$ ならば,

$$P(A \cap B) = \frac{n(A \cap B)}{n(\Omega)}, \quad P(B) = \frac{n(B)}{n(\Omega)}$$

より,

$$P(A|B) = \frac{P(A \cap B)}{P(B)} = \frac{n(A \cap B)}{n(B)}$$

である.

◆**例題** 1.2. 偏りのないサイコロを 2 回続けて投げる試行を行い, 出た目の和が 6 となる事象を B とする. このとき, 和が 6 であったとわかったときの, 出た目のどちらかが 2 である事象の条件付確率を求めよう.

　解答：事象 $A, B, A \cap B$ をそれぞれ

$A = $ "2 の目が現れる事象"

$= \{(2,1), (2,2), (2,3), (2,4), (2,5), (2,6), (1,2), (3,2), (4,2), (5,2),$

$(6,2)\},$

$B =$ "出た目の和が 6 である事象" $= \{(1,5),(2,4),(3,3),(4,2),(5,1)\}$,

$A \cap B = \{(2,4),(4,2)\}$

とすると,

$$P(B) = \frac{5}{36}, \quad P(A \cap B) = \frac{2}{36} = \frac{1}{18}$$

となる. よって, $P(A|B) = \frac{2}{5}$ である.   □

◎**問 1.7.** 偏りのないサイコロを 2 回続けて投げる試行を行う. このとき, 次の問いに答えよ.

(1) 1 回目に投げたサイコロの出た目が 5 であることがわかったとき, 出た目の和が 10 以上である事象の確率を求めよ.

(2) 2 回のうち, 少なくとも 1 回は 5 の目が出たとわかったとき, 出た目の和が 10 以上である事象の確率を求めよ.

(1.2) において, $A \cap B = B \cap A$ に注意して分母を払うと,

$$P(B \cap A) = P(B)P(A|B)$$

を得るが, 特に $B = A_1, A = A_2$ とおくと, 乗法定理とよばれる次の公式

$$P(A_1 \cap A_2) = P(A_1)P(A_2|A_1)$$

が成り立つ. このことを事象の列 $A_1, A_2, \cdots, A_n$ に対して拡張すると, より一般の乗法定理が成り立つことがわかる.

定理 1.1 (**乗法定理**). 事象 $A_1, A_2, \cdots, A_n$ に対して, $P(A_1 \cap A_2 \cap \cdots \cap A_{n-1}) > 0$ が成り立つならば,

$P(A_1 \cap A_2 \cap \cdots \cap A_n)$

$\quad = P(A_1)P(A_2|A_1)P(A_3|A_1 \cap A_2) \cdots P(A_n|A_1 \cap A_2 \cap \cdots \cap A_{n-1})$

が成り立つ.

◆**例題 1.3.** 12 個の製品が入った箱がある. そのうち 4 個が不良品であることがわかっているとする. この中から, 無作為に 3 個の製品を続けて取り出す. このとき, 取り出された 3 個の製品がすべて良品である確率を求めてみよう. ただし, 取り出した製品は箱には戻さないものとする (**非復元抽出**という).

解答: $i = 1, 2, 3$ に対して, A_i を "i 回目に取り出された製品が良品である事象" とすると, 求める確率は $P(A_1 \cap A_2 \cap A_3)$ である. はじめに取り出した製品が良品である確率は

$$P(A_1) = \frac{12 - 4}{12} = \frac{8}{12}$$

である. はじめの製品が良品であるとわかったときに, 次に取り出した製品が良品である確率は

$$P(A_2|A_1) = \frac{11 - 4}{11} = \frac{7}{11}$$

である. 実際, 最初に良品が取り出されているから, 製品の数は $12 - 1 = 11$ 個で, そのうち良品は $11 - 4 = 7$ 個である. さらに, 1回目と2回目に取り出した製品が良品であったときに, 3回目に取り出した製品が良品である確率は

$$P(A_2|A_1 \cap A_2) = \frac{10 - 4}{10} = \frac{6}{10}$$

である. よって, 求める確率は乗法定理により

$$P(A_1 \cap A_2 \cap A_3) = P(A_1)P(A_2|A_1)P(A_3|A_1 \cap A_2) = \frac{8}{12} \times \frac{7}{11} \times \frac{6}{10} = \frac{14}{55}$$

である. □

◎**問 1.8.** 当たりくじ3本を含む10本のくじの中から1本を, 3回続けて引くとする. 次の問いに答えよ. ただし, 引いたくじはもとに戻すものとする.
    (1) 3本とも当たる確率を求めよ.
    (2) 3回目のくじだけが当たる確率はいくらか.

独 立 性

事象 A, B が (互いに) **独立**であるとは,

$$P(A \cap B) = P(A)P(B) \tag{1.3}$$

が成り立つときをいう.

◇**例 1.7.** 偏りのないコインを3回続けて投げる試行を行うと, 標本空間は

$$\Omega = \{\mathsf{HHH}, \mathsf{HHT}, \mathsf{HTH}, \mathsf{HTT}, \mathsf{THH}, \mathsf{THT}, \mathsf{TTH}, \mathsf{TTT}\}$$

である. このとき, 次の事象を考えよう:

$A =$ "1回目に投げたコインが表である事象" $= \{\mathsf{HHH}, \mathsf{HHT}, \mathsf{HTH}, \mathsf{HTT}\},$
$B =$ "2回目に投げたコインが表である事象" $= \{\mathsf{HHH}, \mathsf{HHT}, \mathsf{THH}, \mathsf{THT}\},$
$C =$ "3回のうち2回だけ続けて表が出る事象" $= \{\mathsf{HHT}, \mathsf{THH}\}.$

すると,

$$P(A) = \frac{4}{8} = \frac{1}{2}, \ P(B) = \frac{4}{8} = \frac{1}{2}, \ P(A \cap B) = P(\{\mathsf{HHH}, \mathsf{HHT}\}) = \frac{2}{8} = \frac{1}{4}$$

が成り立つことから，事象 A と B は独立であることがわかる．同様に，

$$P(C) = \frac{2}{8} = \frac{1}{4}, \quad P(C \cap A) = P(\{\mathsf{HHT}\}) = \frac{1}{8} = P(A)P(C)$$

となることから，事象 A と C も独立である．一方，

$$P(B \cap C) = P(\{\mathsf{HHT}, \mathsf{THH}\}) = \frac{1}{4} \neq \frac{1}{8} = P(B)P(C)$$

より，事象 B と C は独立ではない． □

◆**例題** 1.4. 事象 A, B が独立ならば，A^c, B^c も独立となることを示す．

　解答： ド・モルガンの法則により，$A^c \cap B^c = (A \cup B)^c$ である．よって，$(p.4), (p.6)$ により，

$$\begin{aligned}
P(A^c \cap B^c) &= 1 - P(A \cup B) \\
&= 1 - \big(P(A) + P(B) - \underline{P(A \cap B)}\big) \\
&= 1 - P(A) - P(B) + \underline{P(A)P(B)} \\
&= \big(1 - P(A)\big)\big(1 - P(B)\big) = P(A^c)P(B^c)
\end{aligned}$$

となる．よって，事象 A^c, B^c は独立である． □

◎**問** 1.9. 事象 A, B が独立ならば，A^c, B も独立となること，さらには A, B^c も独立となることをそれぞれ示せ．

◎**問** 1.10. 事象 A, B に対して，$P(B) > 0$ ならば，A, B が独立であることと $P(A|B) = P(A)$ が成り立つことは同値であることを示せ．

◎**問** 1.11. 事象 A, B に対して，$P(B) > 0$ のとき，$P(A|B) = 1 - \dfrac{P(B \cap A^c)}{P(B)}$ を示せ．

◆**例題** 1.5. 事象 A, B に対して，$P(A) > 0, P(B) > 0$ かつ $A \cap B = \varnothing$ が成り立つならば，A, B は独立ではないことを示す．

　解答： $A \cap B = \varnothing$ より $P(A \cap B) = P(\varnothing) = 0$ である．一方，$P(A)P(B) > 0$ より，

$$P(A \cap B) = 0 < P(A)P(B)$$

だから，A, B は独立でない． □

◎**問** 1.12. ガスによる暖房装置は，ポンプとボイラーが一列になっている．1 年間にポンプとボイラーは，それぞれ θ_1, θ_2 の確率で故障することがわかっている．しかも，ポンプとボイラーの故障は独立に発生するが，装置はどちらか一方でも故障すると停止してしまう．このとき，ある年に，この暖房装置が停止してしまう確率を求めよ．

◎**問 1.13.** 25 個の赤玉，10 個の黒玉の入った箱がある．この箱から玉を 1 つずつ取り出す試行を繰り返す．ただし，取り出した玉は箱には戻さないものとする．次の問いに答えよ．

(1) はじめに取り出される玉が赤である確率を求めよ．

(2) はじめに取り出される玉が黒で，2 回目に取り出される玉が赤となる確率を求めよ．

(3) はじめに取り出された玉が黒であるとする．次に取り出される玉が赤となる (条件付) 確率を求めよ．

次に，3 つの事象 A, B, C の独立性について定義しておこう．3 つの事象 A, B, C が**独立**であるとは，

$$P(A \cap B) = P(A)P(B), \ P(B \cap C) = P(B)P(C), \ P(C \cap A) = P(C)P(A), \tag{1.4}$$

すなわち，A, B, C の任意の 2 つの事象が互いに独立であって，かつ

$$P(A \cap B \cap C) = P(A)P(B)P(C) \tag{1.5}$$

が成り立つときをいう．

ここで，(1.5) は (1.4) からは導けないことに注意する．

◇**例 1.8.** 偏りのないコインを 2 回続けて投げる試行を考えると，

$$\Omega = \{\mathsf{HH}, \mathsf{HT}, \mathsf{TH}, \mathsf{TT}\}$$

である．このとき，次の事象を考えよう：

$$A = \text{"1 回目に投げたコインが裏である事象"} = \{\mathsf{TH}, \mathsf{TT}\},$$
$$B = \text{"2 回目に投げたコインが裏である事象"} = \{\mathsf{HT}, \mathsf{TT}\},$$
$$C = \text{"2 回のうち 1 回だけ裏が出る事象"} = \{\mathsf{HT}, \mathsf{TH}\}.$$

すると，$P(A) = P(B) = P(C) = \frac{2}{4} = \frac{1}{2}$ であって，$P(A \cap B) = P(\{\mathsf{TT}\}) = \frac{1}{4}$，$P(B \cap C) = P(\{\mathsf{HT}\}) = \frac{1}{4}$，$P(C \cap A) = P(\{\mathsf{TH}\}) = \frac{1}{4}$ となる．したがって，事象 A と B，事象 B と C，事象 C と A はそれぞれ互いに独立であるが，

$$P(A \cap B \cap C) = P(\varnothing) = 0 \neq \frac{1}{8} = P(A)P(B)P(C)$$

となることから，事象 A, B, C は独立ではない．　　　　　　　　　□

18

1. データを集める

1.5 ベイズの定理

ベイズの定理を述べるために，まず，全確率の法則を紹介する．そのために，標本空間 Ω の分割について説明する．

標本空間 Ω の分割

事象の列 $\{B_i\}$（有限でも（可算）無限でもよい）は，次の条件が成り立つとき，Ω の**分割**とよぶ：

(i) 各 i について $P(B_i) > 0$,

(ii) $\{B_i\}$ は互いに素である，すなわち，$i \neq j$ ならば $B_i \cap B_j = \varnothing$ を満たす,

(iii) $\Omega = \bigcup_{i=1}^{\infty} B_i$.

定理 1.2（全確率の法則）．$\{B_i\}$ を Ω の分割とする．このとき，任意の事象 A に対して，

$$P(A) = \sum_{i=1}^{\infty} P(A|B_i)P(B_i)$$

が成り立つ．

証明：$\{B_i\}$ は Ω の分割だから，$A = \bigcup_{i=1}^{\infty} (A \cap B_i)$ かつ $(A \cap B_i) \cap (A \cap B_j) = \varnothing$, $i \neq j$ を満たす．よって，(p.2) より，

$$P(A) = \sum_{i=1}^{\infty} P(A \cap B_i)$$

となる．また，各 i に対して $P(B_i) > 0$ だから，条件付確率の定義によって

$$P(A \cap B_i) = \frac{P(A \cap B_i)}{P(B_i)} P(B_i) = P(A|B_i) P(B_i)$$

が成立する． □

全確率の法則を用いることで，次のベイズの定理が成り立つことがわかる．

定理 1.3（ベイズの定理）．$\{B_i\}$ を Ω の分割とする．このとき，$P(A) > 0$ を満たす任意の事象 A および各 j に対して，

$$P(B_j|A) = \frac{P(B_j \cap A)}{P(A)} = \frac{P(A|B_j)P(B_j)}{\sum_{i=1}^{\infty} P(A|B_i)P(B_i)} \tag{1.6}$$

が成り立つ．

◇**例** 1.9. 2つの機械 A, B は同じ製品を1日にそれぞれ 500 箱, 1000 箱を作っている. また, 不良品の発生する割合は, 機械 A, B ではそれぞれ 2%, 3% であることがわかっている. いま, 製品全体の中から1個取り出したところ不良品であった.

(i) この製品が機械 A で作られた確率,

(ii) 同じく機械 B で作られた確率

を求めてみよう.

解説: ベイズの定理を用いるとすれば, 次のようになる.

事象 B_1 を機械 A で作られた製品, 事象 B_2 を機械 B で作られた製品とし, 製品が不良品であるという事象を A とする. このとき, 仮定から

$$P(B_1) = \frac{500}{500 + 1000} = \frac{1}{3}, \quad P(B_2) = \frac{1000}{500 + 1000} = \frac{2}{3}$$

である. また, 機械 A で作られた製品の 2% が不良品であることから, $P(A|B_1) = 0.02$ が成り立つ. 同様に $P(A|B_2) = 0.03$ が成り立つ.

(i) は, 不良品であるという条件の下でそれが機械 A で作られる事象の確率だから $P(B_1|A)$ を求めればよい. よって, $\{B_1, B_2\}$ は Ω の分割だから, ベイズの定理により,

$$P(B_1|A) = \frac{P(A|B_1)P(B_1)}{P(A|B_1)P(B_1) + P(A|B_2)P(B_2)}$$

$$= \frac{0.02 \times 1/3}{0.02 \times 1/3 + 0.03 \times 2/3} = \frac{1}{4}.$$

(ii) は, 不良品であるという条件の下でそれが機械 B で作られる事象の確率だから $P(B_2|A)$ を求めればよい. よって, (i) と同様にベイズの定理によって,

$$P(B_2|A) = \frac{P(A|B_2)P(B_2)}{P(A|B_1)P(B_1) + P(A|B_2)P(B_2)}$$

$$= \frac{0.03 \times 2/3}{0.02 \times 1/3 + 0.03 \times 2/3} = \frac{3}{4}$$

である.   □

◎**問** 1.14. ある工場では, 作られた製品のうち4% が不良品であることがわかっている. 出荷するときの検査において, 検査の機械は2% の確率で不良品でないにもかかわらず不合格としてしまう. さらに1% の確率で不良品であるのに検査を通してしまう. 製品の出荷時における検査で, この機械が製品を不合格としてしまう確率はいくらか. また, 不合格とされてしまった製品で, それが不良品でない確率はいくらか.

(1.6) は**ベイズの公式**とよばれている. この公式を用いると

"結果から原因"の確率

を導くことができるとベイズ (T. Bayes) は考えた. 実際, ベイズの公式は B_i を原因, A を結果と考えると, 左辺 $P(B_j|A)$ は結果 A の条件の下で原因が B_j である確率と考えることができ, その確率が, 原因が B_j である条件の下で結果 A の起こる確率

$$P(A|B_j), \quad j = 1, 2, \cdots, n$$

で表現されている. $P(A|B_j)$ は

"原因から結果"の確率

であるから求めることができる.

ここでベイズの公式の応用例として取り上げられる「囚人のパラドックス」を紹介しよう.

◇**例** 1.10 (囚人のパラドックス). ジョン, マイク, ポール 3 人のうち 1 人が死刑になることがわかっているものとする. このとき,

- 看守は, その 1 人が誰であるか知っているものとする.
- ジョンは,「マイク, ポールのどちらかは死刑にならないことは確実なので, どちらが死刑にならないか教えてくれ」と看守に頼んだ.

すると看守は,

- 「それを教えるとあなたが死刑になる確率が 1/3 から 1/2 になるがよいのか」と尋ねた.

看守の言ったことは本当だろうか.

解説: A をマイクは死刑にならないと言われる事象, B をジョンが死刑となる事象とする. 計算したい確率は $P(B|A)$ である.

まず, 問題の設定から, ジョン, マイク, ポールが死刑になる確率はそれぞれ 1/3 で, $P(B) = 1/3, P(B^c) = 2/3$ と考えられる. $P(A|B) = 1/2$ かつ $P(A|B^c) = 1/2$ であるから, ベイズの定理より

$$P(B|A) = \frac{P(A|B)P(B)}{P(A|B)P(B) + P(A|B^c)P(B^c)}$$

$$= \frac{1/2 \times 1/3}{1/2 \times 1/3 + 1/2 \times 2/3} = \frac{1/6}{1/2} = \frac{1}{3}$$

となって, 看守に何と言われようとジョンが死刑となる確率は 1/3 である.

もう少し詳しくみて，C, D をそれぞれマイク，ポールが死刑になる事象とすると

$$P(B|A) = \frac{P(A|B)P(B)}{P(A|B)P(B) + P(A|C)P(C) + P(A|D)P(D)}$$

$$= \frac{1/2 \times 1/3}{1/2 \times 1/3 + 0 \times 1/3 + 1 \times 1/3}$$

となって，やはり 1/3 となる．   □

次もよく取り上げられる問題である．

◆**例題** 1.6 (感染の問題)．ウイルスに感染する確率は 1 万人に 1 人といった非常に小さい確率とする．また，検査の精度は高く 95 ％ の確率で正しいとする．すなわち，陽性の人が陰性と診断される (偽陰性) 確率，陰性の人が陽性と診断される (偽陽性) 確率は 5 ％ とする．あなたがウイルスの検査をして陽性とでたとき，実際に感染している確率はどのように考えればよいか．

解答：あなたが陽性である事象を B，検査結果が陽性とでる事象を A とする．そのとき，求めたい確率は $P(B|A)$ で，ベイズの公式より

$$P(B|A) = \frac{P(A|B)P(B)}{P(A|B)P(B) + P(A|B^c)P(B^c)}$$

$$= \frac{95/100 \times 1/10000}{95/100 \times 1/10000 + 5/100 \times 9999/10000}$$

$$= \frac{95}{95 + 5 \times 9999} = 0.0019,$$

すなわち 0.19 ％ が，実際に感染している確率だと考えられる．   □

＊＊＊ 章 末 問 題 ＊＊＊

問題 1.1. $\Omega = \{1, 2, 3, 4, 5, 6, 7\}$, $A = \{2, 4, 6, 7\}$, $B = \{3, 5, 7\}$, $C = \{2, 5\}$ とおくとき，次の集合を書き表せ．

(1) $A \cap B$ (2) $A \cap C^c$ (3) $A^c \cap (B \cup C)$ (4) $(A \cap C) \cup (B \cap C)$

問題 1.2. 2 つのサイコロを続けて投げる試行を考える．このとき，出た目の和が奇数である事象を A とし，B は最初に投げたサイコロの目が 1 である事象を表す．また，C は出た目の和が 7 である事象とする．次の事象を書き表せ．

(1) $A \cap B$ (2) $A \cup B$ (3) $B \cap C$ (4) $A \cap B^c$ (5) $B^c \cap C$

問題 1.3. Ω を標本空間，$\mathcal{F}$ を事象の集まり (σ-加法族) とする．事象 A, B, C に対して，次の事象を書き表せ．

(1) $A \cup A^c$ (2) $A \cap A^c$ (3) $(A \cup B) \cap (A \cup B^c)$

(4) $(A \cup B) \cap (A^c \cup B) \cap (A \cup B^c)$ (5) $(A \cup B) \cap (B \cup C)$

問題 1.4. 例題 1.1 の箱を考える．すなわち，赤玉 4 個，青玉 6 個，白玉 5 個入っている箱を考える．この箱から，続けて 3 個の玉を取り出す試行を行う．このとき，取り出された玉が順に，赤・白・青である事象の確率を次のそれぞれの場合について求めよ．

(1) 復元抽出の場合．すなわち，取り出した玉は再び箱に戻して次の玉を取り出す試行の場合．

(2) 非復元抽出の場合．すなわち，取り出した玉は箱には戻さずに次の玉を取り出す試行の場合．

問題 1.5. 2 つのサイコロを続けて投げる試行を考える．このとき，少なくとも 1 回は 3 の目が出る確率を求めよ．

問題 1.6. 箱の中に 15 個の製品が入っていて，この中には 2 個の不良品が混ざっているという．いま，箱の中から無作為に 3 個取り出したとき，それらが不良品でない確率はいくらか．

問題 1.7. 事象 A, B に対して，次の問いに答えよ．

(1) $P(A) = 0.6$, $P(B) = 0.7$, $P(A \cap B) = 0.5$ のとき，$P(A \cup B)$ を求めよ．

(2) $P(A) = 0.4$, $P(B) = 0.5$, $P(A \cup B) = 0.7$ のとき，$P(A \cap B)$ を求めよ．

問題 1.8. 偏りのないサイコロを 2 回続けて投げる試行を行う．このとき，A を出た目の和が 7 である事象とする．以下の問いに答えよ．

(1) 1 回目に投げたサイコロの目が 5 となる事象を B とすると，A と B は独立となることを示せ．

(2) 2 回目に投げたサイコロの目が 3 である事象を C とすると，A と C も独立となることを示せ．

問題 1.9. 8 個の製品が入った箱 A には 3 個の不良品が混ざっており，また，5 個の製品の入った箱 B には 2 個の不良品が混ざっているとする．このとき，それぞれの箱から 1 個ずつ製品を無作為に取り出す試行を行う．以下の問いに答えよ．

(1) 取り出された製品のいずれも良品である確率を求めよ．

(2) 取り出された製品のどちらか一方だけが不良品である確率を求めよ．

(3) どちらか一方のみが不良品であることがわかったとき，その不良品が箱 A から取り出された確率を求めよ．

問題 1.10. $P(A) = 0.3$, $P(B) = 0.4$ であるとき，少なくとも事象 A と B のいずれかが起こる確率を，次の場合にそれぞれ求めよ．

(1) $A \cap B = \varnothing$ であるとき． (2) A と B が独立であるとき．

問題 1.11. 次の式が成り立つための事象 A, B の条件を求めよ．

(1) $P(A|B) + P(A^c|B^c) = 1$ (2) $P(A|B) = P(A|B^c)$

問題 1.12. 事象 A, B, C が独立であるとき，次が成り立つことを示せ．

(1) $P(A^c \cap B^c \cap C^c) = P(A^c)P(B^c)P(C^c)$

(2) $P(A \cap (B \cup C)) = P(A)P(B \cup C)$

2
確率変数と確率分布

　試行の結果得られた標本点一つひとつに数値を割り当てて考えることがある．例えば，コイン投げの試行に対して，表が出たら 1，裏が出たら 0 を割り当てる．このように，標本点の一つひとつに対して数値を割り当てたものを**確率変数**とよぶ．ここでは，確率変数と対応する確率分布について説明する．

2.1　確　率　変　数

　次の例を考えよう．

◇例 2.1. 政府の現在の経済運営についてアンケート調査を行う．そのために，次の項目から選んでもらうことにした．
- とても上手くやっている (strongly agree)
- 上手くやっている (agree)
- 上手くやっていない (disagree)
- まったく上手くやっていない (strongly disagree)
- わからない (neutral)

この場合の標本空間は

$$\Omega = \Big\{ \text{strongly agree, agree, disagree, strongly disagree, neutral} \Big\}$$

とおくことができる．一方，各標本点に対して数値を割り当てて考えることで，より見やすくすることもできる．例えば，
- strongly agree には 2 を，
- agree には 1 を，
- neutral には 0 を割り当てて，
- disagree には -1 を，
- strongly disagree には -2 を割り当てる．

これによって，標本空間は $\{-2, -1, 0, 1, 2\}$ と表現することもできる．　　　□

確率変数と分布関数

$(\Omega, \mathcal{F}, P)$ を確率空間とする. このとき, 標本点 $\omega \in \Omega$ に対して, 適当な数値 $X(\omega)$ を対応させると, 関数 $X : \Omega \to \mathbb{R}$ が得られる. こうして数値化した際に, その数値化した変数 $X(\omega)$ について, その起こりやすさ等の確率を考えたい. そこで, 数値化した観測値 $X(\omega)$ のうち, $X(\omega)$ が区間に属する ω の事象の確率が計算できるような変数のみを考察の対象としたい. そのために, 次のような定義を行う.

各 $x, y \in \mathbb{R}\,(x < y)$ に対して, $\{\omega \in \Omega : x \leqq X(\omega) < y\}$ が事象となる, すなわち,

$$\{\omega \in \Omega : x \leqq X(\omega) < y\} \in \mathcal{F}$$

となるとき, 関数 X のことを**確率変数**[1](random variable) とよぶ. また, 事象 $\{\omega \in \Omega : X(\omega) \leqq x\}$ の確率

$$P(\{\omega \in \Omega : X(\omega) \leqq x\}), \quad x \in \mathbb{R} \tag{2.1}$$

を, X の**分布関数** (distribution function) とよび, $F_X(x)$ あるいは $F(x)$ と書き表す. なお, $P(\{\omega \in \Omega : X(\omega) \leqq x\})$ を簡単に $P(\{X \leqq x\})$ と書いたり, $P(X \leqq x)$ と書くことがある:

$$F(x) = F_X(x) = P(X \leqq x).$$

命題 2.1. 分布関数 $F(x)$ は以下の性質をもつ:

(i) 各 x について $0 \leqq F(x) \leqq 1$,

(ii) (**単調性**) $x < y$ ならば, $F(x) \leqq F(y)$,

(iii) (**右連続性**) 各 x について $\lim_{h \to 0+} F(x + h) = F(x)$,

(iv) $\lim_{x \to -\infty} F(x) = 0$, $\lim_{x \to \infty} F(x) = 1$.

証明: (i) 確率の性質 $(p.1)$ より明らかである.

(ii) $x < y$ とすると, $\{\omega \in \Omega : X(\omega) \leqq x\} \subset \{\omega \in \Omega : X(\omega) \leqq y\}$ と確率の単調性 $(p.5)$ を用いればよい.

(iii) 単調減少で 0 に収束する任意の数列 $\{h_n\}$ を考える. このとき,

$$A_n = \{\omega \in \Omega : X(\omega) \leqq x + h_n\}$$

とおく. すると, $A_1 \supset A_2 \supset \cdots \supset A_n \supset \cdots$ であり, また,

$$\bigcap_{n=1}^{\infty} A_n = \{\omega \in \Omega : X(\omega) \leqq x\}$$

---

1) 測度論の言葉を用いると, 確率空間 $(\Omega, \mathcal{F}, P)$ 上で定義された $\mathcal{F}$-可測関数のことを確率変数とよぶ.

となることがわかる. よって, $(p.8)$ により

$$F(x) = P(X \leqq x) = P\Big(\bigcap_{n=1}^{\infty} A_n\Big) = \lim_{n \to \infty} P(A_n)$$

$$= \lim_{n \to \infty} P(X \leqq x + h_n) = \lim_{n \to \infty} F(x + h_n)$$

となる.

(iv) まず, $-\infty$ に発散する単調減少な数列 $\{a_n\}$ を考えると,

$$\bigcap_{n=1}^{\infty} \{\omega \in \Omega : X(\omega) \leqq a_n\} = \varnothing$$

となることに注意して, $(p.8)$ をふたたび用いると, はじめの極限の公式が得られる. 次に, ∞ に発散する単調増加な数列 $\{b_n\}$ を考えると,

$$\bigcup_{n=1}^{\infty} \{\omega \in \Omega : X(\omega) \leqq b_n\} = \Omega$$

となるから, $(p.7), (p.1)$ によって, 2つ目の公式が得られる. □

(離散型) 確率変数

標本空間 Ω を有限集合あるいは可算集合[2]とする. すると, Ω が有限のときは $\{\omega_1, \omega_2, \cdots, \omega_n\}$ (n は Ω の元の個数), 可算集合のときは

$$\{\omega_1, \omega_2, \cdots, \omega_n, \cdots\} \tag{2.2}$$

と, それぞれ並べることができる.

いま, 標本空間 Ω を可算集合 (2.2) とする. このとき, 確率変数 X に対して, X の値域 R_X は, 各 ω_n に対して $X(\omega_n) = a_n$ とすると,

$$R_X = \{a_1, a_2, \cdots, a_n, \cdots\}$$

と表現できる. また, $\{a_n\}$ は単調増加となるように並び換えておく:

$$-\infty < a_1 \leqq a_2 \leqq a_3 \leqq \cdots \leqq a_{n-1} \leqq a_n \leqq \cdots < \infty.$$

このとき, 任意の $x\,(\in \mathbb{R})$ に対して, $a_n \leqq x < a_{n+1}$ を満たすような $n\,(\in \mathbb{N})$ があれば,

$$F(x) = P(X \leqq x) = \sum_{i=1}^{n} P(X = a_i)$$

となることがわかる. $x < a_1$ ならば $F_X(x) = 0$ となる. すなわち, 分布関数は

---

2) 付録 §A.1 をみよ.

$$P(X = a_n), \quad n = 1, 2, \cdots \tag{2.3}$$

を用いて求めることができる. そこで, $p_n = P(X = a_n)$ とおいて得られる数列 $\{p_n\}_{n=1}^{\infty}$ を X の**確率関数** (probability function), または**確率分布**とよぶ. このとき, X は**確率分布** $\{p_n\}_{n=1}^{\infty}$ **に従う**という.

一方, Ω が有限集合 $\{\omega_1, \omega_2, \cdots, \omega_n\}$ の場合は, 確率変数 X の値域 R_X も有限集合となる:

$$R_X = \{a_1, a_2, \cdots, a_n\}, \quad a_1 \leq a_2 \leq \cdots \leq a_n.$$

ただし, $X(\omega_k) = a_k$ である. このとき, $p_k = P(X = a_k)$ に対して, $\{p_k\}_{k=1}^n$ が X の確率関数となる.

◇**例** 2.2. 100 円硬貨を投げる試行を考えると標本空間は $\Omega = \{\mathsf{H}, \mathsf{T}\}$ である. ただし, H は表, T は裏が出たことを表す. このとき, 確率変数 X を, 表が出たら 100 円をもらえ, 裏が出たら何ももらえない, として定義する. すると,

$$X(\mathsf{H}) = 100, \; X(\mathsf{T}) = 0, \quad R_X = \{0, 100\}$$

である. ⬜

◇**例** 2.3. 3 本の当たりくじを含む 10 本のくじがある. この中から同時に 3 本のくじを引くとき, その中に含まれる当たりくじの本数を X と表す. すると, X の値域は $R_X = \{0, 1, 2, 3\}$ である. また, それぞれの値をとる確率は,

$$P(X = 0) = \frac{{}_3\mathsf{C}_0 \cdot {}_7\mathsf{C}_3}{{}_{10}\mathsf{C}_3} = \frac{35}{120} = \frac{7}{24},$$

$$P(X = 1) = \frac{{}_3\mathsf{C}_1 \cdot {}_7\mathsf{C}_2}{{}_{10}\mathsf{C}_3} = \frac{63}{120} = \frac{21}{40},$$

$$P(X = 2) = \frac{{}_3\mathsf{C}_2 \cdot {}_7\mathsf{C}_1}{{}_{10}\mathsf{C}_3} = \frac{21}{120} = \frac{7}{40},$$

$$P(X = 3) = \frac{{}_3\mathsf{C}_3 \cdot {}_7\mathsf{C}_0}{{}_{10}\mathsf{C}_3} = \frac{1}{120}$$

となる. したがって, X の確率分布を表にすると次のようになる.

x	0	1	2	3	計
p_x	$\frac{7}{24}$	$\frac{21}{40}$	$\frac{7}{40}$	$\frac{1}{120}$	1

⬜

◎**問** 2.1. 赤玉 3 個, 白玉 5 個が入っている箱がある. この箱の中から同時に 4 個を取り出すとき, その中に含まれる赤玉の個数を X と表す. このとき, X の値域 R_X と確率分布を求めよ.

◇**例** 2.4. 大小 2 つのサイコロを 1 回投げる試行を行う. このとき, 標本空間は

$$\Omega = \left\{ \begin{array}{llllll} (1,1), & (1,2), & (1,3), & (1,4), & (1,5), & (1,6), \\ (2,1), & (2,2), & (2,3), & (2,4), & (2,5), & (2,6), \\ (3,1), & (3,2), & (3,3), & (3,4), & (3,5), & (3,6), \\ (4,1), & (4,2), & (4,3), & (4,4), & (4,5), & (4,6), \\ (5,1), & (5,2), & (5,3), & (5,4), & (5,5), & (5,6), \\ (6,1), & (6,2), & (6,3), & (6,4), & (6,5), & (6,6) \end{array} \right\}$$

である. ただし, (i,j) は大きいサイコロの目が i, 小さいサイコロの目が j が出たことを表す. このとき, 出た目の積を考えると, 確率変数 $X : \Omega \to \mathbb{R}$ が次のように定まる:

$$\omega = (i,j) \in \Omega \text{ に対して}, \quad X(\omega) = i \times j.$$

X の値域を R_X と表すと,

$$R_X = \{1, 2, 3, 4, 5, 6, 8, 9, 10, 12, 15, 16, 18, 20, 24, 25, 30, 36\}$$

である. ここで, サイコロの目の出方が同様に確からしいとすると, 標本点の数は $6 \times 6 = 36$ より, 標本点 $\omega = (i,j)$ の出る確率は $1/36$ である. よって, 例えば, 出た目の積が 12 となる事象を A とすると, $i \times j = 12$ となる組合せは

$$(2,6), (3,4), (4,3), (6,2)$$

の 4 通りあるから, 事象 A のとる確率は

$$P(A) = \frac{4}{36} = \frac{1}{9}$$

である. □

◎**問** 2.2. 例 2.4 における標本空間 Ω を考える. 各 $\omega = (i,j) \in \Omega$ に対して, 出た目の和を与える確率変数を $Y(\omega) = i + j$ おくとき, Y の値域 R_Y を書き表せ. また, サイコロに偏りがないとするとき, 出た目の和が 10 以上となる確率を求めよ.

(連続型) 確率変数

次に, 標本空間 Ω あるいは確率変数 X のとる値の範囲が, 実数全体や区間など, 連続な値をとるような場合を考える.

◇**例** 2.5. 午後の早い時間に, とある銀行を訪れる客の数について調査することを考える. ある時点で到着した客から調査しはじめて, 次の客が訪れ

るまでの時間を X とすれば，X は連続型の確率変数であり，その値域は $R_X = \{x \in \mathbb{R} : x \geqq 0\}$ となる．

このとき，訪れる客の数は 1 分間当たり，パラメータ θ のポアソン過程に従う，すなわち，午後 0 時からの t 分間の間に到着する客の数を数える試行は，ポアソン分布[3] $\mathsf{Po}(t\theta)$ に従うとする．すると，確率変数 X に対して，

$$F_X(x) = P(X \leqq x) = P(\text{"少なくとも，次の } x \text{ 分までに客が到着する"})$$
$$= 1 - P(\text{"次の } x \text{ 分までに客が一人も到着しない"})$$
$$= 1 - P(\text{"}\mathsf{Po}(x\theta) \text{ に従う確率変数が } 0 \text{ となる"})$$
$$= 1 - e^{-\theta x}$$

となる．よって，例えば，次の客が 5 分後から 10 分後の間に到着する確率を求めると，

$$P(5 < X < 10) = F(10) - F(5)$$
$$= (1 - e^{-10\theta}) - (1 - e^{-5\theta}) = e^{-5\theta} - e^{-10\theta}$$

となる．   □

◇**例 2.6.** 確率変数 X の値域が $R_X = \{x \in \mathbb{R} : 0 \leqq x \leqq 1\}$ であって，その分布関数は $F(x) = x^2$, $0 \leqq x \leqq 1$ とする．すなわち，

$$P(X \leqq x) = F(x) = \begin{cases} 0, & x < 0, \\ x^2, & 0 \leqq x \leqq 1, \\ 1, & x > 1 \end{cases}$$

である．このとき，$P(X \leqq 0.5) = F(0.5) = 0.5^2 = 0.25$ である．また，$A = \{X \leqq 0.6\}$, $B = \{X \leqq 0.2\}$ とおくと，$A \setminus B = \{0.2 < X \leqq 0.6\}$ だから，命題 1.2 (p.6) により，

$$P(0.2 < X \leqq 0.6) = P(X \leqq 0.6) - P(X \leqq 0.2) = F(0.6) - F(0.2)$$

となる．よって，$A \setminus B$ の確率は $P(0.2 < X \leqq 0.6) = 0.6^2 - 0.2^2 = 0.32$ である．   □

◎**問 2.3.** 確率変数 X の値域が $R_X = \{x \in \mathbb{R} : 0 \leqq x \leqq 2\}$ であり，分布関数が

$$F(x) = P(X \leqq x) = \begin{cases} 1, & x \geqq 2, \\ \alpha x, & 0.5 \leqq x < 2, \\ \beta x^2, & 0 \leqq x < 0.5, \\ 0, & x < 0 \end{cases}$$

---

3) ポアソン分布 $\mathsf{Po}(\theta)$ については次節で紹介する．なお，ここでの $\mathsf{Po}(\theta)$ の θ は単位時間当たりに訪れる "平均客数" を意味する．

で与えられているとする. このとき, $F(x)$, $x \in \mathbb{R}$ を $\mathbb{R}$ 上の連続関数とするとき, α, β の値および $P(1 < X \leqq 1.5)$, $P(0.2 < X \leqq 0.8)$ を求めよ.

◎問 2.4. 確率変数 X の値域が $R_X = \{x \in \mathbb{R} : 0 \leqq x \leqq \pi/2\}$ であって, 分布関数 が $F(x) = \sin x$, $0 \leqq x \leqq \pi/2$ で与えられているとき, 次の確率を求めよ.

(1) $P(X \leqq \pi/4)$ 　　(2) $P(\pi/6 < X \leqq \pi/3)$ 　　(3) $P(\pi/3 < X)$

2.2 様々な確率分布のモデル──離散分布──

以下, 様々な確率分布のモデルを紹介する.

(1) ベルヌーイ分布 (Bernoulli distribution): $\mathsf{Be}(p)$

試行によって現れる結果が 2 つしかないような試行のことを**ベルヌーイ試行**とよぶ. このときの標本空間上で定められる確率変数 X を**ベルヌーイ変数**あるいは**ベルヌーイ分布に従う確率変数**とよぶ.

例えば, X の値域を $R_X = \{0, 1\}$ とする. このとき, $0 \leqq p \leqq 1$ に対して 確率分布が

$$p_1 = P(X = 1) = p, \quad p_0 = P(X = 0) = 1 - p$$

で与えられるとき,

$$X \sim \mathsf{Be}(p)$$

と書き表す. 1 のときを "成功" とよび, 0 のときを "失敗" とよぶことがある. このとき, p のことを**成功確率**という.

◇例 2.7. ベルヌーイ試行の例としては, 以下のようなものがある.

- コインを投げたとき, 結果は「表」か「裏」のみ.
- くじを引いたとき, 結果は「あたり」か「はずれ」のみ.
- 試験を受けたとき, 結果は「合格」か「不合格」のみ. 　　　　　□

(2) 二項分布 (Binomial distribution): $\mathsf{Bi}(n, p)$

成功確率 p のベルヌーイ試行を n 回繰り返す. このときの成功する回数を X と定めるとき, X を**試行回数** n, **成功確率** p **の二項分布に従う確率変数**といい,

$$X \sim \mathsf{Bi}(n, p)$$

と書き表す. このとき, X の値域は $R_X = \{0, 1, \cdots, n\}$ となる. $k \in R_X$ の とき, すなわち, n 回のうち k 回成功するということは, 例えば, $\underbrace{\mathsf{SS} \cdots \mathsf{S}}_{k \, \text{回}} \overbrace{\underbrace{\mathsf{FF} \cdots \mathsf{F}}_{(n-k) \, \text{回}}}^{n \, \text{回}}$

のような結果が考えられる．ただし，S は成功 (Success) を表し，F は失敗
(Failure) を表すものとする．よって，その結果が現れる確率は

$$\underbrace{\overbrace{pp\cdots p}^{n\,回}\cdot\underbrace{(1-p)(1-p)\cdots(1-p)}_{(n-k)\,回}}_{k\,回} = p^k(1-p)^{n-k}$$

となる．また，我々は成功の回数のみに着目しているから，どのような順序で
成功したか失敗したかは無関係である．よって，n 回の試行のうち k 回成功す
るのは

$$_n\mathsf{C}_k = \frac{n!}{k!(n-k)!} \ \text{通り}$$

あるから，X が k となる (事象の) 確率は次式で与えられる：

$$p_k = P(X=k) = {}_n\mathsf{C}_k\, p^k(1-p)^{n-k}. \tag{2.4}$$

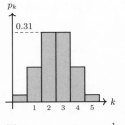
図 2.1　$n=5,\ p=\frac{1}{2}$

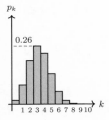
図 2.2　$n=10,\ p=\frac{1}{3}$

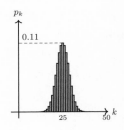
図 2.3　$n=50,\ p=\frac{1}{2}$

(3) 幾何分布 (Geometric distribution)：$\mathsf{Ge}(p)$

　(2) と同様に，成功確率 p のベルヌーイ試行を繰り返し行う．このとき，は
じめて成功するまでの回数を X と定めるとき，X を**成功確率 p の幾何分布に
従う確率変数**といい，

$$X \sim \mathsf{Ge}(p)$$

と書き表す[4]．$R_X = \{1, 2, \cdots, n, \cdots\}$ である．$k \in R_X$ とすると，$(k-1)$
回目まではすべて失敗して k 回目ではじめて成功することから $\overbrace{\mathsf{FF}\cdots\mathsf{F}}^{k\,回}\mathsf{S}$ であ
る．また，このようになる確率は $(1-p)^{k-1}p$ である．よって，X の確率分
布は，

---

4) はじめて成功するまでの失敗回数を表す確率変数のことを幾何分布に従うと定義している
テキストも見受けられるので，注意が必要である．

$$p_k = P(X = k) = p(1-p)^{k-1}$$

で与えられる．すなわち，幾何分布に従う確率変数 X の確率分布は，初項 p，公比 $1-p$ の等比数列である．

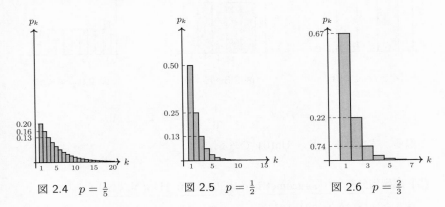

図 2.4 $p = \frac{1}{5}$ 図 2.5 $p = \frac{1}{2}$ 図 2.6 $p = \frac{2}{3}$

◇**例** 2.8. あるお菓子には 10 種類のシールうち 1 つの種類のシールが入っている．すでに 9 種類のシールを集めた人が，まだ持っていない種類のシールを手に入れるまでお菓子を買い続けるとする．このとき，すでに 9 種類のシールをすでに持っていて，新たにお菓子を購入すると，まだ持っていない種類のシールを手に入れられる確率は 1/10 である．はじめて残りの種類のシールを手に入れるまで買い続けるお菓子の個数を X とすると，X は幾何分布

$$X \sim \mathsf{Ge}\Big(\frac{1}{10}\Big)$$

に従う．　　　　　　　　　　　　　　　　　　　　　　　　　　　□

◎**問** 2.5. $X \sim \mathsf{Ge}(0.2)$ とするとき，以下を求めよ．

　(1) p_3　　　(2) p_5　　　(3) $n \in \mathbb{N}$ に対して，$F_X(n) = P(X \leqq n)$.

(4) 離散一様分布 (Discrete uniform distribution)**:** $\mathsf{Un}(n)$

　確率変数 X の値域が有限個で $R_X = \{x_1, x_2, \cdots, x_n\}$ とする．このとき，どの値も同じ確率でとるとき，X を **(離散) 一様分布に従う確率変数**といい，

$$X \sim \mathsf{Un}(n)$$

と書き表す．

◇**例** 2.9. 離散一様分布に従う確率変数の典型例には偏りのないサイコロを振る試行がある．サイコロを振って出た目を X とすると，$n = 6$ であり，

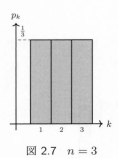 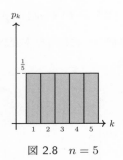 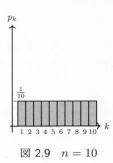

図 2.7 $n = 3$ 図 2.8 $n = 5$ 図 2.9 $n = 10$

$$p_k = P(X = k) = \frac{1}{6}, \quad k = 1, 2, \cdots, 6$$

となる. すなわち, $X \sim \mathsf{Un}(6)$ である.   □

(5) 超幾何分布 (Hypergeometric distribution)：$\mathsf{Hyp}(N, k, n)$

  ある会社は試作品を N 個製造した. そのうち k 個 $(0 \leqq k \leqq N)$ が不良品であることがわかっていたとする[5]. いま, 無作為に n 個 $(0 < n < N)$ を取り出し, いくつ不良品があるかを調べる. ただし, 一度調査した製品はそれ以降の調査では除外することにする (このような調査法を**非復元抽出法**とよんだ).

  n 個のうちで不良品である個数を X とすると, X の値域は

$$R_X = \{0, 1, \cdots, \min\{n, k\}\}$$

である[6]. N 個から n 個の選び方は ${}_N\mathsf{C}_n$ 通りある. 一つひとつの製品は同様に確からしく選ばれるとすると, それが選ばれる確率は

$$\frac{1}{{}_N\mathsf{C}_n}$$

である. 実際に, n 個の中に $x\,(\in R_X)$ 個の不良品があったとする. このとき, その選ばれ方は, k 個の中から x 個が選ばれる選ばれ方 ${}_k\mathsf{C}_x$ と, $(N - k)$ 個の良品の中から $(n - x)$ 個の良品が選ばれる選ばれ方 ${}_{N-k}\mathsf{C}_{n-x}$ との積に等しいから, $X = x$ となる確率は

$$p_x = P(X = x) = \frac{{}_k\mathsf{C}_x \cdot {}_{N-k}\mathsf{C}_{n-x}}{{}_N\mathsf{C}_n} \tag{2.5}$$

で与えられることがわかる. このような形の確率分布をもつ X を**パラメータ** (N, k, n) **をもつ超幾何分布に従う確率変数**といい,

---

5) 良品の設定でもよい.
6) ここで, $\min\{n, k\}$ は n と k の小さいほうを表す.

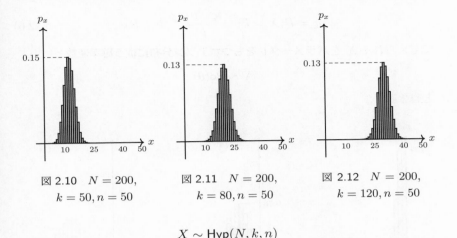

図 2.10 $N = 200$, $k = 50, n = 50$

図 2.11 $N = 200$, $k = 80, n = 50$

図 2.12 $N = 200$, $k = 120, n = 50$

$$X \sim \mathsf{Hyp}(N, k, n)$$

と書き表す.

◇例 2.10. $X \sim \mathsf{Hyp}(10, 3, 5)$ とする. このとき, $\min\{3, 5\} = 3$ より X の値域は $R_X = \{0, 1, 2, 3\}$ である. よって, 確率分布は

$$p_0 = \frac{{}_3\mathsf{C}_0 \cdot {}_{10-3}\mathsf{C}_{5-0}}{{}_{10}\mathsf{C}_5} = \frac{1}{12}$$

だから, 同様に計算すると, $p_1 = \frac{5}{12}$, $p_2 = \frac{5}{12}$, $p_3 = \frac{1}{12}$ である. □

◎問 2.6. $X \sim \mathsf{Hyp}(100, 20, 5)$ とする. このとき, X の値域 R_X と確率分布を求めよ.

◎問 2.7. $m < n$ のとき ${}_m\mathsf{C}_n = 0$ と約束するとき, 次の式を示せ:

$$_{p+q}\mathsf{C}_\ell = \sum_{k=0}^{\ell} {}_p\mathsf{C}_k \cdot {}_q\mathsf{C}_{\ell-k}, \quad \ell, p, q \in \mathbb{N}.$$

(6) ポアソン分布 (Poisson distribution): $\mathsf{Po}(\theta)$

ポアソン分布は, ある一定の範囲・時間当たりに生じる案件・事故・事件の件数を数え上げるときなどの数学モデルとして現れる分布である. 例えば,

- 1 時間に電話交換台にかかってくる電話の本数,
- ある道路の地点を 1 時間に通り過ぎる車の数,
- ある警察署管内における 1 日当たりの交通事故の件数

を数え上げる際にモデル化される分布として知られている. 具体的には, $R_X = \{0, 1, 2, \cdots, n, \cdots\}$ であるような (離散) 確率変数 X に対して, 適当な $\theta > 0$ を用いて, X の確率分布が

$$p_k = P(X = k) = \frac{e^{-\theta}\theta^k}{k!}, \quad k \in R_X \tag{2.6}$$

で与えられる X を**パラメータ θ をもつポアソン分布に従う確率変数**といい,

$$X \sim \mathsf{Po}(\theta)$$

と書き表す.

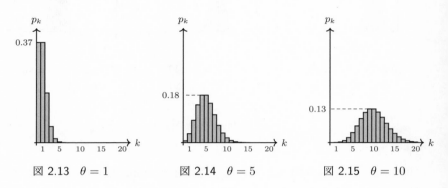

図 2.13 $\theta = 1$ 図 2.14 $\theta = 5$ 図 2.15 $\theta = 10$

なお,

$$\sum_{k \in R_X} p_k = \sum_{k=0}^{\infty} \frac{e^{-\theta}\theta^k}{k!} = e^{-\theta} \underbrace{\sum_{k=0}^{\infty} \frac{\theta^k}{k!}}_{=e^{\theta}} = e^{-\theta} \cdot e^{\theta} = 1$$

であることに注意する (例 A.4 をみよ).

◇**例** 2.11. あるお店のある商品の売上げ個数 X は 1 日当たりおおよそ 3.1 (個) のポアソン分布 $\mathsf{Po}(3.1)$ に従うという. ある日の閉店時間までに, その商品が品切れで買えない客が発生する確率を 5 % 未満とするために, 開店時間にはいくつ用意しておけばよいかを考えよう.

解説:1 日当たり k 個売れる確率は, $X \sim \mathsf{Po}(3.1)$ より,

$$P(X = k) = \frac{e^{-3.1} \times 3.1^k}{k!}$$

で与えられる. よって, 1 日に商品が 1 個も売れない確率は, 上の式で $k = 0$ とおいたときの値であるから,

$$P(X = 0) = \frac{e^{-3.1} \times 3.1^0}{0!} = e^{-3.1} \fallingdotseq 0.0450$$

である. 同様に 1 個売れる確率は,

$$P(X = 1) = \frac{e^{-3.1} \times 3.1^1}{1!} = e^{-3.1} \times 3.1 \fallingdotseq 0.1396 .$$

同じように計算すると，

$$P(X = 2) = \frac{e^{-3.1} \times 3.1^2}{2} \fallingdotseq 0.2165,$$

$$P(X = 3) = \frac{e^{-3.1} \times 3.1^3}{6} \fallingdotseq 0.223677$$

である．以下，これらの確率を四捨五入して小数点第四位までにして表にまとめると，次のようになる：

X	0	1	2	3	4	5	6
P	0.0450	0.1396	0.2165	0.2237	0.1734	0.1075	0.0555

このとき，需要が 6 個までの確率は

$$P(X \leqq 6) = \sum_{k=0}^{6} P(X = k) \fallingdotseq 0.9612,$$

また，

$$P(X \leqq 5) = \sum_{k=0}^{5} P(X = k) \fallingdotseq 0.9057$$

より，需要が 6 個以下である確率は 96％ を超える．よって，開店時に商品を 6 個そろえておけば，商品が閉店時までに買えない客が発生する確率は 5％ 未満となることから，6 個をそろえておけばよいことがわかる． □

2.3 様々な確率分布のモデル——連続分布——

X を連続型の確率変数，$F(x)$ を X の分布関数とする．このとき，

$$\mu((a,b]) = F(b) - F(a) = P(a < X \leqq b), \quad a, b \in \mathbb{R}, \ a < b$$

で定義される $\mathbb{R}$ 上の確率測度 $\mu(dx)$ を X の **法則** (law of X) とよぶ[7]．分布関数 $F(x)$ は命題 2.1 (iii) によると右連続であり，さらに

$$F(x) = \int_{-\infty}^{x} \mu(dx) = \mu((-\infty, x]), \quad x \in \mathbb{R}$$

と書ける．また，応用上は適当な $\mathbb{R}$ 上の関数 $f(x)$ を用いて，

$$\mu(dx) = f(x)\, dx$$

として現れることが多い．すなわち，

---

7) 正確には，μ は $(\mathbb{R}, \mathcal{B}(\mathbb{R}))$ 上の確率測度である．ここで $\mathcal{B}(\mathbb{R})$ は $\mathbb{R}$ における開区間の集合族を含む最小の $\mathbb{R}$ 上の σ-加法族 (**ボレル可測集合族**とよぶ) を表す．

$$F(x) = \int_{-\infty}^{x} f(t)\,dt, \quad x \in \mathbb{R}. \tag{2.7}$$

関数 $f(x)$ は X の**確率密度関数**とよばれる[8]．このとき，

$$P(X = x) = \int_{x}^{x} f(t)\,dt = 0, \quad x \in \mathbb{R}$$

が成り立つ．したがって，

$$F(x) = P(X \leqq x) = P(X < x) \tag{2.8}$$

である．また，$F(x)$ が微分可能な x の範囲では，確率密度関数は

$$f(x) = F'(x) \tag{2.9}$$

で与えられる．

◇**例** 2.12. 確率変数 X の確率密度関数 $f(x)$ が

$$f(x) = \begin{cases} x + 1, & -1 \leqq x \leqq 0, \\ 1 - x, & 0 \leqq x \leqq 1 \end{cases}$$

で与えられるとき，確率 $P(0 \leqq X \leqq 1)$，$P(-0.5 \leqq X \leqq 0.5)$ を求める．

解説：(2.7), (2.9) より，

$$P(0 \leqq X \leqq 1) = \int_{0}^{1} f(t)\,dt = \int_{0}^{1} (1 - t)\,dt = \left[t - \frac{t^2}{2} \right]_{0}^{1} = \frac{1}{2}.$$

同様に，

$$P(-0.5 \leqq X \leqq 0.5) = \int_{-0.5}^{0.5} f(t)\,dt$$

$$= \int_{-0.5}^{0} (t + 1)\,dt + \int_{0}^{0.5} (1 - t)\,dt$$

$$= \left[\frac{t^2}{2} + t \right]_{-0.5}^{1} + \left[t - \frac{t^2}{2} \right]_{0}^{0.5} = \frac{3}{4}. \qquad \square$$

◆**例題** 2.1. 連続型の確率変数 X は確率密度関数 $f(x)$ をもつとする：

$$F(x) = \int_{-\infty}^{x} f(t)\,dt, \quad f(x) = F'(x), \quad x \in \mathbb{R}.$$

このとき，$Y = X^2$ の確率密度関数 $f_Y(x)$ を求める．

---

8)　厳密には，$f(x)$ はルベーグ測度 0 の集合を除いた集合上でしか定義されないことがあるが，このことについては今後も一切ふれない．

解答： $Y = X^2$ の値域は $\{x \in \mathbb{R} : x \geqq 0\}$ である．このとき，

$$F_Y(x) = P(Y \leqq x) = P(X^2 \leqq x) = P(X \leqq \sqrt{x}) - P(X < -\sqrt{x})$$
$$= F(\sqrt{x}) - F(-\sqrt{x}), \quad x \geqq 0$$

である．よって，合成関数の微分を用いると

$$f_Y(x) = F_Y'(x) = F'(\sqrt{x}) \cdot \frac{1}{2\sqrt{x}} + F'(-\sqrt{x}) \cdot \frac{1}{2\sqrt{x}}$$
$$= \frac{f(\sqrt{x})}{2\sqrt{x}} + \frac{f(-\sqrt{x})}{2\sqrt{x}}, \quad x > 0$$

となる． □

以下，確率密度関数をもつような分布の例をいくつか紹介しよう．

(1) 一様分布 (Uniform distribution)：$\mathsf{Un}(a, b)$

$a < b$ とする．確率変数 X の確率密度関数が

$$f(t) = \begin{cases} \dfrac{1}{b-a}, & a \leqq t \leqq b, \\ 0, & t < a \text{ または } b < t \end{cases} \tag{2.10}$$

で与えられる X を**区間 $[a, b]$ 上の一様分布に従う確率変数**といい，

$$X \sim \mathsf{Un}(a, b)$$

と書き表す[9]．

このとき，確率変数 X の分布関数 $F(x)$ は次のようになる：

$$F(x) = \begin{cases} 1, & b < x, \\ \dfrac{x-a}{b-a}, & a \leqq x \leqq b, \\ 0, & x < a. \end{cases} \tag{2.11}$$

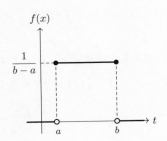

◎**問 2.8.** $X \sim \mathsf{Un}(-1, 1)$ とする．次の確率を求めよ，

(1) $P(X = -1)$ (2) $P(0 < X < 2)$ (3) $P(-0.5 < X)$

---

9) 離散一様分布と混同しないように．

(2) コーシー分布 (Cauchy distribution)**: $\mathsf{C}(\mu, \sigma)$**

確率変数 X の確率密度関数が, $\mu \in \mathbb{R},\ \sigma > 0$ を用いて

$$f(t) = \frac{1}{\pi} \cdot \frac{\sigma}{(t - \mu)^2 + \sigma^2}, \quad t \in \mathbb{R}$$

で与えられる X を**パラメータ (μ, σ) をもつコーシー分布に従う確率変数**と
いい,

$$X \sim \mathsf{C}(\mu, \sigma)$$

と書き表す.

◎**問 2.9.** $X \sim \mathsf{C}(\mu, \sigma)$ とするとき, X の確率密度関数 $f(t)$ は $\displaystyle\int_{-\infty}^{\infty} f(t)\, dt = 1$ を
満たすことを確認せよ.

コーシー分布は次の性質をもつことが知られている.

◆**例題 2.2.** $X \sim \mathsf{C}(0, 1)$ ならば, $1/X \sim \mathsf{C}(0, 1)$ となる.

解答: $x \in \mathbb{R}$ に対して,

$$\frac{1}{X} \leqq x \iff X \leqq xX^2 \iff \begin{cases} X\left(X - \frac{1}{x}\right) \geqq 0, & x > 0, \\ X \leqq 0, & x = 0, \\ X\left(X - \frac{1}{x}\right) \leqq 0, & x < 0 \end{cases}$$

より,

$$F_{1/X}(x) = P(1/X \leqq x) = \begin{cases} P\big(X \leqq 0 \text{ または } X \geqq 1/x\big), & x > 0, \\ P(X \leqq 0), & x = 0, \\ P\big(1/x \leqq X \leqq 0\big), & x < 0 \end{cases}$$

である. まず, $x > 0$ のとき,

$$F_{1/X}(x) = P(X \leqq 0) + P(X \geqq 1/x)$$

$$= \frac{1}{\pi} \int_{-\infty}^{0} \frac{dt}{t^2 + 1} + \frac{1}{\pi} \int_{1/x}^{\infty} \frac{dt}{t^2 + 1}$$

$$= \frac{1}{\pi} \int_{-\infty}^{0} \frac{dt}{t^2 + 1} + \underbrace{\frac{1}{\pi} \int_{x}^{0} \frac{1}{(1/s)^2 + 1}\left(-\frac{ds}{s^2}\right)}_{t = 1/s}$$

$$= \frac{1}{\pi} \int_{-\infty}^{0} \frac{dt}{t^2 + 1} + \frac{1}{\pi} \int_{0}^{x} \frac{ds}{s^2 + 1}$$

$$= \frac{1}{\pi} \int_{-\infty}^{x} \frac{dt}{t^2 + 1} = F_X(x)$$

となる. 次に $x \leqq 0$ ならば,

$$F_{1/X}(x) = P(1/x \leqq X \leqq 0) = \frac{1}{\pi} \int_{1/x}^{0} \frac{dt}{t^2 + 1}$$

$$= \frac{1}{\pi} \int_{x}^{-\infty} \frac{1}{(1/s)^2 + 1}\left(-\frac{ds}{s^2}\right)_{t=1/s}$$

$$= \frac{1}{\pi} \int_{-\infty}^{x} \frac{ds}{s^2 + 1} = F_X(x)$$

となる. 以上まとめると, 任意の $x \in \mathbb{R}$ に対して, $F_{1/X}(x) = F_X(x)$ が成り立つことから,

$$X \sim \mathsf{C}(0,1) \implies 1/X \sim \mathsf{C}(0,1)$$

である. □

(3) 指数分布 (Exponential distribution): $\mathsf{Exp}(\theta)$

確率変数 X の確率密度関数が, $\theta > 0$ を用いて,

$$f(t) = \begin{cases} \theta e^{-\theta t}, & t > 0, \\ 0, & t \leqq 0 \end{cases}$$

で与えられる X を**パラメータ θ の指数分布に従う確率変数**といい,

$$X \sim \mathsf{Exp}(\theta)$$

と書き表す. このとき, X の分布関数 $F(x)$ は

$$F(x) = P(X \leqq x) = \int_{-\infty}^{x} f(t)\,dt = \theta \int_{0}^{x} e^{-\theta t}\,dt = 1 - e^{-\theta x}, \quad x > 0$$

となる.

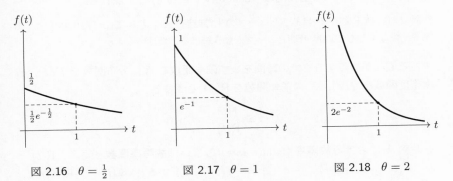

図 2.16 $\theta = \frac{1}{2}$　　　　図 2.17 $\theta = 1$　　　　図 2.18 $\theta = 2$

◇**例** 2.13. ある病院で外来患者が待たされる時間 X は (おおよそ平均) 45 分の指数分布 $\mathsf{Exp}\left(\frac{3}{4}\right)$ に従うという ($\frac{3}{4}$ (時間) = 45 分). この病院で 15 分以下の待ち時間となる確率はどれほどだろうか. また, 2 時間以上待たされる確率はどれほどだろうか.

解説: $X \sim \mathsf{Exp}\left(\frac{3}{4}\right)$ であるから, 待ち時間が ($\frac{1}{4}$ (時間) =) 15 分以下となる確率は

$$P\left(X \leqq \tfrac{1}{4}\right) = F\left(\tfrac{1}{4}\right) = \int_0^{1/4} \frac{3}{4} e^{-3t/4}\,dt = \left[-e^{-3t/4}\right]_0^{1/4} = 1 - e^{-3/16} \fallingdotseq 0.171$$

より約 17.1 % である. また, 2 時間以上待たされる確率は

$$P(X \geqq 2) = \int_2^\infty \frac{3}{4} e^{-3t/4}\,dt = \left[-e^{-3t/4}\right]_2^\infty = e^{-3/2} \fallingdotseq 0.223$$

であるから約 22.3 % である.   □

◇**例** 2.14 (生存解析). 鋼鉄製の柄は圧力や経年劣化によっていつかは折れる. 電子部品も時間が経てばいつかは壊れる. また, 腫瘍を除去された患者は腫瘍がいつかは再発することもありうる. これらで重要なことは, **いつ折れるか**, **いつ壊れるのか**, あるいは**いつ再発するのか**を測ることである. これらのことを理論的に研究するのが**生存解析** (survival analysis) といわれる分野である.

圧力をかけはじめた, 電子製品のスイッチを入れた, あるいは腫瘍を取り除いた時点から, 破壊・故障・再発が起こるまでの時間 X のことを**生存時間** (lifetime) とよぶが, 指数分布は, そのモデル化として現れることが多い.

さて, 生存時間 (を表す確率変数) X が時間 $t > 0$ までは動いている (折れていない・故障していない・再発していない) 確率を

$$\mathsf{R}(x) = P(X > x) = 1 - P(X \leqq x) = 1 - F(x)$$

とおく. $\mathsf{R}(x)$ は X の**信頼関数** (reliability function) とよばれる.   □

◎**問** 2.10. 確率変数 T はあるヒューズの生存時間とし, $T \sim \mathsf{Exp}(1/10000)$ とするとき, 少なくとも 20000 時間ヒューズが動き続ける確率はいくらか.

ある製品が故障するまでの時間を表す確率変数を X, 分布関数を $F(x)$, 確率密度関数を $f(x)$, X の信頼関数を $\mathsf{R}(x)$ と表すとき,

$$\lambda(t) = \frac{f(t)}{\mathsf{R}(t)}, \quad t > 0$$

を時刻 t における**故障率** (failure rate) あるいは**故障率関数**とよぶ. $\mathsf{R}(t) = 1 - F(t)$ より, $\mathsf{R}'(x) = -F'(t) = -f(t)$ に注意すると, $\lambda(t) = -\mathsf{R}'(t)/\mathsf{R}(t)$

だから,

$$\int_0^t \lambda(u)\,du = -\int_0^t \frac{R'(u)}{R(u)}\,du = -\Big[\log R(u)\Big]_0^t = \log R(t) - \log R(0)$$

である. ここで, $R(0) = 1 - F(0) = 1$ であることに注意すると,

$$R(t) = \exp\Big(-\int_0^t \lambda(u)\,du\Big), \quad t > 0 \tag{2.12}$$

が得られる. ここで, $\exp(x) = e^x$ である.

◆**例題** 2.3. 故障率が一定 $\lambda(t) = \theta\,(> 0)$ であるような生存時間 X に対して
は, $X \sim \mathrm{Exp}(\theta)$ である.

解答: (2.12) より,

$$R(t) = \exp\Big(-\int_0^t \theta\,du\Big) = e^{-\theta t} = 1 - F(t), \quad t > 0$$

が成り立つことから,

$$F(t) = 1 - R(t) = 1 - e^{-\theta t} = \theta \int_0^t e^{-\theta u}\,du$$

となる. よって, $X \sim \mathrm{Exp}(\theta)$ である. □

(4) アーラン分布 (Erlang distribution)**: $\mathrm{Erl}(n, \theta)$**

$n \in \mathbb{N}, \theta > 0$ とするとき, 確率変数 X の確率密度関数が

$$f(t) = \begin{cases} \dfrac{\theta^n}{(n-1)!}\,t^{n-1}e^{-\theta t}, & t > 0, \\ 0, & t \leqq 0 \end{cases}$$

で与えられる X を**パラメータ (n, θ) をもつアーラン分布に従う確率変数**と
いい,

$$X \sim \mathrm{Erl}(n, \theta)$$

と書き表す.

アーラン分布も次に述べるワイブル分布も生存解析の分野においては非常に
重要な分布として知られている. 特に, パラメータ $(1, \theta)$ のアーラン分布は,
パラメータ θ の指数分布と一致する. また, 指数分布に従う独立な確率変数の
和はアーラン分布に従うことがわかる (例題 3.10 をみよ).

(5) ワイブル分布 (Weibull distribution)**: Weib(α, θ)**

確率変数 X の確率密度関数が，$\alpha > 0$，$\theta > 0$ を用いて，

$$f(t) = \begin{cases} \dfrac{\alpha}{\theta}\left(\dfrac{t}{\theta}\right)^{\alpha-1} e^{-(t/\theta)^{\alpha}}, & t > 0, \\ \\ 0, & t \leqq 0 \end{cases}$$

で与えられる X を**パラメータ** (α, θ) **をもつワイブル分布に従う確率変数**といい，

$$X \sim \text{Weib}(\alpha, \theta)$$

と書き表す.

　ワイブル分布は，工業製品など劣化をともなう現象の寿命を統計的に解析するためにモデル化された分布として知られている.

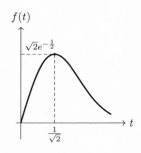
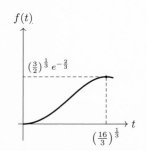
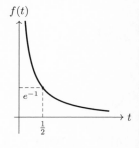

図 2.19　$\alpha = 2$, $\theta = 1$　　　　図 2.20　$\alpha = 3$, $\theta = 2$　　　　図 2.21　$\alpha = \theta = \frac{1}{2}$

◆**例題** 2.4. $\alpha > 0$, $\theta > 0$ があって，故障率が

$$\lambda(t) = \frac{\alpha}{\theta}\left(\frac{t}{\theta}\right)^{\alpha-1}, \quad t > 0$$

で与えられる生存時間 X については，$X \sim \text{Weib}(\alpha, \theta)$ である.

　解答：(2.12) より，$t > 0$ に対して

$$\text{R}(t) = \exp\left(-\int_0^t \frac{\alpha}{\theta}\left(\frac{u}{\theta}\right)^{\alpha-1} du\right) = \exp\left(-\left[\left(\frac{u}{\theta}\right)^{\alpha}\right]_0^t\right)$$

$$= \exp\left(-\left(\frac{t}{\theta}\right)^{\alpha}\right) = 1 - F(t)$$

より，微分積分学の基本定理を用いると，

$$F(t) = 1 - \text{R}(t) = 1 - \exp\left(-\left(\frac{t}{\theta}\right)^{\alpha}\right)$$

$$= -\int_0^t \frac{d}{du}\Big(\exp\Big(-\Big(\frac{u}{\theta}\Big)^\alpha\Big)\Big)\, du = \int_0^t \frac{\alpha}{\theta}\Big(\frac{u}{\theta}\Big)^{\alpha-1} e^{-(u/\theta)^\alpha}\, du$$

が成り立つことから, $X \sim \mathsf{Weib}(\alpha, \theta)$ である. $\square$

(6) 正規分布 (Normal distribution) または**ガウス分布: $\mathsf{N}(\mu, \sigma^2)$**

確率変数 X の確率密度関数が, $\mu \in \mathbb{R}$, $\sigma > 0$ を用いて,

$$f(t) = \frac{1}{\sqrt{2\pi\sigma^2}} \exp\Big(-\frac{1}{2}\Big(\frac{t-\mu}{\sigma}\Big)^2\Big), \quad t \in \mathbb{R}$$

で与えられる X を**パラメータ (μ, σ^2) をもつ正規分布**または**ガウス分布に従う確率変数**といい,

$$X \sim \mathsf{N}(\mu, \sigma^2)$$

と書き表す. 特に $\mathsf{N}(0, 1)$ のことを**標準正規分布**とよぶ. μ は平均, σ^2 は分散, σ は標準偏差を表す. (なお, 平均および分散については第 3 章をみよ.)

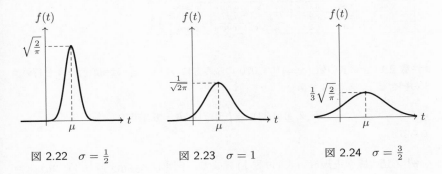

図 2.22 $\sigma = \frac{1}{2}$　　　図 2.23 $\sigma = 1$　　　図 2.24 $\sigma = \frac{3}{2}$

◆**例題** 2.5. $X \sim \mathsf{N}(\mu, \sigma^2)$ のとき,

$$Z = \frac{X-\mu}{\sigma} \tag{2.13}$$

と変換すると, $Z \sim \mathsf{N}(0, 1)$ となる. この Z を $\underline{X \text{ の正規化}}$ または**規格化**とよぶ.

解答: $Z = (X-\mu)/\sigma$ とおく. 各 $x \in \mathbb{R}$ に対して,

$$F(x) = P(X \leqq x) = \int_{-\infty}^x f(t)\, dt = \frac{1}{\sqrt{2\pi\sigma^2}} \int_{-\infty}^x \exp\Big(-\frac{(t-\mu)^2}{2\sigma^2}\Big)\, dt$$

に注意すると,

$$F_Z(x) = P(Z \leqq x) = P\Big(\frac{X-\mu}{\sigma} \leqq x\Big) = P(X \leqq \sigma x + \mu)$$

$$= \frac{1}{\sqrt{2\pi\sigma^2}} \underbrace{\int_{-\infty}^{\sigma x + \mu} \exp\left(-\frac{(t-\mu)^2}{2\sigma^2}\right) dt}_{t = \sigma s + \mu}$$

$$= \frac{1}{\sqrt{2\pi\sigma^2}} \int_{-\infty}^{x} e^{-s^2/2}(\sigma\,ds) = \frac{1}{\sqrt{2\pi}} \int_{-\infty}^{x} e^{-s^2/2}\,ds$$

となる. よって, $Z \sim \mathsf{N}(0,1)$ である.   □

巻末の**付表 1** は, 標準正規分布に従う確率変数 $Z \sim \mathsf{N}(0,1)$ の確率密度関数 $f(x)$ の区間 $[z_\alpha, \infty)$ における積分の値 (近似値) α を表にしたものである:

$$\alpha = P(Z \geqq z_\alpha) = \int_{z_\alpha}^{\infty} f(t)\,dt.$$

$z_\alpha = 0.33,$
$(\alpha =) 0.37070 = \int_{z_\alpha}^{\infty} f(t)\,dt$

z_α	0	1	2	3	4	
0.0	0.50000	0.49601	0.49202	0.48803	0.48405	⋯
0.1	0.46017	0.45620	0.45224	0.44828	0.44433	⋯
0.2	0.42074	0.41683	0.41294	0.40905	0.40517	⋯
0.3	0.38209	0.37828	0.37448	0.37070	0.36693	⋯
0.4	0.34458	0.34090	0.33724	0.33360	0.32997	⋯
0.5	0.30854	0.30503	0.30153	0.29806	0.29460	⋯
0.6	0.27425	0.27093	0.26763	0.26435	0.26109	⋯
0.7	0.24196	0.23885	0.23576	0.23270	0.22965	⋯
⋮	⋮	⋮	⋮	⋮	⋮	

▷ **注意** 2.1. 上の表の値 $(\alpha =) 0.37070$ の読み方について, z_α は列の値 $\underset{\sim}{0.3}$ と行の値 $\underline{3}$ の組合せ $z_\alpha = \underset{\sim}{0.33}$ であり, かつ

$$P(Z \geqq 0.33) = \int_{0.33}^{\infty} f(t)\,dt = 0.37070$$

である.

◇**例** 2.15. 標準正規分布表 (付表 1) により, 例えば $z_{0.4013} = 0.25$, $z_{0.025} = 1.96$ である (確かめよ).   □

正規分布がもつ著しい特徴の一つを紹介しよう.

◆**例題** 2.6. $X \sim \mathsf{N}(\mu,\sigma^2)$ ならば $-X \sim \mathsf{N}(-\mu,\sigma^2)$ である. 特に, $X \sim \mathsf{N}(0,1)$ ならば $-X \sim \mathsf{N}(0,1)$ である.

解答: $X \sim \mathsf{N}(\mu,\sigma^2)$ とし, X の確率密度関数を $f(x)$ とする:

$$f(x) = \frac{1}{\sqrt{2\pi\sigma^2}} \exp\left(-\frac{(x-\mu)^2}{2\sigma^2}\right), \quad x \in \mathbb{R}.$$

このとき,

$$F_{-X}(x) = P(-X \leqq x) = P(X \geqq -x) = 1 - P(X < -x) = 1 - F(-x)$$

である. よって, 合成関数の微分を用いると

$$f_{-X}(x) = F'_{-X}(x) = -F'(-x) \cdot (-1) = f(-x)$$

$$= \frac{1}{\sqrt{2\pi\sigma^2}} \exp\left(-\frac{(-x-\mu)^2}{2\sigma^2}\right) = \frac{1}{\sqrt{2\pi\sigma^2}} \exp\left(-\frac{\left(x-(-\mu)\right)^2}{2\sigma^2}\right)$$

となることから, $-X \sim \mathsf{N}(-\mu, \sigma^2)$ がわかる. □

◆**例題 2.7.** 大学 1 年生の統計学の試験 (100 満点) で, 上位 10 ％の学生に成績「秀」をつける. 何点以上とすればよいか. 試験の結果は, 平均 58 点, 標準偏差 15 点の正規分布に従うものとする.

解答：試験の得点 X は正規分布 $X \sim \mathsf{N}(58, 15^2)$ に従う. 求める点数を x とすると,

$$P(X \geqq x) = 0.1$$

となる. (2.13) によって $Z = \dfrac{X - 58}{15}$ と規格化すると, $Z \sim \mathsf{N}(0,1)$ である. $X = 15Z + 58$ に注意すると,

$$P(X \geqq x) = P\left(Z \geqq \frac{x-58}{15}\right) = 0.1$$

となる. よって, 巻末の標準正規分布表 (付表 1) から

$$\frac{x-58}{15} = 1.28, \qquad \text{よって, } x = 1.28 \times 15 + 58 = 77.2$$

となることから, 78 点以上の学生に「秀」をつけるのが適当であろう. □

◎**問 2.11.** $X \sim \mathsf{N}(0, 1)$ のとき, 巻末の標準正規分布表を用いて, 次の確率を求めよ.

(1) $P(X \geqq 2.4)$ (2) $P(-1 \leqq X \leqq 2)$

◎**問 2.12.** $X \sim \mathsf{N}(10, 5^2)$ のとき, 次の等式が成立するような $a\,(> 0)$ の値を求めよ.

(1) $P(10 \leqq X \leqq a) = 0.4772$ (2) $P(|X - 10| \leqq a) = 0.6826$

(7) カイ 2 乗分布 (Chi-squared distribution): $\chi^2(n)$

確率変数 X の確率密度関数が, $n \in \mathbb{N}$ を用いて,

$$f(t) = \begin{cases} \dfrac{1}{2^{n/2}\Gamma(n/2)} t^{\frac{n-2}{2}} e^{-\frac{t}{2}}, & t > 0, \\[2mm] 0, & t \leqq 0 \end{cases}$$

で与えられる X を**自由度 n のカイ 2 乗 (χ^2-) 分布に従う確率変数**といい,

$$X \sim \chi^2(n)$$

と書き表す. ただし,

$$\Gamma(x) = \int_0^\infty e^{-t} t^{x-1} \, dx, \quad x > 0 \tag{2.14}$$

は**ガンマ関数**である. このカイ2乗分布は正規分布と密接に関係している.

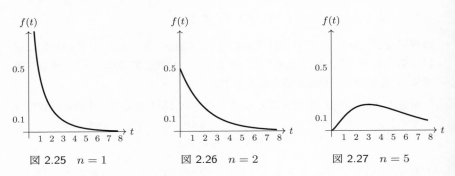

図 2.25 $n = 1$ 図 2.26 $n = 2$ 図 2.27 $n = 5$

◆**例題** 2.8. $X \sim \mathsf{N}(0, 1)$ とする. このとき, $Y = X^2 \sim \chi^2(1)$ である.

解説: $Y = X^2$ とおき, Y の分布関数を $F_Y(x)$ と表す. $x > 0$ に対して,

$$F_Y(x) = P(Y \leqq x) = P(X^2 \leqq x) = P(-\sqrt{x} \leqq X \leqq \sqrt{x})$$

$$= F(\sqrt{x}) - F(-\sqrt{x}) = \frac{1}{\sqrt{2\pi}} \int_{-\sqrt{x}}^{\sqrt{x}} e^{-t^2/2} \, dt$$

$$= \underbrace{\frac{2}{\sqrt{2\pi}} \int_0^{\sqrt{x}} e^{-t^2/2} \, dt}_{s=t^2} = \frac{2}{\sqrt{2\pi}} \int_0^x e^{-s/2} \frac{ds}{2\sqrt{s}}$$

$$= \frac{1}{\sqrt{2\pi}} \int_0^x s^{-1/2} e^{-s/2} \, ds$$

となる. ここで, $\Gamma(1/2) = \sqrt{\pi}$ に注意すると $Y \sim \chi^2(1)$ がわかる. □

◇**例** 2.16. X を自由度 n のカイ2乗分布に従う確率変数とする. $0 < \alpha < 1$ に対して, $P(X \geqq x) = \alpha$ を満たす x の値を **$\chi_n^2(\alpha)$-値** とよぶ. このとき, 巻末の χ^2-分布表を用いると, 例えば,

$$\chi_{10}^2(0.995) = 2.1559, \quad \chi_{20}^2(0.025) = 34.1696$$

である. □

◎**問** 2.13. 次の $\chi_n^2(\alpha)$-値をそれぞれ χ^2-分布表を用いて求めよ.

$$\chi_{50}^2(0.995), \qquad \chi_{50}^2(0.005)$$

(8) エフ分布 (*F*-distribution)：$\mathsf{F}(n,m)$

確率変数 X の確率密度関数が，$n, m \in \mathbb{N}$ を用いて，

$$f(t) = \begin{cases} \dfrac{n^{n/2}m^{m/2}}{\mathsf{B}(n/2, m/2)} \dfrac{t^{(n-2)/2}}{(nt+m)^{(n+m)/2}}, & t > 0, \\ 0, & t \leqq 0 \end{cases}$$

で与えられる X を**自由度 (n,m) のエフ (F-) 分布に従う確率変数**といい，

$$X \sim \mathsf{F}(n,m)$$

と書き表す．ここで，

$$\mathsf{B}(r,s) = \int_0^1 t^{r-1}(1-t)^{s-1}\,dt, \quad r > 0, s > 0$$

は**ベータ関数**である．

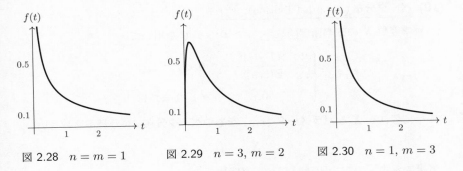

図 2.28　$n = m = 1$　　　図 2.29　$n = 3, m = 2$　　　図 2.30　$n = 1, m = 3$

◎問 2.14．X を自由度 (n,m) のエフ分布に従う確率変数とする．$0 < \alpha < 1$ に対して，$P(X \geqq x) = \alpha$ を満たす x の値を $\boldsymbol{F_m^n(\alpha)}$-**値**とよぶ．このとき，巻末の F-分布表によって $F_{10}^5(0.05)$，$F_{15}^3(0.05)$ の値を求めよ．

(9) スチューデントのティー (t-) 分布 (Student's *t*-distributuion)：$\mathsf{t}(\nu)$

確率変数 X の確率密度関数が，$\nu > 0$ を用いて，

$$f(t) = \frac{1}{\sqrt{\nu}\,\mathsf{B}(1/2, \nu/2)}\left(1 + \frac{t^2}{\nu}\right)^{-\frac{\nu+1}{2}}, \quad t \in \mathbb{R}$$

で与えられる X を**自由度 ν のティー (t-) 分布に従う確率変数**といい，

$$X \sim \mathsf{t}(\nu)$$

と書き表す．ここで $\mathsf{B}(r,s)$ はベータ関数である．

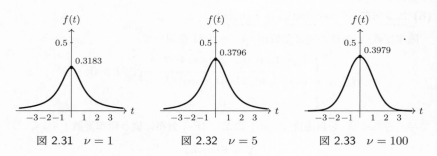

図 2.31 $\nu = 1$ 図 2.32 $\nu = 5$ 図 2.33 $\nu = 100$

◎問 2.15. X を自由度 ν のティー分布に従う確率変数とする. $0 < \alpha < 1$ に対して,
$P(X \geqq x) = \alpha$ を満たす x の値を $\mathsf{t}_\nu(\alpha)$-値とよぶ. このとき, 巻末の t-分布表を用
いて, 次の値を求めよ.

$$\mathsf{t}_{10}(0.005), \qquad \mathsf{t}_{20}(0.025)$$

(10) ベータ分布 (Beta distribution)**:** $\beta(r, s)$

確率変数 X の確率密度関数が, $r > 0, s > 0$ を用いて,

$$f(t) = \begin{cases} \dfrac{t^{r-1}(1-t)^{s-1}}{\mathsf{B}(r,s)}, & 0 < t < 1, \\ \\ 0, & t \leqq 0 \text{ または } 1 \leqq t \end{cases}$$

で与えられる X を**パラメータ** (r, s) **をもつベータ分布に従う確率変数**といい,

$$X \sim \beta(r, s)$$

と書き表す. ここで $\mathsf{B}(r, s)$ はベータ関数である.

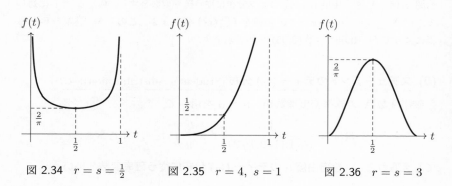

図 2.34 $r = s = \dfrac{1}{2}$ 図 2.35 $r = 4, s = 1$ 図 2.36 $r = s = 3$

▷ **注意** 2.2. カイ 2 乗分布, エフ分布およびティー分布は, すべて正規分布に関連して
現れる分布として知られている (§A.5 をみよ). これら確率密度関数の具体的な形を覚

えるよりも，それぞれの分布がどのような形で現れるか，さらにはどういう場合に用いられるのかを理解しておくほうが重要である．5,6 章で述べる統計的推定・検定において決定的な役割を果たすことをみるであろう．

＊＊＊ 章 末 問 題 ＊＊＊

問題 2.1. 次を計算せよ．

(1) $_8C_3$ (2) $_8C_5$ (3) $_6C_2$ (4) $_7C_5$ (5) $_{10}C_7$

問題 2.2. 次を示せ：$_nC_k = {}_nC_{n-k}$.

問題 2.3. 次を示せ：$_nC_k = {}_{n-1}C_{k-1} + {}_{n-1}C_k$.

問題 2.4. 離散型確率変数 X の確率分布が次のように与えられているとする：

$$p(x) = \begin{cases} \frac{1}{3}, & x = 0, \\ \frac{1}{4}, & x = 1, \\ \frac{1}{6}, & x = 2, \\ \frac{1}{4}, & x = 3, \\ 0, & \text{その他の } x. \end{cases}$$

このとき，以下の確率を求めよ．

(1) $P(X > 1)$ (2) $P(-1 < X < 2.4)$ (3) $P(X = 2 | X < 3)$

問題 2.5. 偏りのないコインを 3 回続けて投げる試行を行う．以下の問いに答えよ．

(1) このときの標本空間 Ω を書き表せ．

(2) X を表が出た枚数を表す確率変数とするとき，X の値域を書き表せ．また，少なくとも 1 枚は表が出る確率はいくらか．

問題 2.6. 大小 2 つのサイコロを 1 回投げる試行を行い，出た目の最大値を X とする．このとき，X の値域を書き表し，X の確率分布を求めよ．

問題 2.7. サイコロを 2 回続けて投げる試行を行い，出た目の差を X とする．X の値域を書き表し，X の確率分布を求めよ．

問題 2.8. 関数 $f(x) = a(-x^2 + 9)$，$|x| \leqq 3$ が確率密度関数となるように，定数 a の値を定めよ．また，$P(-2 \leqq X \leqq 1)$ を求めよ．

問題 2.9. 関数 $f(x) = a(1 - |x|)$，$|x| \leqq 1$ が確率密度関数となるように，定数 a の値を定めよ．また，$P(-0.2 \leqq X \leqq 0.5)$ を求めよ．

問題 2.10. $X \sim \mathsf{Un}(0,3)$ とするとき，次の確率を求めよ．

(1) $P(X > 0.5)$ (2) $P(X < 2)$ (3) $P(X > 2.5 | X > 0.5)$

問題 2.11. $X \sim \mathsf{Un}(0,1)$ ならば，$-\log X \sim \mathsf{Exp}(1)$ となることを示せ．

問題 2.12. $X \sim \mathsf{C}(0,1)$ ならば，$X^2 \sim \mathsf{F}(1,1)$ となることを示せ．

問題 2.13. $X \sim \mathsf{Weib}(\alpha, \theta)$ のとき, X の分布関数 $F(x) = P(X \leqq x)$ を具体的に求めよ.

問題 2.14. X を連続型確率変数で, 狭義単調増加な分布関数

$$F(x) = P(X \leqq x), \ x \in \mathbb{R}$$

をもつとする. このとき, $Y = F(X)$ で定められる確率変数は $Y \sim \mathsf{Un}(0, 1)$ となることを示せ.

問題 2.15. $\alpha > 0, \theta > 0$ を用いて,

$$f(t) = \begin{cases} \dfrac{\theta^\alpha}{\Gamma(\alpha)} t^{\alpha-1} e^{-\theta t}, & t > 0, \\ 0, & t \leqq 0 \end{cases}$$

で定義される関数 $f(x)$ は $\displaystyle\int_{\mathbb{R}} f(x)\,dx = 1$ を満たすことを示せ. ($f(x)$ を確率密度関数としてもつ X を**パラメータ** (α, θ) **のガンマ分布に従う確率変数**といい, $X \sim \mathsf{Ga}(\alpha, \theta)$ と書き表す.) このとき, $\alpha = 1$ のときガンマ分布 $\mathsf{Ga}(1, \theta)$ は指数分布 $\mathsf{Exp}(\theta)$ と一致すること, また, $n \in \mathbb{N}$ に対して $\alpha = n$ とすると $\mathsf{Ga}(n, \theta)$ はアーラン分布 $\mathsf{Erl}(n, \theta)$ と一致すること, さらには, カイ 2 乗分布 $\chi^2(n)$ は $\mathsf{Ga}(n/2, 1/2)$ であることを確認せよ.

問題 2.16. ガンマ関数: $\Gamma(t) = \displaystyle\int_0^\infty e^{-x} x^{t-1}\,dx, \ t > 0$, およびベータ関数: $\mathsf{B}(r, s) = \displaystyle\int_0^1 x^{r-1}(1-x)^{s-1}\,dx, \ r > 0, s > 0$ に対して, 以下の関係式が成り立つことを示せ.

(1) $\Gamma(t+1) = t\,\Gamma(t)$ (2) $\Gamma(1) = 1$ (3) $\Gamma\left(\frac{1}{2}\right) = \sqrt{\pi}$

(4) $\mathsf{B}(r, s) = \mathsf{B}(s, r)$ (5) $\mathsf{B}(r, s+1) = \dfrac{s}{r}\mathsf{B}(r+1, s)$

(6) $\mathsf{B}(r, s) = \dfrac{\Gamma(r)\Gamma(s)}{\Gamma(r+s)}$

問題 2.17. $X \sim \mathsf{F}(n, m)$ ならば, $1/X \sim \mathsf{F}(m, n)$ となることを示せ.

3

確率変数の期待値・分散

本章では，確率変数の期待値・分散・モーメント母関数など，確率変数あるいは確率分布を特徴づける様々な指標について説明する．

3.1 期待値*

次の手順で確率変数 X の積分，すなわち期待値を定義する．期待値は，平均ともよばれている[1]．

(1) X の値域が有限集合であるとき

X の値域を有限とすると，$R_X = \{x_1, x_2, \cdots, x_n\}$ とできる．このとき，X の期待値 $E[X]$ を

$$E[X] = \sum_{i=1}^{n} x_i p_i = \sum_{i=1}^{n} x_i P(X = x_i) \qquad (3.1)$$

で定義する．ここで，$p_i = P(X = x_i)$, $i = 1, 2, \cdots, n$ は X の確率関数 (2.3) である．(3.1) の右辺は，x_i を高さ，p_i を底辺の長さとする長方形と見立てた面積の和と解釈できる．また，ルベーグ積分の記号にならって

$$E[X] = \int_{\Omega} X(\omega) P(d\omega)$$

と書くこともある．また，$A \in \mathcal{F}$ に対して，$A \cap \{X = x_i\}$ の確率が正となるところだけを "底辺の長さ" と見立てたときの面積の和を

$$E[X; A] = \int_A X(\omega) P(d\omega) = \sum_{i=1}^{n} x_i P(\{X = x_i\} \cap A)$$

と書く．これを X の A 上の期待値，あるいは A 上の積分とよぶ．

---

1) 厳密には，期待値は確率測度に基づいた，いわゆる**ルベーグ積分**として定義する必要があるが，この教科書のレベルを超えるので，必要最小限の説明にとどめる．なお，考え方の基礎はリーマン積分と同様である．したがって，はじめのうちは定義のところだけを読み，次節の具体的な例の計算のところから拾い読みしてもかまわない．

(2) X が非負値な確率変数であるとき

$X(\omega) \geqq 0,\ \omega \in \Omega$ とする. このとき, リーマンの近似和に相当するものを考える. まず, Ω を X の値によって次のように分割する. 任意の $n \in \mathbb{N}$ に対して,

$$B_k^n = \left\{ \omega \in \Omega: \ \frac{k-1}{2^n} \leqq X(\omega) < \frac{k}{2^n} \right\}, \quad k = 1, 2, \cdots \quad (3.2)$$

とおく. すると, 各 n について集合列 $\{B_k^n\}_{k=1}^{\infty}$ は Ω の分割である:

$$\Omega = \bigcup_{k=1}^{\infty} B_k^n, \quad k \neq \ell \ \text{ならば} \ B_k^n \cap B_\ell^n = \varnothing.$$

このとき, 確率変数列 $\{X_n(\omega)\}_{n=1}^{\infty}$ を次のように定義する:

$$X_n(\omega) = \begin{cases} \dfrac{k-1}{2^n}, & \omega \in B_k^n,\ k = 1, 2, \cdots, n2^n, \\ n, & \omega \in \bigcup_{k=n2^n+1}^{\infty} B_k^n. \end{cases}$$

すなわち, $[0, \infty)$ を 2^{-n} の幅で分割して, 分割の各小区間 $[(k-1)2^{-n}, k2^{-n})$ に $X(\omega)$ が属する ω の集合を B_k^n とおき, 確率変数 $X_n(\omega)$ を, $X(\omega)$ が n を超えない範囲の B_k^n では $(k-1)2^{-n}$ の値を定め, n を超える範囲では n の値をとるように定める. すると, 各 $\omega \in \Omega$ に対して,

$$0 \leqq X_n(\omega) \leqq X_{n+1}(\omega) \leqq X(\omega)$$

が成り立ち, さらに, $X_n(\omega)$ は $X(\omega)$ に収束することがわかる. 一方, 各 $n \in \mathbb{N}$ に対して, $X_n(\omega)$ の値域は有限であることから, (1) により,

$$E[X_n] = \int_{\Omega} X_n(\omega) P(d\omega) = \sum_{k=1}^{n2^n} \frac{k-1}{2^n} P(B_k^n) + nP\left(\bigcup_{k=n2^n+1}^{\infty} B_k^n \right) \quad (3.3)$$

となる. $E[X_n]$ は n に関して単調増加であることから, (∞ も込めて) 極限が存在する. その極限が有限のとき, その積分の値を X の期待値と定義する:

$$E[X] = \int_{\Omega} X(\omega) P(d\omega) = \lim_{n \to \infty} E[X_n]\ (< \infty). \quad (3.4)$$

なお, $E[X]$ の値は Ω の分割の仕方, すなわち, $X(\omega)$ に単調に収束するような確率変数列 $\{X_n\}$ の定め方によらずに一定であることが示される. また, $A \in \mathcal{F}$ に対して, X の A 上の期待値あるいは A 上の積分を, 離散型確率変数の場合と同様に

$$E[X; A] = \int_A X(\omega) P(d\omega)$$

として定義することができる．実際，(3.2) で定めた集合を

$$\widetilde{B}_k^n = \left\{\omega \in A : \frac{k-1}{2^n} \leqq X(\omega) < \frac{k}{2^n}\right\}, \quad k = 1, 2, \cdots$$

とおいて，(3.3), (3.4) で行った計算をすべて $\{\widetilde{B}_k^n\}$ に置き換えて行えばよい．特に，$E[X] = E[X; \Omega]$ である．

(3) X が一般の確率変数のとき

確率変数 X を次のように**正の部分** X^+ と**負の部分** X^- に分解する：

$$X^+(\omega) = \begin{cases} X(\omega), & X(\omega) \geqq 0, \\ 0, & X(\omega) \leqq 0, \end{cases} \quad X^-(\omega) = \begin{cases} 0, & X(\omega) \geqq 0, \\ -X(\omega), & X(\omega) \leqq 0. \end{cases}$$

すると，X^+, X^- はともに非負値の確率変数となり，

$$X(\omega) = X^+(\omega) - X^-(\omega), \quad |X(\omega)| = X^+(\omega) + X^-(\omega), \quad \omega \in \Omega$$

が成り立つ．このとき，(2) の手順で X^+, X^- の積分を求めたとき，それらの値がともに有限

$$0 \leqq E[X^+] < \infty, \quad 0 \leqq E[X^-] < \infty$$

であるとき，X は**積分可能である**という．こうして，X^+ と X^- の積分の差を，X の期待値と定める：

$$E[X] = E[X^+] - E[X^-].$$

また，$A \in \mathcal{F}$ に対して，

$$E[X; A] = E[X^+; A] - E[X^-; A]$$

とおくことにより，A 上の X の期待値を定義することができる．

期待値は**平均**あるいは**平均値**ともよばれ，通常の積分の性質である線形性が成り立つ．証明はしないが結果のみ述べておく．

定理 3.1. 期待値は**線形性**をもつ．すなわち，X, Y を積分可能な確率変数，$\alpha, \beta \in \mathbb{R}$ とするとき，確率変数 $\alpha X + \beta Y$ の期待値に対して次が成り立つ：

$$E[\alpha X + \beta Y] = \alpha E[X] + \beta E[Y].$$

◇**例 3.1.** 表の出る確率が $\frac{1}{3}$ で，裏の出る確率が $\frac{2}{3}$ である偏りのあるコインを 3 回続けて投げる試行を行う．このとき，標本空間は

$$\Omega = \{\mathsf{HHH}, \mathsf{HHT}, \mathsf{HTH}, \mathsf{HTT}, \mathsf{THH}, \mathsf{THT}, \mathsf{TTH}, \mathsf{TTT}\}$$

である. また, それぞれの標本点の確率は

$$P(\{\mathsf{HHH}\}) = \frac{1}{27}, \quad P(\{\mathsf{HHT}\}) = P(\{\mathsf{HTH}\}) = P(\{\mathsf{THH}\}) = \frac{2}{27},$$

$$P(\{\mathsf{HTT}\}) = P(\{\mathsf{THT}\}) = P(\{\mathsf{TTH}\}) = \frac{4}{27}, \quad P(\{\mathsf{TTT}\}) = \frac{8}{27}$$

である.

次に, 各標本点に対して, 連続して表の出た最大の回数を表す確率変数として X を定義する. すなわち,

$$X(\mathsf{HHH}) = 3, \quad X(\mathsf{HHT}) = X(\mathsf{THH}) = 2,$$

$$X(\mathsf{HTT}) = X(\mathsf{HTH}) = X(\mathsf{TTH}) = X(\mathsf{THT}) = 1, \quad X(\mathsf{TTT}) = 0$$

である. このとき, X の値域は $R_X = \{0, 1, 2, 3\}$ である. X の期待値を求めるために, X の確率分布を計算すると,

$$p_0 = P(X = 0) = P(\{\mathsf{TTT}\}) = \frac{8}{27},$$

$$p_1 = P(X = 1) = P(\{\mathsf{HTT}, \mathsf{HTH}, \mathsf{TTH}, \mathsf{THT}\})$$

$$= \frac{4}{27} + \frac{2}{27} + \frac{4}{27} + \frac{4}{27} = \frac{14}{27},$$

$$p_2 = P(X = 2) = P(\{\mathsf{HHT}, \mathsf{THH}\}) = \frac{2}{27} + \frac{2}{27} = \frac{4}{27},$$

$$p_3 = P(X = 3) = P(\{\mathsf{HHH}\}) = \frac{1}{27}$$

となる. これら確率分布を表にまとめると,

k	0	1	2	3	合計
p_k	$\frac{8}{27}$	$\frac{14}{27}$	$\frac{4}{27}$	$\frac{1}{27}$	1

となる. よって, X の期待値は

$$E[X] = \sum_{k=0}^{3} k p_k = 0 \cdot \frac{8}{27} + 1 \cdot \frac{14}{27} + 2 \cdot \frac{4}{27} + 3 \cdot \frac{1}{27} = \frac{25}{27}. \qquad \square$$

◎**問 3.1.** 上の例 3.1 において, 表の出る確率が $\frac{2}{3}$, 裏の出る確率が $\frac{1}{3}$ であるような偏りのあるコインとした場合について, 確率変数 X の確率分布と期待値を求めよ.

◆**例題 3.1.** 偏りのないサイコロを投げる試行を行う. このとき, 出た目が素数の場合, その数 $\times 100$ 円をもらえ, 出た目が素数でなければ, 逆にその数 $\times 100$ 円を支払う, という確率変数を X とする. このとき, X の確率分布表と期待値を求めよう.

解答： サイコロは偏りがないから，X の確率分布表は次のようになる：

x	-100	200	300	-400	500	-600	合計
p_x	$\frac{1}{6}$	$\frac{1}{6}$	$\frac{1}{6}$	$\frac{1}{6}$	$\frac{1}{6}$	$\frac{1}{6}$	1

よって，X の期待値は

$$E[X] = \frac{1}{6}\big(-100 + 200 + 300 - 400 + 500 - 600\big) = -\frac{100}{6} = -\frac{50}{3}. \quad \square$$

3.2 分散・モーメント母関数

1変数関数 g に対して，確率変数 X と g との合成関数 $g(X)$ は，新しい確率変数を定める．$g(X)$ の期待値も X のときと同様に定義することができる．X の期待値 $E[X]$ が有限であるとき，X と関数 $g(x) = (x - E[X])^2$ との合成である確率変数の期待値 (積分) $E[(X - E[X])^2]$ が有限のとき，これを X の**分散** (variance) といい $\mathsf{Var}[X]$ と書く：

$$\mathsf{Var}[X] = E[(X - E[X])^2].$$

分散の正の平方根を**標準偏差** (standard deviation) とよび，σ_X あるいは単に σ と書き表す：

$$\sigma_X = \sigma = \sqrt{\mathsf{Var}[X]}.$$

分散あるいは標準偏差は，X の "平均 $\mu = E[X]$ からの散らばり具合" を測る一つの指標である．平均が同じであっても，データ (標本) は大いに異なる可能性がある (例えば例 4.4 をみよ)．分散が大きいと，平均から大きく離れたデータが増える傾向がある．

$n \in \mathbb{N}$ に対して，X^n の積分 $E[X^n]$ が有限 ($E[X^n] < \infty$) のとき，この積分値を X の **n 次の積率**あるいは **n 次モーメント**という．期待値は 1 次モーメントである．さらに，$\alpha \in \mathbb{R}$ に対して，確率変数 $(X - \alpha)^n$ の積分 (期待値) $E[(X - \alpha)^n]$ が有限のとき，これを X の **α 周りの n 次モーメント**とよぶ．分散は，X の平均周りの 2 次モーメントである．特に，g を定数関数 $g(x) = 1$，$x \in \mathbb{R}$ とすると，

$$E[g(X)] = E[1] = 1 \cdot P(\Omega) = 1$$

である．そこで，X が 2 次モーメントをもつならば，

$$(X - E[X])^2 = X^2 - 2E[X] \cdot X + (E[X])^2$$

だから，期待値の線形性により，

$$E[(X - E[X])^2] = E[X^2] - 2E[X]E[X] + (E[X])^2 E[1] = E[X^2] - (E[X])^2$$

となる. よって, 次の分散公式を得る:

定理 3.2 (分散公式). 確率変数 X は 2 次のモーメントをもつとする. このとき,

$$\mathsf{Var}[X] = E[X^2] - (E[X])^2$$

が成り立つ[2].

より一般に, 確率変数 X および $t\,(\neq 0)$ に対して, 関数 $g(x) = e^{tx}$, $x \in \mathbb{R}$ と X の合成である確率変数 $g(X) = e^{tX}$ が積分可能であるとき,

$$M(t) = E[e^{tX}] \tag{3.5}$$

とおいて, X の**モーメント母関数**または**積率母関数**とよぶ. この $M(t)$ はすべての t について定義されるわけではないが, 本書で扱う多くの確率分布に対しては, 適当な範囲の t に対して $M(t)$ は定義されることがわかる. モーメント母関数は, 名前のとおり X のモーメントを導出できることからそうよばれるのである.

命題 3.1. $n \in \mathbb{N}$ に対して, 確率変数 X が n 次モーメントをもてば,

$$M^{(k)}(0) = E[X^k], \quad k = 1, 2, \cdots, n$$

が成り立つ. 特に, 2 次モーメントをもてば,

$$E[X] = M'(0), \quad \mathsf{Var}[X] = M''(0) - (M'(0))^2$$

である.

この命題は, 期待値と微分の交換が成り立つことを認めれば,

$$M^{(k)}(t) = \frac{d^k}{dt^k}\Big(E[e^{tX}]\Big) = E\Big[\frac{d^k}{dt^k}\big(e^{tX}\big)\Big] = E[X^k \cdot e^{tX}],$$

$$k = 1, 2, \cdots, n \tag{3.6}$$

となることから,

$$M^{(k)}(0) = \lim_{t \to 0} E[X^k \cdot e^{tX}] = E[X^k]$$

がわかる. 実際, n 次モーメントをもてば (3.6) は正当化されるが, ここでは省略する. 後半は明らかである.

---

2) 一般に, 確率変数 X が p 次モーメント $(1 \leqq p < \infty)$ をもてば, 任意の $1 \leqq q \leqq p$ に対して q 次モーメントをもつ (命題 A.2 (A.10) をみよ). したがって, 2 次モーメントをもてば分散も存在し, 1 次モーメントである期待値も存在する.

◆**例題** 3.2.　1 から 9 までの数字が書かれている 9 枚のカードから 4 枚のカードを抜き出して並べ 4 桁の数字 X をつくるとき，以下の量を求めよう.

(1) 4 桁の数字 X が偶数となる確率.

(2) 4 桁の各桁の数字の和を Y とするときの，Y の期待値.

(3) X の期待値.

解答：(1)　X のとりうる値は，小さい順に並べると

$$1234, 1235, \cdots, 9875, 9876$$

となり，その総数は $_9\mathsf{P}_4 = 9 \times 8 \times 7 \times 6 = 3024$ 個ある. そのうち偶数の個数は，

$$4 \cdot {}_8\mathsf{P}_3 = 4 \times 8 \times 7 \times 6 = 1344$$

である. よって，求める確率は

$$\frac{1344}{3024} = \frac{168}{403}.$$

(2)　4 桁の一の位，十の位，百の位，千の位の数字をそれぞれ X_1, X_2, X_3, X_4 とおくと，$Y = X_1 + X_2 + X_3 + X_4$ である. また，$X_i \ (i = 1, 2, 3, 4)$ のとりうる値の範囲は $\{1, 2, \cdots, 9\}$ であり，

$$P(X_i = k) = \frac{{}_8\mathsf{P}_3}{{}_9\mathsf{P}_4} = \frac{8 \times 7 \times 6}{9 \times 8 \times 7 \times 6} = \frac{1}{9}, \quad k = 1, 2, \cdots, 9$$

より，

$$E[X_i] = \sum_{k=1}^{9} kP(X_i = k) = \frac{1}{9} \sum_{k=1}^{9} k = \frac{1}{9} \cdot \frac{9 \times 10}{2} = 5.$$

よって，

$$E[Y] = E[X_1 + X_2 + X_3 + X_4]$$
$$= E[X_1] + E[X_2] + E[X_3] + E[X_4] = 5 \times 4 = 20.$$

(3)　4 桁の数字 X は，$X = X_1 + 10X_2 + 100X_3 + 1000X_4$ と表せることから，X の期待値は

$$E[X] = E[X_1] + 10E[X_2] + 100E[X_3] + 1000E[X_4]$$
$$= 20(1 + 10 + 100 + 1000) = 22220. \qquad \square$$

◇**例** 3.2.　サイコロを投げる試行を行い，偶数の目が出たら 100 円をもらえ，奇数の目が出たら何ももらえないとする. このとき，X をサイコロを投げたときに出る目を表すものとすると，$X \sim \mathsf{Un}(6)$ である. すなわち，$\Omega = R_X = \{1, 2, 3, 4, 5, 6\}$ であり，$X(i) = i, \ i \in \Omega$ となる. R_X 上の関数 g を，

$$g(1) = g(3) = g(5) = 0, \quad g(2) = g(4) = g(6) = 100$$

と定めると，$g(X)$ が結果を表す確率変数である．下の表は X と $g(X)$ の関係を表したものである．

i	1	2	3	4	5	6
X	1	2	3	4	5	6
$g(X)$	0	100	0	100	0	100
p_i	1/6	1/6	1/6	1/6	1/6	1/6

このとき，(3.1) により，X と $g(X)$ の期待値をそれぞれ求めると，

$$E[X] = \sum_{i=1}^{6} ip_i = \sum_{i=1}^{6} \frac{i}{6} = \frac{1}{6} \cdot \frac{6 \times 7}{2} = 3.5,$$

$$E[g(X)] = \sum_{i=1}^{6} g(i)p_i = \frac{3 \times 100}{6} = 50.$$

また，X の分散は

$$\mathsf{Var}[X] = E[(X - 3.5)^2] = \sum_{i=1}^{6} (i - 3.5)^2 p_i$$

$$= \frac{(1-3.5)^2}{6} + \frac{(2-3.5)^2}{6} + \frac{(3-3.5)^2}{6} + \frac{(4-3.5)^2}{6} + \frac{(5-3.5)^2}{6} + \frac{(6-3.5)^2}{6}$$

$$= \frac{1}{3}\left(2.5^2 + 1.5^2 + 0.5^2\right) = \frac{35}{12}$$

である．なお，上の表から $g(X)$ は成功確率 $1/2$ のベルヌーイ分布に従う確率変数であることがわかる．ただし，$g(X)$ の値域は $\{0, 100\}$ である．　　□

◎**問 3.2.** 上の例 3.2 で $g(X)$ の分散を求めよ．

◎**問 3.3.** 52 枚のトランプから 1 枚のカードを無作為に引く試行を行う．引いたカードに書かれた数字を表す確率変数を X とするとき，X はどのような分布に従う確率変数となるか．また，X の期待値と分散を求めよ．

◇**例 3.3.** 前章に紹介した離散分布のいくつかについて，モーメント母関数を求めたうえで期待値と分散を導出しよう．

(1) (ベルヌーイ分布) $X \sim \mathsf{Be}(p)$.

　　$R_X = \{1, 0\}$, $p_1 = P(X = 1) = p$, $p_0 = P(X = 0) = 1 - p$ より，

$$M(t) = E[e^{tX}] = e^t \cdot p(1) + e^0 \cdot p(0) = pe^t + (1 - p).$$

　　したがって，$M'(t) = pe^t$, $M''(t) = pe^t$ であるから，

$$E[X] = M'(0) = p, \quad \mathsf{Var}[X] = M''(0) - (M'(0))^2 = p - p^2 = p(1 - p)$$

となる.

(2) (二項分布) $X \sim \mathsf{Bi}(n, p)$.

$R_X = \{0, 1, \cdots, n\}$, $p_k = P(X{=}k) = {}_n\mathsf{C}_k p^k (1-p)^{n-k}$, $k = 0, 1, \cdots, n$ より,

$$M(t) = E[e^{tX}] = \sum_{k=0}^{n} e^{tk} p_k = \sum_{k=0}^{n} e^{tk} \cdot {}_n\mathsf{C}_k p^k (1-p)^{n-k}$$

$$= \sum_{k=0}^{n} e^{tk} \cdot \frac{n!}{(n-k)!k!} p^k (1-p)^{n-k}$$

$$= \sum_{k=0}^{n} \frac{n!}{(n-k)!k!} (e^t p)^k (1-p)^{n-k} = \left(e^t p + (1-p)\right)^n$$

となる. よって, $M'(t) = npe^t \left(e^t p + (1-p)\right)^{n-1}$, $M''(t) = npe^t \left(e^t p + (1-p)\right)^{n-1} + n(n-1)p^2 e^{2t} \left(e^t p + (1-p)\right)^{n-2}$ であるから,

$$E[X] = M'(0) = np,$$

$$\mathsf{Var}[X] = M''(0) - (M'(0))^2 = np + n(n-1)p^2 - (np)^2 = np(1-p)$$

となる.

(3) (ポアソン分布) $X \sim \mathsf{Po}(\theta)$.

$R_X = \{0, 1, 2, \cdots\}$, $p_k = P(X = k) = \dfrac{e^{-\theta} \theta^k}{k!}$, $k = 0, 1, 2, \cdots$ より,

$$M(t) = E[e^{tX}] = \sum_{k=0}^{\infty} e^{tk} p(k) = \sum_{k=0}^{\infty} e^{tk} \cdot \frac{e^{-\theta} \theta^k}{k!} = e^{-\theta} \sum_{k=0}^{\infty} \frac{(\theta e^t)^k}{k!}$$

$$= e^{-\theta} e^{\theta e^t} = \exp(\theta(e^t - 1))$$

となる. よって, $M'(t) = \theta e^t \exp(\theta(e^t - 1)) = \theta \exp(\theta(e^t - 1) + t)$, $M''(t) = \theta(\theta e^t + 1) \exp(\theta(e^t - 1) + t)$ であるから,

$$E[X] = M'(0) = \theta, \quad \mathsf{Var}[X] = M''(0) - (M'(0))^2 = \theta + \theta^2 - (\theta)^2 = \theta$$

となる. □

次に, 連続型確率変数 X の期待値・分散・モーメント母関数を計算することを考える. ここでは, §2.3 で仮定した X の分布関数が

$$F(x) = \int_{-\infty}^{x} f(t) \, dt, \quad x \in \mathbb{R}$$

と確率密度関数 $f(t)$ を用いて表される場合を考える. すなわち

$$F'(x) = f(x)$$

を満たすものとする．さらに f は連続とする．いま，$E[e^{t|X|}] < \infty$ を満たす $t > 0$ が存在するとする．確率変数 e^{tX} は非負値だから，各 $n \in \mathbb{N}$ に対して，

$$B_k^n = \left\{ \omega \in \Omega : \frac{k-1}{2^n} \leqq X(\omega) < \frac{k}{2^n} \right\}, \quad k \in \mathbb{Z}$$

とおくと，e^{tX} の期待値は (3.3), (3.4) より

$$E[e^{tX}] = \lim_{n \to \infty} \sum_{k=-n2^n+1}^{n2^n} e^{t\frac{k-1}{2^n}} P(B_k^n) \tag{3.7}$$

として定義される[3]．確率の単調性 $(p.5)$ および (2.8) を用いると

$$P(B_k^n) = P\left(\frac{k-1}{2^n} \leqq X < \frac{k}{2^n}\right) = P\left(X < \frac{k}{2^n}\right) - P\left(X < \frac{k-1}{2^n}\right)$$
$$= F\left(\frac{k}{2^n}\right) - F\left(\frac{k-1}{2^n}\right)$$

が成り立つ．よって，(3.7) は

$$M(t) = E[e^{tX}] = \lim_{n \to \infty} \sum_{k=-n2^n+1}^{n2^n} e^{t\frac{k-1}{2^n}} \left(F\left(\frac{k}{2^n}\right) - F\left(\frac{k-1}{2^n}\right) \right)$$

と書き換えることができる．ところで，n が十分大きいとき，

$$F\left(\frac{k}{2^n}\right) - F\left(\frac{k-1}{2^n}\right) = F\left(\frac{k-1}{2^n} + \frac{1}{2^n}\right) - F\left(\frac{k-1}{2^n}\right)$$
$$= F'\left(\frac{k-1}{2^n}\right) \cdot \frac{1}{2^n} = f\left(\frac{k-1}{2^n}\right) \cdot \frac{1}{2^n}$$

とできる．ここで，2つ目の等号では，$x_0 = (k-1)/2^n$，$\Delta x = 1/2^n$ として微分形式 (A.3) を用いた[4]．よって，X のモーメント母関数は

$$M(t) = \lim_{n \to \infty} \sum_{k=-n2^n+1}^{n2^n} e^{t\frac{k-1}{2^n}} f\left(\frac{k-1}{2^n}\right) \cdot \frac{1}{2^n} = \int_{-\infty}^{\infty} e^{tx} f(x)\, dx \tag{3.8}$$

となることがわかる．したがって，微分と積分の交換を認めると，

$$E[X] = M'(0) = \int_{-\infty}^{\infty} x f(x)\, dx \tag{3.9}$$

---

3) 仮定より，$P(|X| < \infty) = 1$ が成り立つことがわかる．ここでは近似列 $\{X_n\}$ を，
$$X_n(\omega) = \begin{cases} e^{t\frac{k-1}{2^n}}, & \omega \in B_k^n,\ k = -n2^n+1, -n2^n+2, \cdots, n2^n, \\ 0, & \omega \in \{\omega \in \Omega : |X(\omega)| > n\} \end{cases}$$
と定めることで，

$E[e^{tX}] = \lim\limits_{n \to \infty} E[X_n] = \lim\limits_{n \to \infty} \sum\limits_{k=-n2^n+1}^{n2^n} e^{t\frac{k-1}{2^n}} P(B_k^n)$ となる．

4) ここでの議論は，多次元の確率ベクトルに対するモーメント母関数の計算でも同様である．

となる. 同様に, X が k 次モーメントをもてば,

$$E[X^k] = M^{(k)}(0) = \int_{-\infty}^{\infty} x^k f(x)\,dx \tag{3.10}$$

が成り立つことがわかる.

◇例 3.4. X を連続型確率変数として,

$$f(x) = \begin{cases} \dfrac{x}{8}, & 0 \leqq x \leqq 4, \\ 0, & \text{その他の } x \end{cases}$$

を X の確率密度関数とする. このとき, 例えば,

$$P(1 \leqq X \leqq 2) = \text{``関数 } y = \frac{x}{8} \text{ の } 1 \leqq x \leqq 2 \text{ の範囲の積分''}$$

$$= \int_1^2 \frac{x}{8}\,dx = \frac{3}{16}.$$

X の期待値を計算すると,

$$E[X] = \int_0^4 \frac{x^2}{8}\,dx = \left[\frac{x^3}{24}\right]_0^4 = \frac{8}{3}.$$

さらに, X のモーメント母関数を求めると, $t \neq 0$ に対して,

$$M(t) = E[e^{tX}] = \int_0^4 e^{tx}\cdot\frac{x}{8}\,dx = \left[\frac{e^{tx}}{t}\cdot\frac{x}{8}\right]_0^4 - \frac{1}{8t}\int_0^4 e^{tx}\,dx$$

$$= \frac{e^{4t}}{2t} - \frac{1}{8t}\left[\frac{e^{tx}}{t}\right]_0^4 = \frac{4te^{4t} - e^{4t} + 1}{8t^2}$$

となる. □

さて, いくつかの連続分布についてモーメント母関数を求めてみよう.

◇例 3.5. (1) (一様分布) $X \sim \mathsf{Un}(a,b)$.

X の確率密度関数は $f(x) = \dfrac{1}{b-a}$, $x \in [a,b]$ であるから, $t \neq 0$ のとき,

$$M(t) = E[e^{tX}] = \int_a^b e^{tx} f(x)\,dx = \frac{1}{b-a}\int_a^b e^{tx}\,dx = \frac{e^{bt} - e^{at}}{t(b-a)}.$$

また, $M(0) = E[e^{0X}] = E[1] = 1$ である. よって, X のモーメント母関数は, 任意の $t\,(\in \mathbb{R})$ に対して存在する. よって, $t \neq 0$ に対して,

$$M'(t) = \frac{1}{b-a}\cdot\frac{(be^{bt} - ae^{at})t - (e^{bt} - e^{at})}{t^2},$$

$$M''(t) = \frac{1}{b-a} \cdot \left(\frac{b^2 e^{bt} - a^2 e^{at}}{t} - \frac{2(be^{bt} - ae^{at})}{t^2} + \frac{2(e^{bt} - e^{at})}{t^3} \right)$$

であるから，ロピタルの定理により，

$$E[X] = M'(0) = \lim_{t \to 0} M'(t) = \frac{1}{b-a} \lim_{t \to 0} \left(\frac{be^{bt} - ae^{at}}{t} - \frac{e^{bt} - e^{at}}{t^2} \right)$$

$$= \frac{1}{b-a} \lim_{t \to 0} \left((b^2 e^{bt} - a^2 e^{at}) - \frac{be^{bt} - ae^{at}}{2t} \right)$$

$$= \frac{1}{b-a} \left((b^2 - a^2) - \frac{b^2 - a^2}{2} \right) = \frac{b+a}{2},$$

$$E[X^2] = M''(0) = \lim_{t \to 0} M''(t)$$

$$= \frac{1}{b-a} \lim_{t \to 0} \left(\frac{b^2 e^{bt} - a^2 e^{at}}{t} - \frac{2(be^{bt} - ae^{at})}{t^2} + \frac{2(e^{bt} - e^{at})}{t^3} \right)$$

$$= \frac{1}{b-a} \lim_{t \to 0} \left((b^3 - a^3) - \frac{2(b^2 e^{bt} - a^2 e^{at})}{2t} + \frac{2(be^{bt} - ae^{at})}{3t^2} \right)$$

$$= \frac{1}{b-a} \cdot \frac{b^3 - a^3}{3} = \frac{b^2 + ab + a^2}{3}$$

となるから，

$$\mathsf{Var}[X] = M''(0) - (M'(0))^2$$

$$= \frac{b^2 + ab + a^2}{3} - \left(\frac{b+a}{2} \right)^2 = \frac{(b-a)^2}{12}$$

がわかる．

(2) (正規分布) $X \sim \mathsf{N}(\mu, \sigma^2)$.

X の確率密度関数は $f(x) = \dfrac{1}{\sqrt{2\pi\sigma^2}} \exp\left(-\dfrac{(x-\mu)^2}{2\sigma^2} \right)$, $x \in \mathbb{R}$ である
から，任意の $t\,(\in \mathbb{R})$ に対して，

$$M(t) = E[e^{tX}] = \frac{1}{\sqrt{2\pi\sigma^2}} \int_{-\infty}^{\infty} e^{tx} \exp\left(-\frac{(x-\mu)^2}{2\sigma^2} \right) dx.$$

ここで，右辺の被積分関数を考えると，

$$\exp\left(-\frac{(x-\mu)^2}{2\sigma^2} + tx \right) = \exp\left(-\frac{x^2 - 2(\mu + \sigma^2 t)x + \mu^2}{2\sigma^2} \right)$$

$$= \exp\left(-\frac{\left(x - (\mu + \sigma^2 t) \right)^2 - 2\mu\sigma^2 t - \sigma^4 t^2}{2\sigma^2} \right)$$

より，

$$M(t) = \frac{1}{\sqrt{2\pi\sigma^2}} \exp\left(\mu t + \frac{\sigma^2 t^2}{2}\right)$$

$$\times \underbrace{\int_{-\infty}^{\infty} \exp\left(-\frac{(x-(\mu+\sigma^2 t))^2}{2\sigma^2}\right) dx}_{y=\frac{x-(\mu+\sigma^2 t)}{\sqrt{2\sigma^2}}}$$

$$= \frac{1}{\sqrt{\pi}} \exp\left(\mu t + \frac{\sigma^2 t^2}{2}\right) \underbrace{\int_{-\infty}^{\infty} e^{-y^2} dy}_{=\sqrt{\pi}} = \exp\left(\mu t + \frac{\sigma^2 t^2}{2}\right)$$

となる. よって,

$$E[X] = M'(0) = \mu,$$
$$\mathsf{Var}[X] = M''(0) - (M'(0))^2 = (\mu^2 + \sigma^2) - \mu^2 = \sigma^2$$

となる.

(3) (指数分布) $X \sim \mathsf{Exp}(\theta)$.

X の確率密度関数は $f(x) = \theta e^{-\theta x},\ x > 0$ であるから,

$$M(t) = E[e^{tX}] = \int_0^\infty e^{tx} \cdot \theta e^{-\theta x}\, dx = \theta \int_0^\infty e^{(t-\theta)x}\, dx$$

となる. よって, $t < \theta$ のとき,

$$M(t) = \frac{\theta}{\theta - t}$$

となる. $t \geqq \theta$ のときは上の積分は収束しない. よって, $M(t)$ は $t < \theta$ の範囲のときにのみ存在する. すると,

$$E[X] = M'(0) = \frac{\theta}{\theta^2} = \frac{1}{\theta},$$
$$\mathsf{Var}[X] = M''(0) - (M'(0))^2 = \frac{2\theta}{\theta^3} - \left(\frac{1}{\theta}\right)^2 = \frac{1}{\theta^2}$$

となることがわかる. □

3.3 確率ベクトル

本節では, 多変数の確率変数について考える. 引き続き $(\Omega, \mathcal{F}, P)$ を確率空間とする. 2 個以上の確率変数, 例えば n 個の確率変数 $X_1, X_2, \cdots, X_n$ があるとき, これらを組にした n 変数の写像を **n 次元確率ベクトル**とよび, $\boldsymbol{X}$ と書く:

$$\boldsymbol{X}(\omega) = (X_1(\omega), X_2(\omega), \cdots, X_n(\omega)), \quad \omega \in \Omega.$$

このとき, 各 $(x_1, x_2, \cdots, x_n) \in \mathbb{R}^n$ に対して,

$$\{\omega \in \Omega: X_1(\omega) \leqq x_1, \ X_2(\omega) \leqq x_2, \cdots, X_n(\omega) \leqq x_n\}$$

$$= \bigcap_{i=1}^{n} \{\omega \in \Omega: X_i(\omega) \leqq x_i\} \in \mathcal{F}$$

となることから，この事象の確率を考えることができる．その確率

$$P(X_1 \leqq x_1, \ X_2 \leqq x_2, \cdots, X_n \leqq x_n), \quad (x_1, x_2, \cdots, x_n) \in \mathbb{R}^n$$

を n 次元確率ベクトル $\boldsymbol{X}$ の**結合分布関数**といい，$F_{\boldsymbol{X}}(x_1, x_2, \cdots, x_n)$ あるいは簡単に $F(x_1, x_2, \cdots, x_n)$ と書き表す：

$$F(x_1, x_2, \cdots, x_n) = P(X_1 \leqq x_1, \ X_2 \leqq x_2, \cdots, X_n \leqq x_n). \quad (3.11)$$

(1) 離散型確率ベクトル

各 X_i の値域が有限集合または可算集合であれば，確率ベクトル $\boldsymbol{X} = (X_1, X_2, \cdots, X_n)$ の値域 $R_{\boldsymbol{X}}(\subset \mathbb{R}^n)$ も有限集合または可算集合となる．そこで，$R_{\boldsymbol{X}}$ の各元 $(x_1, x_2, \cdots, x_n)$ に対して，

$$p_{\boldsymbol{X}}(x_1, x_2, \cdots, x_n) = P(X_1 = x_1, X_2 = x_2, \cdots, X_n = x_n)$$

とおいて，($\boldsymbol{X}$ の結合分布関数といわず) 単に $\boldsymbol{X}$ の**結合分布** (joint distribution) という．また，そのときの $\boldsymbol{X}$ を**離散型確率ベクトル**ということがある．

このとき，例えば x を X_1 の値域の点とすると，X_1 の確率関数 $p_{X_1}(x)$ は

$$P(X_1 = x) = \sum_{(x_2, \cdots, x_n)} p(x, x_2, \cdots, x_n)$$

として得られる．ここで，$\displaystyle\sum_{(x_2, \cdots, x_n)}$ は $(x, x_2, \cdots, x_n) \in R_{\boldsymbol{X}}$ となるすべての組 $(x_2, \cdots, x_n)$ について $(p(x, x_2, \cdots, x_n)$ の) 和をとることを意味する．X_i の値域の点 x について，$P(X_i = x)$ も同様に得ることができる：

$$P(X_i = x) = \sum_{(x_1, \cdots, x_{i-1}, x_{i+1}, \cdots, x_n)} p(x_1, \cdots, x_{i-1}, x, x_{i+1}, \cdots, x_n). \tag{3.12}$$

このとき，$p_{X_i}(x) = P(X_i = x)$ を**確率ベクトル $\boldsymbol{X}$ に対する X_i の周辺確率関数**あるいは X_i の**周辺分布** (marginal distributuion) とよぶ．

結合分布 $p_{\boldsymbol{X}}$ は次の性質をもつ：

$$0 \leqq p_{\boldsymbol{X}}(x_1, x_2, \cdots, x_n) \leqq 1, \tag{3.13}$$

$$\sum_{(x_1, x_2, \cdots, x_n)} p_{\boldsymbol{X}}(x_1, x_2, \cdots, x_n) = 1. \tag{3.14}$$

特に，2 次元の離散型確率ベクトル (X, Y) に対しては，

$$F_{XY}(x,y) = P(X \leqq x, Y \leqq y) = \sum_{x_i \leqq x} \sum_{y_i \leqq y} p_{XY}(x_i, y_i) \qquad (3.15)$$

となる．ここでも，(3.15) の $\sum\sum$ の意味は，$x_i \leqq x$ かつ $y_i \leqq y$ を満たすすべての (x_i, y_i) について，$p_{XY}(x_i, y_i)$ の和をとることを意味する．

◇例 3.6. (X, Y) の結合分布が次のように与えられているとする：

		x	
	$p(x,y)$	-1	2
y	1	0.1	0.3
	3	0.2	0.1
	5	0.2	0.1

このとき，X の周辺分布を求めると，

$$p_X(-1) = p(-1, 1) + p(-1, 3) + p(-1, 5) = 0.1 + 0.2 + 0.2 = 0.5,$$
$$p_X(2) = p(2, 1) + p(2, 3) + p(2, 5) = 0.3 + 0.1 + 0.1 = 0.5.$$

同様に Y の周辺分布を求めると，

$$p_Y(1) = p(-1, 1) + p(2, 1) = 0.1 + 0.3 = 0.4,$$
$$p_Y(3) = p(-1, 3) + p(2, 3) = 0.2 + 0.1 = 0.3,$$
$$p_Y(5) = p(-1, 5) + p(2, 5) = 0.2 + 0.1 = 0.3.$$ □

◇例 3.7. A, B の 2 人がテニスの試合を行う．試合の勝者は先に 2 セットを取ったほうとする．確率変数 X, Y を

$$\text{A が取ったセット数を } X, \qquad \text{B が取ったセット数を } Y$$

として定める．過去のデータによると，A は，どのセットも $\theta\,(0 < \theta < 1)$ の確率で勝つ．また，どのセットも他のセットの勝敗に影響をしないものとする．いい換えると，各セットの勝敗は独立に定まるものとする．このとき，2 次元確率ベクトル (X, Y) の値域は，

$$R_{XY} = \{(0,2), (1,2), (2,0), (2,1)\}\ (\subset \mathbb{R}^2)$$

となり有限である．この確率ベクトルによって現れる様々な事象の確率を求めたい．例えば，A が 2–1 で勝つ確率は，A が最初の 2 セットのうち 1 セットだけ取り，3 セット目を取って勝利する事象の確率であるから，

$$P(X = 2, Y = 1) = P\left(\begin{array}{c}\text{A が最初の 2 セットのうち 1 セット}\\ \text{を取り，3 セット目を取る}\end{array}\right)$$

$$= P\left(\text{A が最初の 2 セットのうち 1 セットを取る}\right) \cdot P\left(\text{A が 3 セット目を取る}\right)$$

$$= {}_2C_1(1-\theta)\theta \cdot \theta \quad (\underset{\sim}{} : 二項分布)$$

$$= 2\theta^2(1-\theta)$$

となる．以下は (X, Y) の結合分布 $p(x, y) = P(X = x, Y = y)$ の表である．

	$p(x,y)$	x 0	1	2
y	0	0	0	θ^2
	1	0	0	$2\theta^2(1-\theta)$
	2	$(1-\theta)^2$	$2\theta(1-\theta)^2$	0

上の結合分布表を用いると，以下の確率が求まる：

$$P\big(\text{A, B のどちらも 1 セットは取る}\big) = p(1,2) + p(2,1)$$
$$= 2\theta(1-\theta)^2 + 2\theta^2(1-\theta) = 2\theta(1-\theta).$$

また，X の周辺確率関数は，$R_X = \{0, 1, 2\}$ であることから，

$$p_X(0) = p(0, 2) = (1-\theta)^2,$$
$$p_X(1) = p(1, 2) = 2\theta(1-\theta)^2,$$
$$p_X(2) = p(2, 0) + p(2, 1) = \theta^2 + 2\theta^2(1-\theta) = \theta^2(3 - 2\theta)$$

である．同様に，Y の周辺確率関数は，$R_Y = \{0, 1, 2\}$ であることから，

$$p_Y(0) = p(2, 0) = \theta^2,$$
$$p_Y(1) = p(2, 1) = 2\theta^2(1-\theta),$$
$$p_Y(2) = p(0, 2) + p(1, 2) = (1-\theta)^2 + 2\theta(1-\theta)^2 = (1-\theta)^2(1 + 2\theta)$$

となることがわかる．   □

◎**問 3.4.** 上の例 3.7 のテニスの試合を考える．試合の勝者を先に 3 セットを取ったほうとするとき，2 次元確率ベクトル (X, Y) の結合分布を求めよ．また，フルセットで勝利が決まる確率はいくらか．さらに，X の周辺確率関数を求めよ．

◎**問 3.5.** (X, Y) の結合分布が以下のように与えられるとき，次の確率を求めよ．
   (1) $P(X > Y)$ (2) $P(X = Y)$

	$p(x,y)$	x -1	0	1
y	-1	0.1	0.1	0.1
	0	0.1	0.1	0.2
	1	0.2	0	0.1

◎**問 3.6.** (X, Y) の結合分布が以下のように与えられるとき，次の確率を求めよ．
   (1) $P(X > Y)$ (2) $P(X + Y > 0)$ (3) $P(X > 0, Y > 0)$

		x			
$p(x,y)$		$-1/2$	0	$1/2$	1
y	-1	0.1	0	0.1	0.1
	$-1/2$	0.1	0	0.1	0.1
	0	0	0.1	0	0
	$1/2$	0.1	0.1	0.1	0

次に，n 次元確率ベクトル $\boldsymbol{X} = (X_1, X_2, \cdots, X_n)$ に対して，h を $\mathbb{R}^n$ 上の連続な多変数関数とするとき，$\boldsymbol{X}$ と h の合成関数

$$h(X_1(\omega), X_2(\omega), \cdots, X_n(\omega)), \quad \omega \in \Omega \tag{3.16}$$

は確率変数を定義する．したがって，前章で定義した期待値なども (3.16) で定義される確率変数に対して求めることができる：

$$E[h(X_1, X_2, \cdots, X_n)]$$
$$= \sum_{(x_1, x_2, \cdots, x_n)} h(x_1, x_2, \cdots, x_n) P(X_1 = x_1, X_2 = x_2, \cdots, X_n = x_n).$$
$$\tag{3.17}$$

ただし，ここでも右辺の和 $\displaystyle\sum_{(x_1, x_2, \cdots, x_n)}$ は $(x_1, x_2, \cdots, x_n) \in R_{\boldsymbol{X}}$ となるすべての $(x_1, x_2, \cdots, x_n)$ について $(h(\cdots)P(\cdots)$ の) 和をとることを意味する．

◇例 3.8. (X, Y) の結合分布が以下で与えられているとする：

		x		
$p(x,y)$		-1	0	1
y	-1	0.1	0.1	0.3
	0	0.1	0	0.2
	1	0.1	0	0.1

このとき，例えば

$$P(X > Y) = p(1, 0) + p(1, -1) + p(0, -1) = 0.2 + 0.3 + 0.1 = 0.6$$

であり，X と Y の積 $h(X, Y) = XY$ の期待値は，

$$E[XY] = \sum_{(x,y) \in R_{XY}} xy\,p(x, y) = \sum_{x=-1}^{1} \sum_{y=-1}^{1} xy\,p(x, y)$$
$$= (-1) \cdot (-1) \cdot p(-1, 1) + (-1) \cdot 0 \cdot p(-1, 0) + (-1) \cdot 1 \cdot p(-1, 1)$$
$$+ 0 \cdot (-1) \cdot p(0, -1) + 0 \cdot 0 \cdot p(0, 0) + 0 \cdot 1 \cdot p(0, 1)$$
$$+ 1 \cdot (-1) \cdot p(1, -1) + 1 \cdot 0 \cdot p(1, 0) + 1 \cdot 1 \cdot p(1, 1) = -0.2$$

となる．

□

◎**問 3.7.** 上の例 3.8 において，X, Y のそれぞれの周辺確率関数 $p_X(x)$, $p_Y(x)$ を求めよ．また，確率変数 $h(X, Y) = X + Y$ の期待値 $E[X + Y]$ を求めよ．

(2) 条件付確率分布関数

　一般に，2 つの離散型確率変数 X, Y に対して，$P(X = x) > 0$ を満たす $x \in \mathbb{R}$ について，$X = x$ **が与えられたときの** Y **の条件付確率分布関数**は

$$P(Y = y | X = x) = \frac{P(X = x, Y = y)}{P(X = x)}, \quad y \in \mathbb{R}$$

として定義され，$p_{Y|X}(y|x)$ と書き表す：$p_{Y|X}(y|x) = P(Y = y | X = x)$．なお，周辺確率関数を用いると，

$$p_{Y|X}(y|x) = \frac{p(x, y)}{p_X(x)}, \quad y \in \mathbb{R}$$

と書くこともできる．

◇**例 3.9.** 例 3.7 において，$X = 2$ が与えられたときの Y の条件付確率，すなわち，A が勝つことがわかったときの B の取得するセット数 (の確率分布) は，

$$p_{Y|X}(0|2) = \frac{p(2, 0)}{p_X(2)} = \frac{\theta^2}{\theta^2(3 - 2\theta)} = \frac{1}{3 - 2\theta},$$

$$p_{Y|X}(1|2) = \frac{p(2, 1)}{p_X(2)} = \frac{2\theta^2(1 - \theta)}{\theta^2(3 - 2\theta)} = \frac{2(1 - \theta)}{3 - 2\theta}$$

であり，その他の y については $p_{Y|X}(y|2) = 0$ である．　　　　　　　　□

◎**問 3.8.** 確率変数 X, Y の結合分布が以下で与えられているとき，次の確率を求めよ．
　(1)　$P(X = Y)$　　　　(2)　$P(XY = 0)$　　　　(3)　$P(X + Y \leqq 4)$
　(4)　$X = 0$ が与えられたときの Y の条件付確率．

	$p(x, y)$	x 0	1	4
y	0	0.16	0.14	0.10
	2	0.12	0.09	0.09
	5	0.12	0.10	0.08

◆**例題 3.3.** $N \sim \mathrm{Po}(\theta)$ とする．また，$N = n$ が与えられた条件の下では，X は二項分布 $\mathrm{Bi}(n, p)$ に従う確率変数とする：

$$P(X = k | N = n) = {}_n\mathrm{C}_k p^k (1 - p)^{n-k}, \quad k = 0, 1, 2, \cdots, n. \quad (3.18)$$

このとき，X の従う分布を求めよ．

　解答：任意に $k \geqq 0$ をとると，全確率の法則および (3.18) により

$$P(X = k) = \sum_{n=k}^{\infty} P(X = k | N = n) P(N = n)$$

$$= \sum_{n=k}^{\infty} {}_n\mathsf{C}_k p^k (1-p)^{n-k} \cdot \frac{e^{-\theta}\theta^n}{n!}$$

$$= e^{-\theta} \sum_{n=k}^{\infty} \frac{n!}{k!(n-k)!} p^k (1-p)^{n-k} \cdot \frac{\theta^n}{n!}$$

$$= \frac{e^{-\theta}(\theta p)^k}{k!} \sum_{\ell=0}^{\infty} \frac{(\theta(1-p))^{\ell}}{\ell!} \qquad (\ell = n - k \text{ と } n \text{ を変換した})$$

$$= \frac{e^{-\theta}(\theta p)^k}{k!} e^{\theta(1-p)} = \frac{e^{-\theta p}(\theta p)^k}{k!}$$

となることから，$X \sim \mathsf{Po}(\theta p)$ となることがわかる． □

◎問 3.9. N, X は上記の例題 3.3 の確率変数とする．このとき，$N - X \sim \mathsf{Po}(\theta(1-p))$ となることを示せ．

(3) 連続型確率ベクトル

n 次元確率ベクトル $\boldsymbol{X} = (X_1, X_2, \cdots, X_n)$ に対して，各 X_i が連続型の確率変数であるとき，$\boldsymbol{X}$ を**連続型確率ベクトル**とよぶ．このとき，$\boldsymbol{X}$ の結合分布関数が，非負値の n 変数関数 $f(x_1, x_2, \cdots, x_n)$ を用いて，n 次元の重積分

$$F(x_1, x_2, \cdots, x_n) = F_{\boldsymbol{X}}(x_1, x_2, \cdots, x_n)$$

$$= \int_{-\infty}^{x_1} \int_{-\infty}^{x_2} \cdots \int_{-\infty}^{x_n} f(s_1, s_2, \cdots, s_n) \, ds_1 ds_2 \cdots ds_n$$

として表すことができるとき，関数 f を $\boldsymbol{X}$ の**結合確率密度関数** (joint probability density function) とよぶ．また，例えば，$x_n \to \infty$ とするとき，

$$\lim_{x_n \to \infty} F_{\boldsymbol{X}}(x_1, x_2, \cdots, x_{n-1}, x_n) = F_{\boldsymbol{X}}(x_1, x_2, \cdots, x_{n-1}, \infty)$$

$$= \int_{-\infty}^{x_1} \int_{-\infty}^{x_2} \cdots \int_{-\infty}^{x_{n-1}} \int_{-\infty}^{\infty} f(s_1, s_2 \cdots, s_{n-1}, s_n) \, ds_1 ds_2 \cdots ds_{n-1} ds_n$$

は，$(n-1)$ 次元確率ベクトル $\boldsymbol{Y} = (X_1, X_2, \cdots, X_{n-1})$ の結合分布関数 $F_{\boldsymbol{Y}}(x_1, x_2, \cdots, x_{n-1})$ となる．同様に，x_i 以外のすべての x_j を ∞ とした

$$F_{\boldsymbol{X}}(\overbrace{\infty, \cdots, \infty}^{(i-1)\text{ 個}}, x_i, \overbrace{\infty, \cdots, \infty}^{(n-i)\text{ 個}})$$

$$= \overbrace{\int_{-\infty}^{\infty} \cdots \int_{-\infty}^{\infty}}^{(i-1)\text{ 個}} \overbrace{\int_{-\infty}^{x_i}}^{i\text{ 番目}} \overbrace{\int_{-\infty}^{\infty} \cdots \int_{-\infty}^{\infty}}^{(n-i)\text{ 個}} f(s_1, \cdots, s_i, \cdots, s_n) \, ds_1 \cdots ds_i \cdots ds_n$$

は，確率変数 X_i の分布関数 $F_{X_i}(x_i)$ となることがわかる．

以下，特に 2 次元確率ベクトル (X, Y) について，結合確率密度関数を用いて

$$F_{XY}(x, y) = F(x, y) = P(X \leqq x, Y \leqq y) = \int_{-\infty}^{x} \Big(\int_{-\infty}^{y} f(s, t)\, dt \Big) ds$$

と表されている場合を考える．また，$f(x, y)$ は連続関数と仮定する．すると，

$$F_X(x) = P(X \leqq x) = \lim_{y \to \infty} P(X \leqq x, Y \leqq y) = \int_{-\infty}^{x} \Big(\int_{-\infty}^{\infty} f(s, t)\, dt \Big) ds$$

であるから，

$$f_X(x) = \frac{dF_X}{dx}(x) = \int_{-\infty}^{\infty} f(x, t)\, dt, \quad x \in \mathbb{R} \tag{3.19}$$

となることがわかる．この $f_X(x)$ を X の**周辺確率密度関数** (marginal proba-bility density function) とよぶ．同様に考えると，

$$F_Y(y) = \int_{-\infty}^{\infty} \Big(\int_{-\infty}^{y} f(s, t)\, dt \Big) ds,$$

$$f_Y(y) = \frac{dF_Y}{dy}(y) = \int_{-\infty}^{\infty} f(s, y)\, ds, \quad y \in \mathbb{R}$$

を得る．この $f_Y(y)$ を Y の**周辺確率密度関数**とよぶ．

次に，h を 2 変数関数 $h : \mathbb{R}^2 \to \mathbb{R}$ とすると，確率変数

$$h(X(\omega), Y(\omega)), \quad \omega \in \Omega$$

が定義される．確率変数 $h(X, Y)$ の期待値を求めるために，簡単のために X, Y ともに非負値の確率変数とし，さらに $h(x, y)$ は非負値連続関数とする．すると，$F(x, y)$ は x および y に関して偏微分可能であり，

$$\frac{\partial^2 F}{\partial x \partial y}(x, y) = f(x, y), \quad (x, y) \in \mathbb{R}^2$$

を満たす．また，(3.3) の考え方を用いることにより，$h(X, Y)$ の期待値は

$$E[h(X, Y)] = \lim_{n \to \infty} \sum_{k=1}^{n2^n} \sum_{\ell=1}^{n2^n} h\Big(\frac{k-1}{2^n}, \frac{\ell-1}{2^n} \Big) P(B_{k,\ell}^n)$$

と定めることができる．ただし，

$$B_{k,\ell}^n = \Big\{ \omega \in \Omega : \frac{k-1}{2^n} \leqq X(\omega) < \frac{k}{2^n}, \ \frac{\ell-1}{2^n} \leqq Y(\omega) < \frac{\ell}{2^n} \Big\}.$$

結合分布関数および確率の性質を用いると，任意の k, ℓ に対して，

$$P(B_{k,\ell}^n) = F\Big(\frac{k}{2^n},\frac{\ell}{2^n}\Big) - F\Big(\frac{k-1}{2^n},\frac{\ell}{2^n}\Big) - F\Big(\frac{k}{2^n},\frac{\ell-1}{2^n}\Big) + F\Big(\frac{k-1}{2^n},\frac{\ell-1}{2^n}\Big)$$

を満たすことがわかる. よって, n が十分大きいとき, ℓ を固定するごとに, 微分形式 (A.4) を $x_0 = (k-1)/2^n$, $\Delta x = 1/2^n$ として F の第1変数について適用すると,

$$F\Big(\frac{k}{2^n},\frac{\ell}{2^n}\Big) - F\Big(\frac{k-1}{2^n},\frac{\ell}{2^n}\Big) = F\Big(\frac{k-1}{2^n}+\frac{1}{2^n},\frac{\ell}{2^n}\Big) - F\Big(\frac{k-1}{2^n},\frac{\ell}{2^n}\Big)$$
$$= \frac{\partial F}{\partial x}\Big(\frac{k-1}{2^n},\frac{\ell}{2^n}\Big)\cdot\frac{1}{2^n}$$

となる. 同様に,

$$F\Big(\frac{k}{2^n},\frac{\ell-1}{2^n}\Big) - F\Big(\frac{k-1}{2^n},\frac{\ell-1}{2^n}\Big) = F\Big(\frac{k}{2^n}+\frac{1}{2^n},\frac{\ell-1}{2^n}\Big) - F\Big(\frac{k-1}{2^n},\frac{\ell-1}{2^n}\Big)$$
$$= \frac{\partial F}{\partial x}\Big(\frac{k-1}{2^n},\frac{\ell-1}{2^n}\Big)\cdot\frac{1}{2^n}$$

が成り立つ. よって,

$$P(B_{k,\ell}^n) = \Big\{\frac{\partial F}{\partial x}\Big(\frac{k-1}{2^n},\frac{\ell}{2^n}\Big) - \frac{\partial F}{\partial x}\Big(\frac{k-1}{2^n},\frac{\ell-1}{2^n}\Big)\Big\}\cdot\frac{1}{2^n}$$

が成り立つ. 次に, k を固定するごとに, 微分形式 (A.4) を $x_0 = (\ell-1)/2^n$, $\Delta x = 1/2^n$ として F の第2変数について適用すると, n が十分大きいとき,

$$\frac{\partial F}{\partial x}\Big(\frac{k-1}{2^n},\frac{\ell}{2^n}\Big) - \frac{\partial F}{\partial x}\Big(\frac{k-1}{2^n},\frac{\ell-1}{2^n}\Big)$$
$$= \frac{\partial F}{\partial x}\Big(\frac{k-1}{2^n},\frac{\ell-1}{2^n}+\frac{1}{2^n}\Big) - \frac{\partial F}{\partial x}\Big(\frac{k-1}{2^n},\frac{\ell-1}{2^n}\Big)$$
$$= \frac{\partial}{\partial y}\Big(\frac{\partial F}{\partial x}\Big)\Big(\frac{k-1}{2^n},\frac{\ell-1}{2^n}\Big)\cdot\frac{1}{2^n} = f\Big(\frac{k-1}{2^n},\frac{\ell-1}{2^n}\Big)\cdot\frac{1}{2^n}$$

となる. ゆえに, 重積分の考え方を用いると,

$$E[h(X,Y)] = \lim_{n\to\infty}\sum_{k=1}^{n2^n}\sum_{\ell=1}^{n2^n} h\Big(\frac{k-1}{2^n},\frac{\ell-1}{2^n}\Big) f\Big(\frac{k-1}{2^n},\frac{\ell-1}{2^n}\Big)\cdot\Big(\frac{1}{2^n}\Big)^2$$
$$= \int_0^\infty\int_0^\infty h(x,y)f(x,y)\,dxdy$$

となることがわかる[5].

必ずしも X,Y および $h(x,y)$ が非負値とは限らない一般の場合についても, 同様の考え方により, 適当な条件があれば,

5) $(1/2^n)^2$ を "(小正方形の) 底面積", h と f の積を "高さ" と見立てた小直方体の体積で近似している.

$$E[h(X,Y)] = \int_{-\infty}^{\infty} \int_{-\infty}^{\infty} h(x,y)f(x,y)\,dxdy \tag{3.20}$$

となることが示される. 特に, $h(x,y) = 1$ ならば,

$$1 = E[1] = \int_{-\infty}^{\infty} \int_{-\infty}^{\infty} f(x,y)\,dxdy \tag{3.21}$$

が成り立つ. $h(x,y) = x$ ならば $E[h(X,Y)] = E[X]$ が成り立ち, $h(x,y) = y$ ならば $E[h(X,Y)] = E[Y]$ である. また, $z \in \mathbb{R}$ に対して, $h(x,y)$ を

$$h(x,y) = 1_D(x,y) = \begin{cases} 1, & (x,y) \in D, \\ 0, & (x,y) \notin D, \end{cases}$$

$$\text{ただし, } D = \{(x,y): -\infty < x < \infty,\ x+y \leqq z\}$$

と定めると, D は縦線領域だから, 累次積分の考え方により (3.20) は

$$P(X+Y \leqq z) = E[h(X,Y)] = \int_{-\infty}^{\infty} \Big(\int_{-\infty}^{z-x} f(x,y)\,dy \Big)dx \tag{3.22}$$

となる.

　ここで確率変数 X と Y がともに 2 次モーメントをもてば, 2 変数関数

$$h(x,y) = (x - E[X])(y - E[Y])$$

の期待値:

$$E[h(X,Y)] = E\big[(X - E[X])(Y - E[Y])\big] = E[XY] - E[X]E[Y]$$

が存在する. これを (X,Y) の**共分散** (covariance) といい, $\mathsf{Cov}(X,Y)$ と表す:

$$\mathsf{Cov}(X,Y) = E[(X - E[X])(Y - E[Y])] = E[XY] - E[X]E[Y].$$

このとき, $\mathsf{Var}[X] = \mathsf{Cov}(X,X)$ である. (X,Y) が連続型確率ベクトルで, 結合確率密度関数 $f(x,y)$ をもち, それぞれ周辺確率密度関数を

$$f_X(x) = \int_{-\infty}^{\infty} f(x,y)\,dy, \quad f_Y(y) = \int_{-\infty}^{\infty} f(x,y)\,dx$$

と書くことにすると,

$$\mathsf{Cov}(X,Y)$$
$$= \int_{-\infty}^{\infty} \int_{-\infty}^{\infty} xyf(x,y)\,dxdy - \Big(\int_{-\infty}^{\infty} xf_X(x)\,dx \Big)\Big(\int_{-\infty}^{\infty} yf_Y(y)\,dy \Big)$$

となる. また, (X,Y) の**相関係数** (correlation coefficient) を次のように定義する:

$$\rho(X,Y) = \frac{\mathsf{Cov}(X,Y)}{\sqrt{\mathsf{Var}[X]}\sqrt{\mathsf{Var}[Y]}}. \tag{3.23}$$

$\rho(X,Y) > 0$ のとき確率変数 X, Y は**正の相関**, $\rho(X,Y) < 0$ のときには**負の相関**があるといい, $\rho(X,Y) = 0$ のときには X, Y は**無相関**であるという[6].

◇**例 3.10.** 次の表 3.1 は 6 歳から 17 歳までの男子の身長 (cm) と体重 (kg) の全国平均値を表したものである[7]. このとき, X, Y をそれぞれ各年齢における身長と体重を割り当てる確率変数とする. すると, X と Y の平均はそれぞれ

$$E[X] = \frac{1}{12}\left(116.5 + 122.5 + \cdots + 169.9 + 170.6\right) = 147.625,$$

$$E[Y] = \frac{1}{12}\left(21.4 + 24.1 + \cdots + 60.6 + 62.4\right) = 42.025$$

であり, $E[X^2] = 22143.219$, $E[Y^2] = 1965.999$, $E[XY] = 6466.323$, $\mathsf{Var}[X] = 350.08$, $\mathsf{Var}[Y] = 199.899$, $\mathsf{Cov}(X,Y) = 262.38$ なので (確かめよ), 相関係数は

$$\rho(X,Y) = \frac{\mathsf{Cov}(X,Y)}{\sqrt{\mathsf{Var}[X]}\sqrt{\mathsf{Var}[Y]}} = \frac{262.38}{\sqrt{350.08}\sqrt{199.899}} = 0.9919$$

となり, 正の (強い) 相関があることがわかる. 身長 (X) が高くなれば, 体重 (Y) もそれにあわせて重くなるということを表している. □

表 3.1

年齢 (歳)	身長 (cm)	体重 (kg)
6	116.5	21.4
7	122.5	24.1
8	128.1	27.2
9	133.7	30.7
10	138.8	34.1
11	145.2	38.4
12	152.7	44.0
13	159.8	48.8
14	165.3	54.0
15	168.4	58.6
16	169.9	60.6
17	170.6	62.4

---

6) 一般に, 2 つの確率変数 X, Y に対して,「X の値が上昇するのにともない, Y の値も上昇する, または低下する傾向」を示すとき, この関係を**相関**とよぶ. そして, その相関の強弱を判定するための値として**相関係数**が用いられ, 相関係数を定義するために共分散が用いられる.

7) 出典:文部科学省「学校保健統計調査」(平成 30 年度)

◆**例題** 3.4. 2 次元確率ベクトル (X, Y) の結合確率密度関数が，それぞれ以下のように与えられているとする．このとき，X, Y の周辺確率密度関数，X, Y の期待値および (X, Y) の共分散を求める．

(1) $f(x, y) = \begin{cases} 2, & 0 \leqq x \leqq y \leqq 1, \\ 0, & \text{その他の } x, y \end{cases}$

(2) $f(x, y) = \begin{cases} \dfrac{2(2x + y)}{3}, & 0 \leqq x \leqq \dfrac{1}{2}, \ 0 \leqq y \leqq 2, \\ 0, & \text{その他の } x, y \end{cases}$

解答： (1) X の周辺確率密度関数は，$0 \leqq x \leqq 1$ のとき，

$$f_X(x) = \int_0^1 f(x, y)\, dy = 2 \int_x^1 dy = 2(1 - x)$$

である．また，それ以外の x のときは $f_X(x) = 0$ である．同様に，Y の周辺確率密度関数は，$0 \leqq y \leqq 1$ のとき

$$f_Y(y) = \int_0^1 f(x, y)\, dx = 2 \int_0^y dx = 2y,$$

それ以外の y のときは $f_Y(y) = 0$ である．よって，X, Y の期待値はそれぞれ

$$E[X] = \int_0^1 x f_X(x)\, dx = 2 \int_0^1 x(1 - x)\, dx = \frac{1}{3},$$

$$E[Y] = \int_0^1 y f_Y(y)\, dy = 2 \int_0^1 y^2\, dy = \frac{2}{3}$$

であり，共分散は

$$\mathsf{Cov}(X, Y) = \int_0^1 \int_0^1 xy f(x, y)\, dxdy - E[X]E[Y]$$

$$= \int_0^1 y \left(\int_0^y x\, dx \right) dy - \frac{2}{9} = \frac{1}{36}.$$

(2) X の周辺確率密度関数は，

$$f_X(x) = \int_{-\infty}^{\infty} f(x, y)\, dy$$

$$= \begin{cases} \dfrac{2}{3} \int_0^2 (2x + y)\, dy = \dfrac{4(2x + 1)}{3}, & 0 \leqq x \leqq \dfrac{1}{2}, \\ 0, & \text{その他の } x \end{cases}$$

となる．また，Y の周辺確率密度関数は

$$f_Y(y) = \begin{cases} \dfrac{1+2y}{6}, & 0 \leqq y \leqq 2, \\ 0, & \text{その他の } y \end{cases}$$

となる．したがって，X, Y の期待値はそれぞれ

$$E[X] = \frac{4}{3} \int_0^{1/2} x(2x+1)\,dx = \frac{5}{18}, \quad E[Y] = \frac{1}{6} \int_0^2 y(1+2y)\,dy = \frac{11}{9}$$

であり，共分散は

$$\mathsf{Cov}(X, Y) = \frac{2}{3} \int_0^{1/2} \left(\int_0^2 xy(2x+y)\,dy \right) dx - \frac{5}{18} \cdot \frac{11}{9} = -\frac{1}{162}. \quad \square$$

(4) 平均ベクトルと共分散行列

n 次元確率ベクトル $\boldsymbol{X} = (X_1, X_2, \cdots, X_n)$ に対して，$\boldsymbol{X}$ の**平均ベクトル** (mean vector) を

$$E[\boldsymbol{X}] = (E[X_1], E[X_2], \cdots, E[X_n]) = (\mu_1, \mu_2, \cdots, \mu_n) = \boldsymbol{\mu},$$

また，**共分散行列** (covariance matrix) を

$$\mathsf{Var}[\boldsymbol{X}] = \begin{pmatrix} \mathsf{Cov}(X_1, X_1) & \mathsf{Cov}(X_1, X_2) & \cdots & \mathsf{Cov}(X_1, X_n) \\ \mathsf{Cov}(X_2, X_1) & \mathsf{Cov}(X_2, X_2) & \cdots & \mathsf{Cov}(X_2, X_n) \\ \vdots & \vdots & \ddots & \vdots \\ \mathsf{Cov}(X_n, X_1) & \mathsf{Cov}(X_n, X_2) & \cdots & \mathsf{Cov}(X_n, X_n) \end{pmatrix}$$

$$= \begin{pmatrix} \sigma_{11} & \sigma_{12} & \cdots & \sigma_{1n} \\ \sigma_{21} & \sigma_{22} & \cdots & \sigma_{2n} \\ \vdots & \vdots & \ddots & \vdots \\ \sigma_{n1} & \sigma_{n2} & \cdots & \sigma_{nn} \end{pmatrix} = \boldsymbol{\Sigma}$$

で定義する．明らかに共分散行列 $\boldsymbol{\Sigma}$ は n 次対称行列である．

平均ベクトル，共分散行列に対しては次の命題が成り立つ．

命題 3.2. $\boldsymbol{X} = (X_1, X_2, \cdots, X_n)$ を n 次元確率ベクトルとする．$\boldsymbol{a} = (a_1, a_2, \cdots, a_n) \in \mathbb{R}^n$ に対して，（1 次元の）確率変数を

$$\boldsymbol{a}^\mathsf{T}\boldsymbol{X} = a_1 X_1 + a_2 X_2 + \cdots + a_n X_n \tag{3.24}$$

と定めると，次が成り立つ：

(1) $E[\boldsymbol{a}^\mathsf{T}\boldsymbol{X}] = \sum_{i=1}^{n} a_i E[X_i] = \boldsymbol{a}^\mathsf{T} E[\boldsymbol{X}] = \boldsymbol{a}^\mathsf{T}\boldsymbol{\mu},$

(2) $\mathsf{Var}[\boldsymbol{a}^\mathsf{T}\boldsymbol{X}] = \boldsymbol{a}\,\mathsf{Var}[\boldsymbol{X}]\,^\mathsf{T}\boldsymbol{a} = \boldsymbol{a}\boldsymbol{\Sigma}\,^\mathsf{T}\boldsymbol{a}.$

ここで，$^\mathsf{T}\boldsymbol{a}$ は n 次元ベクトル $\boldsymbol{a} = (a_1, a_2, \cdots, a_n)$ の**転置ベクトル**：

$$^\mathsf{T}\boldsymbol{a} = \begin{pmatrix} a_1 \\ a_2 \\ \vdots \\ a_n \end{pmatrix}$$

を表し，(3.24) は $\boldsymbol{a}$ と $^\mathsf{T}\boldsymbol{X}$ の内積である．

証明： $n = 2$ のときを示す．一般の場合は $n = 2$ のときとまったく同様にできるので省略する．$\boldsymbol{X} = (X, Y)$ を 2 次元確率ベクトルとする．$\boldsymbol{a} = (a, b)\,(\in \mathbb{R}^2)$ に対して，

$$\boldsymbol{a}^\mathsf{T}\boldsymbol{X} = aX + bY$$

であるから，確率変数の期待値の線形性により，

$$E[\boldsymbol{a}^\mathsf{T}\boldsymbol{X}] = E[aX + bY] = aE[X] + bE[Y] = \boldsymbol{a}^\mathsf{T}E[\boldsymbol{X}]$$

となり (1) がわかる．また，

$$\begin{cases} \sigma_{11} = \mathsf{Cov}(X, X) = \mathsf{Var}[X], \\ \sigma_{12} = \mathsf{Cov}(X, Y) = \mathsf{Cov}(Y, X) = \sigma_{21}, \\ \sigma_{22} = \mathsf{Cov}(Y, Y) = \mathsf{Var}[Y] \end{cases}$$

とおくと，

$$\mathsf{Var}[\boldsymbol{X}] = \begin{pmatrix} \sigma_{11} & \sigma_{12} \\ \sigma_{21} & \sigma_{22} \end{pmatrix} = \boldsymbol{\Sigma}$$

より，

$$\boldsymbol{a}\,\mathsf{Var}[\boldsymbol{X}]\,^\mathsf{T}\boldsymbol{a} = (a, b) \begin{pmatrix} \sigma_{11} & \sigma_{12} \\ \sigma_{21} & \sigma_{22} \end{pmatrix} \begin{pmatrix} a \\ b \end{pmatrix} = a^2\sigma_{11} + 2ab\sigma_{12} + b^2\sigma_{22}$$

である．一方，分散公式により

$$\mathsf{Var}[\boldsymbol{a}^\mathsf{T}\boldsymbol{X}] = \mathsf{Var}[aX + bY] = E[(aX + bY)^2] - (E[aX + bY])^2$$
$$= E[aX^2 + 2abXY + b^2Y^2] - (aE[X] + bE[Y])^2$$
$$= a^2(E[X^2] - (E[X])^2) + 2ab(E[XY] - E[X]E[Y]) + b^2(E[Y^2] - (E[Y])^2)$$
$$= a^2\mathsf{Var}[X] + 2ab\mathsf{Cov}(X, Y) + b^2\mathsf{Var}[Y]$$
$$= a^2\sigma_{11} + 2ab\sigma_{12} + b^2\sigma_{22}.$$

よって，(2) の主張が成り立つことがわかる．

□

◆**例題** 3.5 (多変量正規分布). n 次元確率ベクトル $\boldsymbol{X} = (X_1, X_2, \cdots, X_n)$ の結合確率密度関数が,

$$f(\boldsymbol{x}) = \frac{1}{(2\pi)^{n/2}|\boldsymbol{\Sigma}|^{1/2}} \exp\left(-\frac{1}{2}(\boldsymbol{x} - \boldsymbol{\mu})\boldsymbol{\Sigma}^{-1\,\mathsf{T}}(\boldsymbol{x} - \boldsymbol{\mu})\right), \qquad (3.25)$$

$$\boldsymbol{x} = (x_1, x_2, \cdots, x_n) \in \mathbb{R}^n$$

の形で与えられるとき, $\boldsymbol{X}$ は **n 次元正規分布**または **n 次元ガウス分布**に従うといい,

$$\boldsymbol{X} \sim \mathsf{N}_n(\boldsymbol{\mu}, \boldsymbol{\Sigma})$$

と書き表す. ただし, $\boldsymbol{\mu}$ は n 次元ベクトル, $\boldsymbol{\Sigma}$ は n 次の対称な正則行列を表し[8], $|\boldsymbol{\Sigma}|$ は $\boldsymbol{\Sigma}$ の行列式を表す. このとき, $\boldsymbol{\mu}$, $\boldsymbol{\Sigma}$ はそれぞれ $\boldsymbol{X}$ の平均ベクトル, 共分散行列となることがわかる. なお, 多次元正規分布を**多変量正規分布**とよぶことがある.

解答: ここでも $n = 2$ のときを示す. すなわち, $\boldsymbol{X} = (X, Y) \sim \mathsf{N}_2(\boldsymbol{\mu}, \boldsymbol{\Sigma})$ とする. ただし, $\boldsymbol{\mu} = (\mu_1, \mu_2)\ (\in \mathbb{R}^2)$, $\boldsymbol{\Sigma} = \begin{pmatrix} \sigma_{11} & \sigma_{12} \\ \sigma_{21} & \sigma_{22} \end{pmatrix}$ であり, 行列 $\boldsymbol{\Sigma}$ は $\sigma_{11} > 0$, $\sigma_{12} > 0$, $\sigma_{12} = \sigma_{21}$ を満たす. このとき, X の周辺確率密度関数は, $\boldsymbol{x} = (x, y)\ (\in \mathbb{R}^2)$ に対して

$$\begin{aligned}
f_X(x) &= \int_{-\infty}^{\infty} f(x, y)\,dy \\
&= \int_{-\infty}^{\infty} \frac{1}{2\pi|\boldsymbol{\Sigma}|^{1/2}} \exp\left(-\frac{1}{2}(\boldsymbol{x} - \boldsymbol{\mu})\boldsymbol{\Sigma}^{-1\,\mathsf{T}}(\boldsymbol{x} - \boldsymbol{\mu})\right)dy \\
&= \frac{1}{2\pi|\boldsymbol{\Sigma}|^{1/2}} \int_{-\infty}^{\infty} \exp\left(-\frac{1}{2|\boldsymbol{\Sigma}|}\left\{\underline{\hspace{2cm}}\right\}\right)dy
\end{aligned}$$

となる. ここで, $|\boldsymbol{\Sigma}| = \sigma_{11}\sigma_{22} - \sigma_{12}^2$ であり,

$$\begin{aligned}
\left\{\underline{\hspace{2cm}}\right\} &= \sigma_{22}(x - \mu_1)^2 - 2\sigma_{12}(x - \mu_1)(y - \mu_2) + \sigma_{11}(y - \mu_2)^2 \\
&= \sigma_{11}\left\{(y - \mu_2) - \frac{\sigma_{12}}{\sigma_{11}}(x - \mu_1)\right\}^2 + \frac{|\boldsymbol{\Sigma}|}{\sigma_{11}}(x - \mu_1)^2
\end{aligned}$$

に注意すると,

$$\begin{aligned}
f_X(x) &= \frac{1}{2\pi|\boldsymbol{\Sigma}|^{1/2}} \exp\left(-\frac{(x - \mu_1)^2}{2\sigma_{11}}\right) \\
&\quad \times \int_{-\infty}^{\infty} \exp\left(-\frac{\sigma_{11}}{2|\boldsymbol{\Sigma}|}\left\{(y - \mu_2) - \frac{\sigma_{12}}{\sigma_{11}}(x - \mu_1)\right\}^2\right)dy
\end{aligned}$$

---

8) より正確には対称な正定値行列である. n 次の対称行列 A が**正定値**であるとは, 任意の n 次元ベクトル $\boldsymbol{x} \neq \boldsymbol{0}$ に対して $\boldsymbol{x}A^{\mathsf{T}}\boldsymbol{x} > 0$ が成り立つときをいう.

$$= \frac{1}{2\pi |\boldsymbol{\Sigma}|^{1/2}} \exp\left(- \frac{(x - \mu_1)^2}{2\sigma_{11}} \right) \int_{-\infty}^{\infty} e^{-t^2} \sqrt{\frac{2 |\boldsymbol{\Sigma}|}{\sigma_{11}}} \, dt$$

$$= \frac{1}{\sqrt{2\pi \sigma_{11}}} \exp\left(- \frac{(x - \mu_1)^2}{2\sigma_{11}} \right)$$

となる. 2つ目の等号では変数変換 $y \mapsto t$,

$$t = \sqrt{\frac{\sigma_{11}}{2 |\boldsymbol{\Sigma}|}} \left((y - \mu_2) - \frac{\sigma_{12}}{\sigma_{11}} (x - \mu_1) \right)$$

を行った. よって, $X \sim \mathsf{N}(\mu_1, \sigma_{11})$ であることがわかるから, 例 3.5 (2) より

$$E[X] = \mu_1, \quad \mathsf{Var}[X] = \sigma_{11}$$

である.

同様に計算すると, Y の周辺確率密度関数は,

$$f_Y(y) = \frac{1}{\sqrt{2\pi \sigma_{22}}} \exp\left(- \frac{(y - \mu_2)^2}{2\sigma_{22}} \right), \quad y \in \mathbb{R}$$

となることがわかるから, $Y \sim \mathsf{N}(\mu_2, \sigma_{22})$ であり,

$$E[Y] = \mu_2, \quad \mathsf{Var}[Y] = \sigma_{22}.$$

最後に, X と Y の共分散は

$$\mathsf{Cov}(X, Y) = E[(X - E[X])(Y - E[Y])]$$

$$= \int_{-\infty}^{\infty} \int_{-\infty}^{\infty} (x - \mu_1)(y - \mu_2) f(x, y) \, dx dy$$

$$= \frac{1}{2\pi |\boldsymbol{\Sigma}|^{1/2}} \int_{-\infty}^{\infty} \int_{-\infty}^{\infty} (x - \mu_1)(y - \mu_2)$$

$$\times \exp\left(- \frac{1}{2} (\boldsymbol{x} - \boldsymbol{\mu}) \boldsymbol{\Sigma}^{-1} {}^{\mathsf{T}}(\boldsymbol{x} - \boldsymbol{\mu}) \right) dx dy$$

$$= \frac{1}{2\pi |\boldsymbol{\Sigma}|^{1/2}} \int_{-\infty}^{\infty} (x - \mu_1) \exp\left(- \frac{(x - \mu_1)^2}{2\sigma_{11}} \right)$$

$$\times \int_{-\infty}^{\infty} (y - \mu_2) \exp\left(- \frac{\sigma_{11}}{2 |\boldsymbol{\Sigma}|} \left\{ (y - \mu_2) - \frac{\sigma_{12}}{\sigma_{11}} (x - \mu_1) \right\}^2 \right) dy dx$$

となる. ここで, 重積分の y に関する積分について変数変換 $y \mapsto s$,

$$s = \sqrt{\frac{\sigma_{11}}{2 |\boldsymbol{\Sigma}|}} \left\{ (y - \mu_2) - \frac{\sigma_{12}}{\sigma_{11}} (x - \mu_1) \right\}$$

を行うと,

$$\int_{-\infty}^{\infty}(y-\mu_2)\exp\Big(-\frac{\sigma_{11}}{2|\mathbf{\Sigma}|}\Big\{(y-\mu_2)-\frac{\sigma_{12}}{\sigma_{11}}(x-\mu_1)\Big\}^2\Big)dy$$

$$=\sqrt{\frac{2|\mathbf{\Sigma}|}{\sigma_{11}}}\int_{-\infty}^{\infty}\Big(\sqrt{\frac{2|\mathbf{\Sigma}|}{\sigma_{11}}}s+\frac{\sigma_{12}}{\sigma_{11}}(x-\mu_1)\Big)e^{-s^2}ds$$

$$=\frac{2|\mathbf{\Sigma}|}{\sigma_{11}}\underbrace{\int_{-\infty}^{\infty}se^{-s^2}ds}_{=0}+\sqrt{\frac{2|\mathbf{\Sigma}|}{\sigma_{11}}}\cdot\frac{\sigma_{12}}{\sigma_{11}}(x-\mu_1)\underbrace{\int_{-\infty}^{\infty}e^{-s^2}ds}_{=\sqrt{\pi}}$$

$$=\sqrt{\frac{2\pi|\mathbf{\Sigma}|}{\sigma_{11}}}\cdot\frac{\sigma_{12}}{\sigma_{11}}(x-\mu_1)$$

となる. よって,

$$\mathrm{Cov}(X,Y)=\frac{1}{\sqrt{2\pi}}\cdot\frac{\sigma_{12}}{\sigma_{11}\sqrt{\sigma_{11}}}\int_{-\infty}^{\infty}(x-\mu_1)^2\exp\Big(-\frac{(x-\mu_1)^2}{2\sigma_{11}}\Big)dx$$

$$=\frac{1}{\sqrt{2\pi}}\cdot\frac{\sigma_{12}}{\sigma_{11}\sqrt{\sigma_{11}}}\int_{-\infty}^{\infty}(2\sigma_{11}t^2)e^{-t^2}\sqrt{2\sigma_{11}}\,dt$$

$$=\frac{2\sigma_{12}}{\sqrt{\pi}}\underbrace{\int_{-\infty}^{\infty}t^2e^{-t^2}dt}_{=\sqrt{\pi}/2}=\sigma_{12}$$

となる.

　以上より, $\boldsymbol{\mu}=(\mu_1,\mu_2)$, $\mathbf{\Sigma}$ が $\boldsymbol{X}=(X,Y)$ のそれぞれ平均ベクトル, 共分散行列となることが示された. 　　　　　□

◎問 3.10. 上の例題 3.5 において, Y の周辺確率密度関数が

$$f_Y(y)=\frac{1}{\sqrt{2\pi\sigma_{22}}}\exp\Big(-\frac{(y-\mu_2)^2}{2\sigma_{22}}\Big),\quad y\in\mathbb{R}$$

となることを実際に計算して確かめよ.

(5) 条件付確率密度関数

　(X,Y) を 2 次元連続型確率ベクトルとし, 結合確率密度関数 $f(x,y)$ をもつとする. 任意に $y\in\mathbb{R}$ を $f_Y(y)>0$ を満たすようにとる. ただし, $f_Y(y)$ は Y の周辺確率密度関数とする. このとき, $Y=y$ **が与えられたときの** X **の条件付確率密度関数**を

$$f_{X|Y}(x|y)=\frac{f(x,y)}{f_Y(y)},\quad x\in\mathbb{R}$$

として定義する. よって, $Y=y$ **が与えられたときの** X **の条件付期待値** $E[X|Y=y]$ は

$$E[X|Y=y] = \int_{-\infty}^{\infty} x f_{X|Y}(x|y)\, dx$$

で与えられる.

◇**例** 3.11. 2 次元確率ベクトル (X, Y) の結合確率密度関数が, 例題 3.4 (1) で与えられているものとする. このとき, Y の周辺確率密度関数は, $0 \leqq y \leqq 1$ のとき $f_Y(x) = 2y$, その他の y では 0 だから, $Y = y$ が与えられたときの X の条件付確率密度関数 $f_{X|Y}(x|y)$ は, $0 < y \leqq 1$ のとき

$$f_{X|Y}(x|y) = \frac{f(x, y)}{f_Y(y)} = \begin{cases} \dfrac{1}{y}, & 0 \leqq x \leqq y, \\ 0, & \text{その他の } x \end{cases}$$

である.   □

◎**問** 3.11. 上の例 3.11 において, $X = x$ が与えられたときの Y の条件付確率密度関数 $f_{Y|X}(y|x)$ を求めよ.

◆**例題** 3.6. 2 次元確率ベクトル (X, Y) の結合確率密度関数が

$$f(x, y) = \begin{cases} \dfrac{1}{y} e^{-x/y - y}, & x > 0,\, y > 0, \\ 0, & \text{その他の } x,\, y \end{cases}$$

で与えられているものとする. このとき, Y の周辺確率密度関数 $f_Y(y)$ を求めよ. また, $Y = y$ が与えられたときの X の条件付確率密度関数 $f_{X|Y}(x|y)$ を求めよ.

解答:確率変数 Y の周辺確率密度関数 $f_Y(y)$ は,

$$f_Y(y) = \int_0^{\infty} f(s, y)\, ds = \frac{1}{y} \int_0^{\infty} e^{-s/y - y}\, ds = e^{-y}, \quad y > 0$$

である. よって, $y > 0$ に対して, $Y = y$ が与えられたときの確率変数 X の条件付確率密度関数 $f_{X|Y}(x|y)$ は,

$$f_{X|Y}(x|y) = \frac{f(x, y)}{f_Y(y)} = \frac{1}{y} e^{-x/y}, \quad x > 0$$

である.   □

3.4　確率変数列の独立性

n 個の確率変数 $X_1, X_2, \cdots, X_n$ が**独立**であるとは，すべての $(x_1, x_2, \cdots, x_n) \in \mathbb{R}^n$ に対して，

$$F_{\boldsymbol{X}}(x_1, x_2, \cdots, x_n) = F_{X_1}(x_1) F_{X_2}(x_2) \cdots F_{X_n}(x_n)$$

が成り立つときをいう．ここで，$F_{\boldsymbol{X}}$ は n 次元確率ベクトル $\boldsymbol{X} = (X_1, X_2, \cdots, X_n)$ の結合分布関数を表し，各 $i = 1, 2, \cdots, n$ に対して，F_{X_i} は X_i の周辺確率分布関数を表す．まず，次を示そう．

補題 3.1. $\boldsymbol{X} = (X_1, X_2, \cdots, X_n)$ を n 次元確率ベクトルとする．

(1) $\boldsymbol{X}$ が離散型確率ベクトルならば，$X_1, X_2, \cdots, X_n$ が独立であることと，

$$p_{\boldsymbol{X}}(x_1, x_2, \cdots, x_n) = p_{X_1}(x_1) p_{X_2}(x_2) \cdots p_{X_n}(x_n)$$

　　が任意の $(x_1, x_2, \cdots, x_n) \in R_{\boldsymbol{X}}$ に対して成立することと同値である．こ
　　こで，$R_{\boldsymbol{X}}$ は $\boldsymbol{X}$ の値域を表す．

(2) $\boldsymbol{X}$ が連続型確率ベクトルであって，結合確率密度関数をもつとする：

$$F_{\boldsymbol{X}}(x_1, x_2, \cdots, x_n) = \int_{-\infty}^{x_1} \int_{-\infty}^{x_2} \cdots \int_{-\infty}^{x_n} f(s_1, s_2, \cdots, s_n) \, ds_1 ds_2 \cdots ds_n.$$

　　このとき，$X_1, X_2, \cdots, X_n$ が独立であれば，任意の $(x_1, x_2, \cdots, x_n) \in \mathbb{R}^n$
　　に対して，$\boldsymbol{X}$ の結合確率密度関数は

$$f(x_1, x_2, \cdots, x_n) = f_{X_1}(x_1) f_{X_2}(x_2) \cdots f_{X_n}(x_n)$$

　　で与えられる．

証明：簡単のため，$n = 2$ のとき，すなわち，2 次元確率ベクトル $\boldsymbol{X} = (X, Y)$ のときを示す．はじめに (1) を示そう．$\boldsymbol{X} = (X, Y)$ を独立な離散型確率ベクトルとすると，X と Y の値域は有限または可算集合である．そこで，

$$R_X = \{x_i : i \in \mathbb{N}\} \, (x_i < x_{i+1}), \quad R_Y = \{y_j : j \in \mathbb{N}\} \, (y_j < y_{j+1})$$

とする．また，(X, Y) は独立だから

$$F_{XY}(x, y) = F_X(x) F_Y(y), \quad (x, y) \in \mathbb{R}^2$$

が成り立つ．任意の (x_i, y_j) に対して，確率の性質より

$$p_{XY}(x_i, y_j) = P(X = x_i, Y = y_j)$$

$$= P(X \leqq x_i, Y \leqq y_j) - P(X \leqq x_i, Y \leqq y_{j-1})$$

$$\quad - P(X \leqq x_{i-1}, Y \leqq y_j) + P(X \leqq x_{i-1}, Y \leqq y_{j-1})$$

$$= F_{XY}(x_i, y_j) - F_{XY}(x_i, y_{j-1}) - F_{XY}(x_{i-1}, y_j) + F_{XY}(x_{i-1}, y_{j-1})$$

$$= F_X(x_i)F_Y(y_j) - F_X(x_i)F_Y(y_{j-1}) - F_X(x_{i-1})F_Y(y_j)$$
$$\quad + F_X(x_{i-1})F_Y(y_{j-1})$$

$$= \bigl(F_X(x_i) - F_X(x_{i-1})\bigr)\bigl(F_Y(y_j) - F_Y(y_{j-1})\bigr)$$

$$= \bigl(P(X \leqq x_i) - P(X \leqq x_{i-1})\bigr)\bigl(P(Y \leqq y_j) - P(Y \leqq y_{j-1})\bigr)$$

$$= P(X = x_i)P(Y = y_j) = p_X(x_i)p_Y(y_j)$$

となる.

逆に，任意の (x_i, y_j) に対して

$$p_{XY}(x_i, y_j) = p_X(x_i)\, p_Y(y_j)$$

が成り立つとする．このとき，各 k について，$\{X = x_k, Y = y_\ell\}$ は ℓ に対して互いに排反であり，各 j について，$\{X = x_k, Y \leqq y_j\}$ は k に対して互いに排反であるから，

$$F_X(x_i)F_Y(y_j) = \Bigl(\sum_{k=1}^{i} p_X(x_k)\Bigr)\Bigl(\sum_{\ell=1}^{j} p_Y(y_\ell)\Bigr) = \sum_{k=1}^{i}\sum_{\ell=1}^{j} p_X(x_k)p_Y(y_\ell)$$

$$= \sum_{k=1}^{i}\sum_{\ell=1}^{j} p_{(X,Y)}(x_i, y_j)$$

$$= \sum_{k=1}^{i} \Bigl(\sum_{\ell=1}^{j} P(X = x_k, Y = y_\ell)\Bigr)$$

$$= \sum_{k=1}^{i} P(X = x_k, Y \leqq y_j)$$

$$= P(X \leqq x_i, Y \leqq y_j) = F_{(X,Y)}(x_i, y_j)$$

となる.

次に，(2) を示す．$F_{XY}(x, y) = F_X(x)F_Y(y)$ とする．このとき，

$$\begin{cases} \dfrac{\partial F_{XY}(x,y)}{\partial x} = \dfrac{dF_X(x)}{dx} \cdot F_Y(y) = f_X(x)F_Y(y), \\[2mm] \dfrac{\partial F_{XY}(x,y)}{\partial y} = F_X(x) \cdot \dfrac{dF_Y(y)}{dy} = F_X(x)f_Y(y) \end{cases}$$

より，

$$f(x, y) = \frac{\partial^2 F_{XY}(x,y)}{\partial x \partial y} = f_X(x)f_Y(y)$$

となる.　　　　　　　　　　　　　　　　　　　　　　　　　　□

系 3.1. X, Y を独立な確率変数とし，g, k を連続関数とする．このとき，$g(X)$ と $k(Y)$ の期待値が存在するならば，$g(X)k(Y)$ の期待値も存在して，

$$E[g(X)k(Y)] = E[g(X)]E[k(Y)]$$

が成り立つ．特に，$g(x) = x$，$k(y) = y$ とし，X, Y に期待値が存在すれば，

$$E[XY] = E[X]E[Y].$$

証明：X, Y は独立だから，(X, Y) が離散型または連続型確率ベクトルに応じて，

$$p_{XY}(x, y) = p_X(x)p_Y(y), \quad \text{または} \quad f_{XY}(x, y) = f_X(x)f_Y(y)$$

が成り立つ．よって，(3.17) または (3.20) より，$h(x, y) = g(x)k(y)$ とおくと，

$$\begin{aligned}
E[g(X)k(Y)] = E[h(X, Y)] &= \sum_{(x,y)} h(x, y)p_{XY}(x, y) \\
&= \sum_x \sum_y g(x)k(y)p_X(x)p_Y(y) \\
&= \left(\sum_x g(x)p_X(x) \right) \left(\sum_y k(y)p_Y(y) \right) \\
&= E[g(X)]E[k(Y)],
\end{aligned}$$

または，

$$\begin{aligned}
E[g(X)k(Y)] = E[h(X, Y)] &= \int_{-\infty}^{\infty} \int_{-\infty}^{\infty} h(x, y)f_{XY}(x, y)\, dxdy \\
&= \int_{-\infty}^{\infty} \int_{-\infty}^{\infty} f(x)g(y)f_X(x)f_Y(y)\, dxdy \\
&= \left(\int_{-\infty}^{\infty} g(x)f_X(x)\, dx \right) \left(\int_{-\infty}^{\infty} k(y)f_Y(y)\, dy \right) \\
&= E[g(X)]E[k(Y)]
\end{aligned}$$

となる．　　　　　　　　　　　　　　　　　　　　　　　　　　　　□

◇**例 3.12.** ある工場では，2 つの生産ライン A, B をもっている．検査によると，どちらのラインも同じ確率 θ で不良品がでてしまう．ある日，ライン A では m 個の製品を，B では n 個の製品を製造した．このとき，A で製造された不良品の個数を X で表し，B で製造された不良品の個数を Y で表すことにする．2 つのラインは別々に製品を製造していることから，X, Y は独立と仮定してよい：

$$p_{(X,Y)}(x, y) = p_X(x)p_Y(y), \quad (x, y) \in R_{(X,Y)}.$$

よって，

$$p_{(X,Y)}(x,y) = P(X = x, Y = y) = p_X(x)p_Y(y)$$
$$= {}_m\mathsf{C}_x\theta^x(1-\theta)^{m-x} \cdot {}_n\mathsf{C}_y\theta^y(1-\theta)^{n-y}$$

となる．ただし，$R_{(X,Y)} = \{(x,y) : x = 0, 1, \cdots, m,\ y = 0, 1, \cdots, n\}$ である．　　　　　　　□

◆**例題** 3.7.　2 次元の離散型確率ベクトル (X, Y) の結合分布が次のように与えられているとする：

$$p(x,y) = \begin{cases} \alpha(x + 2y), & x = 1, 2,\ y = 1, 2, \\ 0, & \text{その他の } x, y. \end{cases}$$

ただし，α は定数である．これを表にすると，次のようになる．

$p(x,y)$		x	
		1	2
y	1	3α	4α
	2	5α	6α

このとき，次を考えよう．

(1) 定数 α の値を求める．

(2) X と Y の周辺分布をそれぞれ計算する．

(3) X と Y は独立であるかを確かめる．

解答： (1) (3.14) より，

$$1 = \sum_x \sum_y p(x,y) = p(1,1) + p(1,2) + p(2,1) + p(2,2)$$
$$= 3\alpha + 5\alpha + 4\alpha + 6\alpha = 18\alpha$$

だから，$\alpha = \frac{1}{18}$.

(2) (3.12) により，

$$p_X(x) = \sum_y p(x,y) = p(x,1) + p(x,2) = \frac{1}{8}(x+2) + \frac{1}{8}(x+4)$$
$$= \frac{1}{9}(x+3),\quad x = 1, 2,$$

$$p_Y(y) = \sum_x p(x,y) = p(1,y) + p(2,y) = \frac{1}{8}(1+2y) + \frac{1}{8}(2+2y)$$
$$= \frac{1}{18}(3+4y),\quad y = 1, 2.$$

(3) (2) により $p(x,y) \neq p_X(x)p_Y(y)$ となるから X と Y は独立ではない．

　　　　　　　　　　　　　　　　　　　　　　　　　　　　　　　　　□

◎**問 3.12.** 2 次元の離散型確率ベクトル (X, Y) の結合分布が次のように与えられているとする：

$$p(x, y) = \begin{cases} \alpha xy^2, & x = 1, 2, 3,\ y = 1, 2, \\ 0, & その他の\ x, y. \end{cases}$$

ただし，α は定数である．このとき，次の問いに答えよ．

(1) 定数 α の値を求めよ．

(2) X と Y の周辺分布をそれぞれ求めよ．

(3) X と Y は独立であるかを確かめよ．

◆**例題 3.8.** (X, Y) を 2 次元の独立な離散型確率ベクトルとする．X, Y の確率関数をそれぞれ $p_X(x),\ p_Y(y)$，X の値域を $R_X = \{x_1, x_2, \cdots\}$ とする．このとき，$X + Y$ の確率関数を求めよう．

解答：全確率の法則 (定理 1.2) を用いて，

$$p_{X+Y}(z) = P(X + Y = z) = \sum_{k=1}^{\infty} P(X + Y = z | X = x_k) P(X = x_k)$$

$$= \sum_{k=1}^{\infty} P(Y = z - x_k | X = x_k) p_X(x_k)$$

$$= \sum_{k=1}^{\infty} P(Y = z - x_k) p_X(x_k) = \sum_{k=1}^{\infty} p_X(x_k) p_Y(z - x_k)$$

となる．4 番目の等号で (X, Y) が独立であることを用いた． □

◆**例題 3.9.** 連続型確率ベクトル (X, Y) の結合確率密度関数 $f(x, y)$ が次のように与えられているとする：

$$f(x, y) = \begin{cases} \alpha(x + y), & 0 < x < 1,\ 0 < y < 1, \\ 0, & その他の\ x, y. \end{cases}$$

ただし，α は定数である．このとき，次を考えよう．

(1) 定数 α の値を求める．

(2) X と Y の周辺密度関数をそれぞれ計算する．

(3) X と Y は独立であるかを確かめる．

解答：(1) (3.21) により

$$1 = \int_0^1 \int_0^1 \alpha(x + y)\, dxdy = \alpha \int_0^1 \left[\frac{x^2}{2} + xy \right]_{x=0}^{x=1} dy$$

$$= \alpha \int_0^1 \left(\frac{1}{2} + y \right) dy = \alpha \left[\frac{y}{2} + \frac{y^2}{2} \right]_0^1 = \alpha.$$

よって, $\alpha = 1$ である.

(2) (3.19) より

$$f_X(x) = \int_0^1 (x+y)\,dy = \left[xy + \frac{y^2}{2}\right]_0^1 = x + \frac{1}{2}, \quad 0 < x < 1,$$

同様に

$$f_Y(y) = \int_0^1 (x+y)\,dx = \left[\frac{x^2}{2} + xy\right]_0^1 = \frac{1}{2} + y, \quad 0 < y < 1.$$

(3) (2) より $f(x,y) \neq f_X(x)f_Y(y)$. よって, X と Y は独立ではない. □

◎**問 3.13.** 連続型確率ベクトル (X,Y) の結合確率密度関数 $f(x,y)$ が次のように与えられているとする:

$$f(x,y) = \begin{cases} \alpha xy, & 0 < x < 2, \, 0 < y < 2, \\ 0, & \text{その他の } x, \, y. \end{cases}$$

ただし, α は定数である. このとき, 次の問いに答えよ.

(1) 定数 α の値を求めよ.

(2) X と Y は独立であるかを確かめよ.

(3) $P(X+Y \leqq 2)$ を求めよ.

◆**例題 3.10.** (X,Y) を 2 次元の独立な連続型確率ベクトルとし, X, Y ともに指数分布 $\mathsf{Exp}(\theta)$ に従うとする. このとき, $X+Y$ の従う分布を求めよう.

解答: X, Y の確率密度関数は, ともに

$$f_X(x) = f_Y(x) = \begin{cases} \theta e^{-\theta x}, & x \geqq 0, \\ 0, & x < 0 \end{cases}$$

である. また, (X,Y) は独立であるから, (X,Y) の結合確率密度関数 $f(x,y)$ は $f_X(x)f_Y(y)$ となる. X と Y の値域は非負値であることに注意すると (3.22) により, $z > 0$ に対して,

$$F_{X+Y}(z) = P(X+Y \leqq z) = \int_{-\infty}^{\infty} \left(\int_{-\infty}^{z-x} f(x,y)\,dy \right) dx$$

$$= \int_{-\infty}^{z} \left(\int_{-\infty}^{z-x} f_X(x)f_Y(y)\,dy \right) dx$$

$$= \theta^2 \int_0^z e^{-\theta x} \left(\int_0^{z-x} e^{-\theta y}\,dy \right) dx = 1 - e^{-\theta z} - \theta z e^{-\theta z}$$

が得られる. よって,

$$f_{X+Y}(z) = F'_{X+Y}(z) = \theta e^{-\theta z} - \theta e^{-\theta z} + \theta^2 z e^{-\theta z} = \theta^2 z e^{-\theta z}$$

となり，$X + Y$ はパラメータ $(2, \theta)$ のアーラン分布に従うこと，すなわち，$X + Y \sim \mathsf{Erl}(2, \theta)$ がわかる．　　　　　　　　　　　　　　　　□

命題 3.3. 2 つの確率変数 X, Y に対して，X, Y が独立であるとき，共分散 $\mathsf{Cov}(X, Y) = 0$ である．したがって，X, Y は無相関である．

証明： X, Y は独立だから，系 3.1 により，

$$\mathsf{Cov}(X, Y) = E[XY] - E[X]E[Y] = E[X]E[Y] - E[X]E[Y] = 0$$

である．　　　　　　　　　　　　　　　　□

◇**例 3.13.** U を一様分布 $\mathsf{Un}(0, 2\pi)$ に従う確率変数とし，確率変数 X, Y を

$$X = \sin(U), \quad Y = \cos(U)$$

と定める．このとき，$X^2 + Y^2 = \sin^2(U) + \cos^2(U) = 1$ となるから，X と Y は独立ではないことがわかるが，次のように示すこともできる．例えば，$x = y = 1/2$ とおくと，

$$F\Big(\frac{1}{2}, \frac{1}{2}\Big) = P\Big(X \leqq \frac{1}{2}, Y \leqq \frac{1}{2}\Big) = P\Big(\sin(U) \leqq \frac{1}{2}, \cos(U) \leqq \frac{1}{2}\Big)$$
$$= P\Big(\frac{5}{6}\pi \leqq U \leqq \frac{5}{3}\pi\Big) = \frac{5}{12}$$

であり，一方，

$$F_X\Big(\frac{1}{2}\Big)F_Y\Big(\frac{1}{2}\Big) = P\Big(X \leqq \frac{1}{2}\Big)P\Big(Y \leqq \frac{1}{2}\Big)$$
$$= P\Big(\sin(U) \leqq \frac{1}{2}\Big)P\Big(\cos(U) \leqq \frac{1}{2}\Big) = \frac{2}{3} \times \frac{2}{3} = \frac{4}{9}$$

となる．よって，$F\big(\frac{1}{2}, \frac{1}{2}\big) \neq F_X\big(\frac{1}{2}\big)F_Y\big(\frac{1}{2}\big)$ となるから，X, Y は独立ではない．また，

$$E[XY] = E[\sin(U)\cos(U)] = \frac{1}{2}E[\sin(2U)] = \frac{1}{2} \cdot \frac{1}{2\pi} \int_0^{2\pi} \sin(2u)\, du = 0$$

より，$\mathsf{Cov}(X, Y) = E[XY] - E[X]E[Y] = 0$．すなわち，この例は上の命題 3.3 の逆が成立しないことを示している．　　　　　　　　　　　　　　　　□

ところが，多変量正規分布に従う確率ベクトルの場合は，逆も成り立つ．

命題 3.4. $\boldsymbol{X} = (X_1, X_2, \cdots, X_n)$ を n 次元正規分布 $\mathsf{N}_n(\boldsymbol{\mu}, \boldsymbol{\Sigma})$ に従う確率ベクトルとする．このとき，$X_1, X_2, \cdots, X_n$ が独立であるための必要十分条件は

$$\mathsf{Cov}(X_i, X_j) = 0, \quad i \neq j$$

が成り立つことである. すなわち, $X_1, X_2, \cdots, X_n$ が独立となるのは共分散行列 $\boldsymbol{\Sigma}$ が対角行列となるとき, またそのときに限る.

証明: $n = 2$ の場合, すなわち, (X, Y) が 2 次元正規分布 $\mathsf{N}_2(\boldsymbol{\mu}, \boldsymbol{\Sigma})$ に従う場合を考える. ただし, $\boldsymbol{\mu} = (\mu_1, \mu_2)$ は平均ベクトル, $\boldsymbol{\Sigma} = \begin{pmatrix} \sigma_{11} & \sigma_{12} \\ \sigma_{21} & \sigma_{22} \end{pmatrix}$ は共分散行列を表す. X, Y が独立ならば $\mathsf{Cov}(X, Y) = 0$ であることは先の命題 3.3 である. したがって, 逆を示す.

$$\mathsf{Cov}(X, Y) = \sigma_{12} = \sigma_{21} = 0$$

とする. このとき, $\boldsymbol{x} = (x, y) \ (\in \mathbb{R}^2)$ に対して, $\boldsymbol{X} = (X, Y)$ の同時確率密度関数は

$$f(x, y) = \frac{1}{2\pi|\boldsymbol{\Sigma}|^{1/2}} \exp\Big(-\frac{1}{2}(\boldsymbol{x} - \boldsymbol{\mu})\boldsymbol{\Sigma}^{-1}{}^{\mathsf{T}}(\boldsymbol{x} - \boldsymbol{\mu}) \Big)$$

で与えられるが,

$$\boldsymbol{\Sigma}^{-1} = \begin{pmatrix} \sigma_{11} & 0 \\ 0 & \sigma_{22} \end{pmatrix}^{-1} = \frac{1}{\sigma_{11}\sigma_{22}} \begin{pmatrix} \sigma_{22} & 0 \\ 0 & \sigma_{11} \end{pmatrix}$$

より,

$$-\frac{1}{2}(\boldsymbol{x} - \boldsymbol{\mu})\boldsymbol{\Sigma}^{-1}{}^{\mathsf{T}}(\boldsymbol{x} - \boldsymbol{\mu}) = -\frac{1}{2\sigma_{11}\sigma_{22}} \Big(\sigma_{22}(x - \mu_1)^2 + \sigma_{11}(y - \mu_2)^2 \Big)$$

となる. よって,

$$\begin{aligned} f(x, y) &= \frac{1}{2\pi\sqrt{\sigma_{11}\sigma_{22}}} \exp\Big(-\frac{(x - \mu_1)^2}{2\sigma_{11}} - \frac{(y - \mu_2)^2}{2\sigma_{22}} \Big) \\ &= \frac{1}{\sqrt{2\pi\sigma_{11}}} \exp\Big(-\frac{(x - \mu_1)^2}{2\sigma_{11}} \Big) \cdot \frac{1}{\sqrt{2\pi\sigma_{22}}} \exp\Big(-\frac{(y - \mu_2)^2}{2\sigma_{22}} \Big) \\ &= f_X(x)f_Y(y) \end{aligned}$$

が成り立つことから, X, Y は独立となる. $\qquad\qquad\qquad\qquad\qquad\square$

次に, X を連続型確率変数, N を離散型確率変数とする. このとき, 2 次元確率ベクトル (X, N) の結合分布について考える. N の値域 R_N は有限, または可算集合である. $P(N = a_n) > 0$ となる $a_n \in \mathbb{R}$ に対して, $N = a_n$ が**与えられたときの X の条件付分布関数**を, 次のように定義する:

$$F_{X|N}(x|a_n) = \frac{P(X \leqq x, N = a_n)}{P(N = a_n)}, \quad x \in \mathbb{R}.$$

さらに，$N = a_n$ **が与えられたときの X の条件付確率密度関数** $f_{X|N}(x|a_n)$ は，$F_{X|N}(x|a_n)$ の x に関する偏微係数として定義される：

$$f_{X|N}(x|a_n) = \frac{\partial F_{X|N}(x|a_n)}{\partial x}, \quad x \in \mathbb{R}.$$

ここで $p_N(a_n) = P(N = a_n)$ を N の周辺確率関数とするとき，

$$P(X \leqq x, N = a_n) = \int_{-\infty}^{x} f_{X|N}(s|a_n)p_N(a_n)\,ds, \quad x \in \mathbb{R}$$

が成り立つ．また，N に対して全確率の法則を適用すると，X の周辺確率密度関数 $f_X(x)$ が次のように得られる：

$$f_X(x) = \sum_{a_n \in R_N} f_{X|N}(x|a_n)p_N(a_n), \quad x \in \mathbb{R}.$$

ここで，$\displaystyle\sum_{a_n \in R_N}$ は $a_n \in R_N$ となる a_n について和をとることを意味する．

次に，関数 g と X との合成である確率変数 $g(X)$ は期待値をもつとする．このとき，$N = a_n$ が与えられたときの $g(X)$ の条件付期待値は，

$$E[g(X)|N = a_n] = \int_{-\infty}^{\infty} g(x)f_{X|N}(x|a_n)\,dx$$

で与えられることがわかる．特に N に関する全確率の法則を用いると，

$$E[g(X)] = \sum_{a_n \in R_N} E[g(X)|N = a_n]p_N(a_n)$$

$$= \sum_{a_n \in R_N} \int_{-\infty}^{\infty} g(x)f_{X|N}(x|a_n)p_N(a_n)\,dx. \qquad \Box$$

∗∗∗ 章 末 問 題 ∗∗∗

問題 3.1. 確率変数 X が二項分布 $\mathrm{Bi}\left(100, \frac{1}{4}\right)$ に従うとき，次の各場合の確率変数の値域と期待値と分散を求めよ．

(1) $3X - 2$ (2) $-2X$ (3) $\dfrac{X - 10}{5}$

問題 3.2. 連続型確率変数 X の確率密度関数が次のように与えられているとする：

$$f(x) = \begin{cases} cx, & 0 \leqq x \leqq 1, \\ cx(2 - x), & 1 \leqq x \leqq 2, \\ 0, & \text{その他の } x. \end{cases}$$

このとき，定数 c の値を求め，さらに X の期待値と分散を求めよ．

問題 3.3. 偏りのないコイン 3 枚を同時に投げる試行を考え，X を表の出た枚数を表す確率変数とする．このとき，X の値域，確率分布表，期待値，分散を求めよ．

問題 3.4. 偏りのないサイコロを続けて 2 回投げるとき，出た目の和を X とする．このとき，確率変数 X の値域，期待値，分散を求めよ．

問題 3.5. 箱の中に，500 円硬貨 1 枚，100 円硬貨 2 枚，50 円硬貨 2 枚，10 円硬貨 2 枚が入っている．この中から硬貨 2 枚取り出したときの合計金額を X とするとき，X の値域，確率分布，$P(X \leqq 200)$ を求めよ．また，X の確率分布表，期待値，分散を求めよ．

問題 3.6. 確率変数 X の値域が $\{0, 1, 2, \cdots, n, \cdots\}$ であるとき，

$$E[X] = \sum_{k=0}^{\infty} P(X > k)$$

となることを示せ．

問題 3.7. 幾何分布に従う確率変数 $X \sim \mathsf{Ge}(p), 0 < p < 1$ のモーメント母関数が存在する範囲と，そのときのモーメント母関数を求めよ．また，期待値と分散を求めよ．

問題 3.8. 次の分布に従う連続確率変数 X のモーメント母関数が存在する t の範囲と，そのときのモーメント母関数を求めよ．また，期待値と分散を求めよ．

(1) アーラン分布：$X \sim \mathsf{Erl}(n, \theta)$

(2) カイ 2 乗分布：$X \sim \chi^2(n)$

問題 3.9. X を**対数正規分布**に従う確率変数とする．すなわち，X は値域が正の数全体 $R_X = (0, \infty)$ であって $\log X \sim \mathsf{N}(\mu, \sigma^2)$ を満たす確率変数とする．このとき，以下の問いに答えよ．

(1) X の確率密度関数を求めよ．

(2) X の期待値と分散を求めよ．

問題 3.10. 赤玉 3 個，白玉 2 個，青玉 4 個が入っている箱の中から，無作為に 3 個取り出す試行を行う．このとき，取り出された赤玉の個数を X，白玉の個数を Y とする．以下の問いに答えよ．

(1) (X, Y) の値域を求めよ．

(2) (X, Y) の結合分布を求めよ．

(3) X と Y の周辺分布をそれぞれ求めよ．

(4) X と Y は独立であるか．

問題 3.11. (X, Y) を 2 次元の独立な確率ベクトルで，$X \sim \mathsf{Po}(\theta_1), Y \sim \mathsf{Po}(\theta_2)$ とするとき，$X + Y \sim \mathsf{Po}(\theta_1 + \theta_2)$ となることを示せ．

問題 3.12. 連続型確率ベクトル (X, Y) の結合確率密度関数 $f(x, y)$ が，次のように与えられているとする：

$$f(x, y) = \begin{cases} cxy, & 0 < x < y < 2, \\ 0, & その他の x, y. \end{cases}$$

ただし，c は定数である．このとき，次の問いに答えよ.

 (1) 定数 c の値を求めよ.

 (2) X と Y は独立であるか.

問題 3.13. 2次元の確率ベクトル (X, Y) は，次で与えられる結合確率密度関数を
もつとする:

$$f(x, y) = \begin{cases} c(x^2 + y), & 0 \leqq x \leqq 1,\, 0 \leqq y \leqq 2, \\ 0, & \text{その他の } x,\, y. \end{cases}$$

このとき，定数 c の値を求め，X の周辺確率密度関数，期待値および分散を求めよ．ま
た，共分散も求めよ.

問題 3.14. 2次元の確率ベクトル (X, Y) は，次で与えられる結合確率密度関数を
もつとする:

$$f(x, y) = \begin{cases} \dfrac{y}{(1 + xy)^2(1 + y)^2}, & x > 0,\, y > 0, \\ 0, & \text{その他の } x,\, y. \end{cases}$$

また，$Z = XY$ とおく．このとき，Z と Y は独立同分布となることを示し，共通の
分布関数を導出せよ.

Hint: $z > 0$ に対して，$D = \{(x, y) : x > 0, y > 0, xy \leqq z\}\, (\subset \mathbb{R}^2)$ とおき，$h(x, y)$ を D 上
で 1，それ以外では 0 となる2変数関数とすると，$P(Z \leqq z) = E[h(X, Y)] = \displaystyle\iint_D f(x, y)\, dx dy$
となる．一方，$y > 0, z > 0$ に対して，$E = \{(s, t) : 0 < t \leqq y,\, 0 < s \leqq z/y\}$ とおくと，
$F(y, z) = P(Y \leqq y, Z \leqq z) = \displaystyle\iint_E f(s, t)\, ds dt$ となる.

問題 3.15. 確率変数 X と Y はともに2次のモーメント，したがって，平均と分散
をもつものとする．このとき，(X, Y) の相関係数 $\rho(X, Y)$ は $-1 \leqq \rho(X, Y) \leqq 1$ を
満たすことを示せ.

4

独立確率変数の和と極限定理

　本章では，はじめに独立確率変数列や確率変数の変換について考えていく．4.2
節では，推定・検定において考えるべき統計量を紹介する．4.3 節では確率変数の
平均からのずれの確率である末尾確率の評価を確率不等式として定式化する．それ
をふまえて，4.4 節において大数の法則・中心極限定理など極限定理について述べ
ることにする．

4.1　独立確率変数の和

　様々な場面で，確率変数の和に関連した確率の計算をしなければならないこ
とがある．次のような例を考えてみよう．

◇例 4.1.　(1) 工場の生産ラインで製造された製品中の不良品の数 (を数える結
　　果) は確率変数で表される．また，複数の生産ラインをもっている工場で
　　は，すべてのラインで製造された製品の不良品の数や，ある生産ラインで
　　製造された製品中で不良品の数の 1 週間における合計数などは，すべて確
　　率変数の和となる．

(2) ガソリンスタンドでガソリンタンクが充填されたときから，1 週間で販売
　　されたガソリンの量 (を測ること) は確率変数であり，ガソリンスタンドを
　　経営する会社のグループ内における販売量は，それぞれのスタンドで販売
　　された量の和である．

(3) サイコロに偏りがないかどうか考えたい．そのために，例えば 5 の目に着
　　目して，サイコロを何回も振って，5 の目が何回出たかを調査する．X_i を
　　i 回目に振ったサイコロで，5 の目が出たら 1 を割り当て，それ以外なら
　　ば 0 を割り当てる確率変数とすると，

$$\frac{X_1 + X_2 + \cdots + X_n}{n}$$

　　は，n 回投げたときに 5 の目が出た相対頻度を表す確率変数となる．n が
　　十分大きいとき，これが 1/6 に近づけばサイコロに偏りがないと判定でき

ることになる.   □

　以下，2つ以上の確率変数の系列の和について考えることにする．ここで，
$\boldsymbol{X} = (X_1, X_2, \cdots, X_n)$ を n 次元確率ベクトルとする．また，特に独立なも
のを考えていく．
　次の命題を紹介しよう．

命題 4.1. 2つの確率変数 X, Y は独立であり，ともに2次モーメントをもて
ば，任意の $a, b, c (\in \mathbb{R})$ に対して，

$$\mathrm{Var}[aX + bY + c] = a^2 \mathrm{Var}[X] + b^2 \mathrm{Var}[Y] \tag{4.1}$$

となる.

　証明: 分散公式 (定理 3.2)：$\mathrm{Var}[X] = E[X^2] - (E[X])^2$ を用いる．まず，
$aX + bY + c$ の2次モーメントを求めよう．

$E[(aX + bY + c)^2]$
$= E[a^2 X^2 + b^2 Y^2 + c^2 + 2abXY + 2bcY + 2caX]$
$= a^2 E[X^2] + b^2 E[Y^2] + c^2 \underline{E[1]}_{=1} + 2ab\underwave{E[XY]} + 2bcE[Y] + 2caE[X]$
$= a^2 E[X^2] + b^2 E[Y^2] + c^2 + 2ab\underwave{E[X]E[Y]} + 2bcE[Y] + 2caE[X].$

一方，

$(E[aX + bY + c])^2$
$= (aE[X] + bE[Y] + c\underline{E[1]}_{=1})^2$
$= a^2 (E[X])^2 + b^2 (E[Y]))^2 + \underline{c^2 + 2abE[X]E[Y] + 2bcE[Y] + 2caE[X]}$

より，

$$\begin{aligned}
\mathrm{Var}[aX + bY + c] &= E[(aX + bY + c)^2] - (E[aX + bY + c])^2 \\
&= a^2 \left(E[X^2] - (E[X])^2 \right) + b^2 \left(E[Y^2] - (E[Y])^2 \right) \\
&= a^2 \mathrm{Var}[X] + b^2 \mathrm{Var}[Y]
\end{aligned}$$

となり，(4.1) が示された．   □

　系 3.1 において，関数 g, k を $g(x) = e^{t_1 x}$, $k(x) = e^{t_2 x}$ とおいて，X, Y の
モーメント母関数がそれぞれ t_1, t_2 を含む適当な $\mathbb{R}$ の集合上で存在すれば，

$$E[e^{t_1 X + t_2 Y}] = E[e^{t_1 X}] E[e^{t_2 Y}] \tag{4.2}$$

が成り立つ. さらに, 系 3.1 を繰り返し用いることにより, 次の系が成り立つこともわかる.

系 4.1. $X_1, X_2, \cdots, X_n$ を独立な確率変数列とし, 各 X_i は適当な t_i の集合上でモーメントをもてば,

$$E[e^{t_1 X_1 + t_2 X_2 + \cdots + t_n X_n}] = E[e^{t_1 X_1}]E[e^{t_2 X_2}] \cdots E[e^{t_n X_n}]$$

が成り立つ. また, 各 X_i が 2 次モーメントをもつならば, 任意の $(a_1, a_2, \cdots, a_n, a_{n+1}) \in \mathbb{R}^{n+1}$ に対して,

$$\mathsf{Var}[a_1 X_1 + a_2 X_2 + \cdots + a_n X_n + a_{n+1}]$$
$$= a_1^2 \mathsf{Var}[X_1] + a_2^2 \mathsf{Var}[X_2] + \cdots + a_n^2 \mathsf{Var}[X_n]$$

が成り立つ.

◇**例 4.2.** X と Y を独立で同分布に従う確率変数とし, 共通の期待値を μ, 分散を σ^2 とする. このとき,

$$E[X - Y] = E[X] - E[Y] = \mu - \mu = 0,$$
$$\mathsf{Var}[X - Y] = \mathsf{Var}[X] + (-1)^2 \mathsf{Var}[Y] = \sigma^2 + \sigma^2 = 2\sigma^2,$$
$$E[XY] = E[X] \cdot E[Y] = \mu^2$$

である.   □

◎**問 4.1.** X, Y, Z, W は独立な確率変数列で, 次を満たすとする：

$$E[X] = E[Y] = E[Z] = E[W] = 5,$$
$$\mathsf{Var}[X] = \mathsf{Var}[Y] = \mathsf{Var}[Z] = \mathsf{Var}[W] = 2.$$

このとき, 次の値を求めよ.

(1) $E\left[\dfrac{1}{2}X + \dfrac{1}{3}Y + \dfrac{1}{2}Z + \dfrac{1}{5}W\right]$ (2) $\mathsf{Var}\left[\dfrac{1}{2}X + \dfrac{1}{3}Y + \dfrac{1}{2}Z + \dfrac{1}{5}W\right]$

(3) $E\left[\dfrac{1}{2}XY + \dfrac{1}{3}WZ\right]$

◆**例題 4.1.** 偏りのないサイコロを 5 回続けて投げる試行を行う. このとき, 出た目の和を表す確率変数の分散を求める.

解答： X_i を i 回目 $(i = 1, 2, 3, 4, 5)$ に投げたサイコロの出た目を表すものとすると, $X = \displaystyle\sum_{i=1}^{5} X_i$ の分散が求めるものである. ここで $\{X_i\}_{i=1}^{5}$ は独立で同分布な確率変数である.

$$E[X_i] = \sum_{j=1}^{6} j \cdot \frac{1}{6} = \frac{6 \times 7}{2} \cdot \frac{1}{6} = \frac{7}{2},$$

$$\mathsf{Var}[X_i] = E[X_i^2] - \left(E[X_i]\right)^2$$

$$= \sum_{j=1}^{6} j^2 \cdot \frac{1}{6} - \left(\frac{7}{2}\right)^2 = \frac{6 \times 7 \times 13}{6} \cdot \frac{1}{6} - \frac{7^2}{2^2} = \frac{35}{12}$$

より，

$$\mathsf{Var}[X] = \mathsf{Var}\left[\sum_{i=1}^{5} X_i\right] = \sum_{i=1}^{5} \mathsf{Var}[X_i] = 5 \times \frac{35}{12} = \frac{175}{6}. \qquad \square$$

◎**問 4.2.** 偏りのないコインを 10 回続けて投げたとき，表の出た回数を表す確率変数の分散を求めよ．

◆**例題 4.2.** $X_1, X_2, \cdots, X_n$ を独立な確率変数列とする．また，適当な正の数列 $\{\theta_i\}_{i=1}^{n}$ があって，各 i に対して $X_i \sim \mathsf{Exp}(\theta_i)$ とする．このとき，

$$Y = X_1 + X_2 + \cdots + X_n$$

とおくときの，Y の期待値と分散を求めよう．

解答： $X \sim \mathsf{Exp}(\theta)$ ならば，例 3.5 (3) により $E[X] = 1/\theta$, $\mathsf{Var}[X] = 1/\theta^2$ だから，

$$E[Y] = E[X_1] + E[X_2] + \cdots + E[X_n] = \sum_{i=1}^{n} \frac{1}{\theta_i}$$

であり，

$$\mathsf{Var}[Y] = \mathsf{Var}[X_1] + \mathsf{Var}[X_2] + \cdots + \mathsf{Var}[X_n] = \sum_{i=1}^{n} \frac{1}{\theta_i^2}$$

となる． $\square$

◎**問 4.3.** X, Y, Z を独立とし，$E[X] = E[Y] = 2$, $\mathsf{Var}[X] = \mathsf{Var}[Y] = 1$, $E[Z] = 4$, $\mathsf{Var}[Z] = 3$ を満たすものとする．以下の値を求めよ．

(1) $E[X - Y]$ (2) $E[2Z]$ (3) $E[X - 2Y + 1]$
(4) $E[X + 3Y - 4Z]$ (5) $\mathsf{Var}[2Z]$ (6) $\mathsf{Var}[X - Y]$
(7) $\mathsf{Var}[X - 2Y + 1]$ (8) $\mathsf{Var}[X + 3Y - 4Z]$

確率変数列 $X_1, X_2, \cdots, X_n$ は独立とし，同じ分布関数をもつとする：

$$F(x) = F_{X_i}(x) = P(X_i \leqq x), \quad i = 1, 2, \cdots, n, \; x \in \mathbb{R}.$$

このとき，確率変数列 $\{X_i\}_{i=1}^{n}$ を**独立同分布** (**I**ndependent and **I**dentically **D**istributed random variables: **IID**) の確率変数列とよぶ．また，これらの確率変数列は 2 次モーメントをもつとし，共通の平均を μ，分散を σ^2 と表す：

$$\mu = E[X_i], \quad \sigma^2 = E[(X_i - E[X_i])^2] = E[X_i^2] - \mu^2, \quad i = 1, 2, \cdots, n.$$

このとき,

$$\bar{X} = \frac{1}{n}(X_1 + X_2 + \cdots + X_n)$$

とおくと,積分の線形性により,

$$E[\bar{X}] = \frac{1}{n}E[X_1] + \frac{1}{n}E[X_2] + \cdots + \frac{1}{n}E[X_n] = \mu \tag{4.3}$$

となり,$\bar{X}$ の期待値も同じ μ となる.また,系 4.1 により,

$$\mathsf{Var}[\bar{X}] = \mathsf{Var}\left[\frac{X_1 + X_2 + \cdots + X_n}{n}\right]$$

$$= \frac{\mathsf{Var}[X_1] + \mathsf{Var}[X_2] + \cdots + \mathsf{Var}[X_n]}{n^2} = \frac{\sigma^2}{n}. \tag{4.4}$$

4.2 母集団と統計量

第 1 章にすでに述べたが,調査あるいは試行によって得られる可能なすべての (データの) 集合を**母集団**とよび,取り出した一つひとつのデータを**標本**とよんだ.

いま,母集団から無作為に取り出された標本の組を $(X_1, X_2, \cdots, X_n)$ とするとき,**大きさ n の標本 $X_1, X_2, \cdots, X_n$ が得られた**という.すなわち,$(X_1, X_2, \cdots, X_n)$ が大きさ n の標本であるとは,$\{X_i\}_{i=1}^n$ が独立な確率変数列で,いずれも同じ (母集団) 分布に従っているもの (IID) をいう.また,標本 $X_1, X_2, \cdots, X_n$ そのもの,あるいは,それに基づいて加工して得られるもの $T(X_1, X_2, \cdots, X_n)$ を**統計量** (statistics) とよぶ.

◇**例** 4.3. 大きさ n の標本 $X_1, X_2, \cdots, X_n$ に対して,

(1) $\bar{X}_n = \dfrac{1}{n}\sum\limits_{i=1}^n X_i$ を**標本平均**,または**平均統計量**とよぶ.

(2) $k \in \mathbb{N}$ に対して,$\dfrac{1}{n}\sum\limits_{i=1}^n X_i^k$ を **k 次モーメント統計量**とよぶ.特に,標本平均は 1 次モーメント統計量である.また,$\dfrac{1}{n}\sum\limits_{i=1}^n (X_i - \bar{X}_n)^2$ を**標本分散**とよび,S_n^2 と表す:$S_n^2 = \dfrac{1}{n}\sum\limits_{i=1}^n (X_i - \bar{X}_n)^2$.

(3) X_i の中で最大のもの $\max\{X_1, X_2, \cdots, X_n\}$ を**最大 (値) 統計量**という.

(4) X_i の中で最小のもの $\min\{X_1, X_2, \cdots, X_n\}$ を**最小 (値) 統計量**という.

(5) $X_1, X_2, \cdots, X_n$ を小さい順に並び換えたもの:

$$X_{(1)} \leqq X_{(2)} \leqq \cdots \leqq X_{(n)}$$

を**順序統計量**とよぶ. 特に, 大きさ n を強調したい場合は,

$$X_{1,n} \leqq X_{2,n} \leqq \cdots \leqq X_{n,n}$$

という記号で書くことがある. すなわち, $X_{(k)} = X_{k,n}$ である. また, $X_{(n)} - X_{(1)}$ を**範囲 (統計量)** または**レンジ** (range) とよぶ. レンジは, 統計量の散らばり具合の情報を与えてくれる統計量である.

(5) $X_1, X_2, \cdots, X_n$ を小さい順に並べて, データの数で 4 等分したときの区切りのデータの小さいほうから, **第 1 四分位数 (統計量)**, **中央値 (統計量)**, **第 3 四分位数 (統計量)** とよぶ. また, 第 3 四分位数から第 1 四分位数を引いた値を**四分位範囲**とよぶ.

(6) その他, 標本の中で最も多く現れたデータのことを**モード** (mode) または**最頻値 (統計量)** とよび, データの中央の値にあたるものを**メジアン** (median) または**中央値 (統計量)** とよぶ. □

◇**例 4.4.** 次の表は 2 人の学生 A, B の 10 回の「微分・積分」の小テスト (10 点満点) の結果である:

	1	2	3	4	5	6	7	8	9	10	平均
A	10	9	4	9	7	8	10	10	6	7	8
B	7	8	8	7	8	8	9	9	8	8	8

このとき, A の最大値 (統計量) は 10, 最小値は 4, それに対して B の最大値は 9 と最小値は 7 である. また, どちらも平均は 8 である. しかし, B は概ね 8 点をとっているのに対して, A は良いときは 10 点 (満点) もとっているが, 悪いときは 4 点のときもある. 平均 (ともに 8 点) だけをみていても両者の学力の違いはみえてこない. なお, A のレンジは $10 - 4 = 6$ であるのに対して, B のレンジは $9 - 7 = 2$ である. □

◇**例 4.5.** ウイルス性の感染症に感染しているかを血液検査によって行う. まず, 取り出した 10 人の血液サンプルの一部を混ぜ合わせ, 混ぜたサンプルについて検査する. 混ぜたサンプルが陰性であれば 10 人とも感染症に罹患していないことがわかる. 逆に陽性であれば, 10 人の中に陽性である人がいることになる. このときは, 10 人のすべてに対して検査を行うことにする.

そこで, $i = 0, 1, \cdots, 10$ に対して, X_i を i 番目の人が感染していたら 1, 感染していなければ 0 とする大きさ 10 の標本を考える. これに対して, 統計

量として $Y = X_1 + X_2 + \cdots + X_{10}$ と定めると，$Y = 0$ ならば 10 人全員陰性であり，$Y > 0$ ならば，少なくとも 1 人は感染者がいることになる．したがって，10 人を改めて検査するというということになる． □

◇**例 4.6.** $(X_1, X_2, \cdots, X_n)$ を大きさ n の標本とする．すなわち，$\{X_k\}_{k=1}^n$ は独立同分布 (IID) の確率変数列とする．共通の分布関数を $F(x)$ とするとき，

$$X_{(1)} = \min\{X_1, X_2, \cdots, X_n\}, \quad X_{(n)} = \max\{X_1, X_2, \cdots, X_n\}$$

に対して，

$$\begin{aligned} F_{X_{(n)}}(x) = P(X_{(n)} \leq x) &= P(X_1 \leq x, X_2 \leq x, \cdots, X_n \leq x) \\ &= P(X_1 \leq x)P(X_2 \leq x) \cdots P(X_n \leq x) = \bigl(F(x)\bigr)^n \end{aligned}$$

であり，

$$\begin{aligned} F_{X_{(1)}}(x) = P(X_{(1)} \leq x) &= 1 - P(X_{(1)} > x) \\ &= 1 - P(X_1 > x, X_2 > x, \cdots, X_n > x) \\ &= 1 - P(X_1 > x)P(X_2 > x) \cdots P(X_n > x) \\ &= 1 - (1 - P(X_1 \leq x))(1 - P(X_2 \leq x)) \cdots (1 - P(X_n \leq x)) \\ &= 1 - \bigl(1 - F(x)\bigr)^n \end{aligned}$$

となることがわかる．特に，$F(x) = \displaystyle\int_{-\infty}^{x} f(t)\,dt,\ x \in \mathbb{R}$ と確率密度関数 $f(x)$ をもてば，$X_{(n)}$ の密度関数，$X_{(1)}$ の密度関数はそれぞれ

$$f_{X_{(n)}}(x) = n\bigl(F(x)\bigr)^{n-1}f(x), \quad f_{X_{(1)}}(x) = n\bigl(1 - F(x)\bigr)^{n-1}f(x)$$

で与えられることがわかる． □

◎**問 4.4.** 陸上短距離種目 100 m 走に出場する中学生の記録は，一様分布 $\mathrm{Un}(10.44, 15.86)$ に従っているものとする（単位：秒）．いま，8 人が最終レースに出場する．最終レースの結果で，1 位の選手が中学生記録 10.56 秒を破る確率はいくらか．

4.3 末尾事象の確率

　統計量あるいは確率変数の "平均 (期待値) からのずれ値の確率"（**末尾事象** (tail event) **の確率**あるいは**末尾確率** (tail probability) という）を与える様々な不等式が知られている．

　はじめに，期待値を用いた次の**チェビシェフ** (Chebyshev) **の不等式**を紹介しよう．

命題 4.2 (チェビシェフの不等式 I). 確率変数 X に対して，次が成り立つ：

$$P(|X| \geqq a) \leqq \frac{E[|X|]}{a}, \quad a > 0. \tag{4.5}$$

証明： $a > 0$ とすると，

$$E[|X|] \geqq E[|X|; |X| \geqq a] \geqq E[a; |X| \geqq a] = aP(|X| \geqq a). \qquad \square$$

X が非負値の確率変数の場合，上の不等式はしばしば**マルコフ (Markov) の不等式**とよばれる：

系 4.2 (マルコフの不等式). X を非負値の確率変数とすると，次が成り立つ：

$$P(X \geqq a) \leqq \frac{E[X]}{a}, \quad a > 0.$$

絶対値 $|x|$ を，一般の $[0, \infty)$ 上の単調増加関数 $f(x)$ に対して評価を行ったものが，次に述べる**ビーネイメ (Bienaymé) の不等式**である．

系 4.3 (ビーネイメの不等式). X を確率変数とし，g を $[0, \infty)$ 上の単調増加関数で $g(x) > 0$, $x > 0$ を満たすとする．このとき，次が成り立つ：

$$P(|X| \geqq a) \leqq \frac{E[g(|X|)]}{g(a)}, \quad a > 0. \tag{4.6}$$

証明： $a > 0$ とすると，

$$E[g(|X|)] \geqq E[g(|X|); |X| \geqq a] \geqq E[g(a); |X| \geqq a] = g(a)P(|X| \geqq a).$$

2 つ目の不等式で，g の単調増加性を用いた． $\qquad \square$

系 4.4 (チェビシェフの不等式 II). X を 2 次モーメントをもつ確率変数とする．このとき，各 $a > 0$ に対して，以下が成り立つ：

$$P(|X| \geqq a) \leqq \frac{E[|X|^2]}{a^2}, \tag{4.7}$$

$$P(|X - E[X]| \geqq a) \leqq \frac{E[(X - E[X])^2]}{a^2} = \frac{\mathrm{Var}[X]}{a^2}. \tag{4.8}$$

◇**例 4.7.** 偏りのないコインを 100 回続けて投げる試行を行い，表の出る回数を表す確率変数を X とすると，$X \sim \mathrm{Bi}(100, 0.5)$ である．すると，X の期待値は

$$E[X] = np = 100 \times 0.5 = 50$$

であり，標準偏差は

$$\sigma = \sqrt{\mathsf{Var}[X]} = \sqrt{np(1-p)} = \sqrt{100 \times 0.5 \times 0.5} = 5$$

である．このとき，チェビシェフの不等式 (4.8) を用いると，X と期待値との
ずれが標準偏差の 3 倍以上となる確率は，

$$P(|X - 50| \geqq 15) = P(|X - E[X]| \geqq 3\sigma) \leqq \frac{\mathsf{Var}[X]}{9\sigma^2} = \frac{1}{9}$$

と評価される． □

◎問 4.5. $X \sim \mathsf{Ge}(p)$, $0 < p < 1$ とする．このとき，上の例 4.7 と同じく (4.8) を用
いて，X と期待値との差が標準偏差の 2 倍以上となる確率を評価せよ．

ビーネイメの不等式を，例えば，$p \geqq 1$ とおいて $g(x) = x^p$, $x \geqq 0$ に適用
すると，(4.6) は

$$P(|X| \geqq \varepsilon) \leqq \varepsilon^{-p} E[|X|^p] \tag{4.9}$$

となり，さらには $\lambda > 0$ とおいて $g(x) = e^{\lambda x}$, $x \geqq 0$ に適用すると，

$$P(|X| \geqq \varepsilon) \leqq e^{-\lambda \varepsilon} E[e^{\lambda |X|}] \tag{4.10}$$

を得る．これらの不等式を用いて，確率変数 X の末尾確率の精度を測ること
ができる．そのために，適当な $t > 0$ に対して，t 次モーメントをもつような
確率変数を考える．

◇例 4.8. $\theta > 0$ に対して，$X \sim \mathsf{Exp}(\theta)$ とする．すなわち，

$$P(X \leqq a) = \int_0^a \theta e^{-\theta t} \, dt, \quad a > 0$$

を満たすとする．例 3.5 (3) より X のモーメント母関数 $M(t)$ は

$$M(t) = E[e^{tX}] = \frac{\theta}{\theta - t}, \quad t < \theta$$

である．このとき，

$$E[X] = \int_0^\infty s\theta e^{-\theta s} \, ds = \frac{1}{\theta}, \quad \mathsf{Var}[X] = \int_0^\infty \left(s - \frac{1}{\theta}\right)^2 \theta e^{-\theta s} \, ds = \frac{1}{\theta^2}.$$

一方，$x > 0$ に対して，

$$P(x \leqq X) = \int_x^\infty \theta e^{-\theta s} \, ds = e^{-\theta x} \tag{4.11}$$

である．マルコフの不等式 (系 4.2) による評価を用いると，

$$P(x \leqq X) \leqq \frac{E[X]}{x} = \frac{1}{\theta x} \qquad (4.12)$$

である．評価の差を $h_1(x)$ とおく：

$$h_1(x) = \frac{1}{\theta x} - e^{-\theta x}, \quad x > 0.$$

次に，(4.10) の不等式を $\lambda\,(< \theta)$ で適用した場合の不等式を考えると，

$$P(x \leqq X) \leqq e^{-\lambda x} E[e^{\lambda X}] = e^{-x} \cdot M(\lambda) = \frac{\theta}{\theta - \lambda} e^{-\lambda x}, \quad x > 0$$

であるから，(4.11) との差を $h_2(x)$ とおくと，

$$h_2(x) = \frac{\theta}{\theta - \lambda} e^{-\lambda x} - e^{-\theta x}, \quad x > 0$$

である．   □

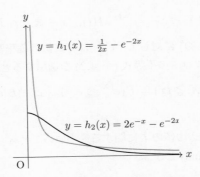

図 4.1 $\theta = 2, \lambda = 1$ のときの $h_1(x)$ と $h_2(x)$ のグラフ

上で述べた様々な確率不等式は，期待値あるいはモーメントのみがわかっている確率変数に対して非常に有効なものである．もちろん，はじめから分布の形がわかっている場合にはこれらの不等式に頼る必要はない．

◆**例題** 4.3. ある工場では，1 週間に平均 5000 個の製品を製造している．このとき，以下の確率を評価しよう．

(1) 今週 7500 個を超える製品が製造される確率．

(2) 標準偏差が 500 (個) であることがわかっているとき，今週 4000 個から 6000 個の範囲内の製品が製造される確率．

解答：(1) マルコフの不等式 (系 4.2) より，

$$P(X \geqq 7500) \leqq \frac{E[X]}{7500} = \frac{5000}{7500} = \frac{2}{3}.$$

(2) チェビシェフの不等式 (4.8) より,

$$P(|X - 5000| \geqq 1000) \leqq \frac{\mathsf{Var}[X]}{1000^2} = \frac{500^2}{1000^2} = \frac{1}{4}. \qquad \square$$

◎問 4.6. 確率変数 X の平均と分散が同じ 200 であったとする. このとき, 確率 $P(0 \leqq X \leqq 400)$ を評価せよ.

　次に, 末尾確率をより精密に評価する不等式を紹介する. I_X を確率変数 X のモーメント母関数 $M(t)$ が有限の値となる $t\,(> 0)$ の集合としよう:

$$I_X = \left\{ t > 0 : M(t) = E[e^{tX}] < \infty \right\}. \tag{4.13}$$

命題 4.3 (チェルノフの不等式). X を確率変数とする. このとき, $I_X \neq \varnothing$ ならば, 次の不等式が成り立つ:

$$P(X \geqq x) \leqq e^{-tx} M(t), \quad x \in \mathbb{R},\, t \in I_X. \tag{4.14}$$

　証明: $t \in I_X\,(\neq \varnothing)$ に対して, e^{tX} は非負値の確率変数となる. よって, $t > 0$ に注意してマルコフの不等式 (系 4.2) を適用すると,

$$P(X \geqq x) = P(tX \geqq tx) = P(e^{tX} \geqq e^{tx}) \leqq e^{-tx} E[e^{tX}] = e^{-tx} M(t).$$

$$\square$$

　不等式 (4.14) の右辺の値の t に関する最小値のことを X に対する**チェルノフ限界** (Chernov bound) とよぶ.

◆**例題 4.4** (二項分布の末尾確率の評価). $X \sim \mathsf{Bi}(n, p)$, $0 < p < 1$ とする. このとき, δ を $(1 + \delta)p < 1$ を満たす正の数とすると, チェルノフ限界により 次の評価を得る:

$$P(X \geqq (1 + \delta)np) \leqq \left(\left(\frac{p}{a}\right)^a \left(\frac{1-p}{1-a}\right)^{1-a} \right)^n. \tag{4.15}$$

ただし, $a = (1 + \delta)p$ である.

　解答: チェルノフの不等式 (4.14) により,

$$P(X \geqq (1 + \delta)np) \leqq e^{-t(1+\delta)np} M(t), \quad t \in I_X$$

が成り立つ. よって, 例 3.3 (2) より $M(t) = \left(e^t p + (1-p)\right)^n$ かつ $I_X = (0, \infty)$ であることから, X のチェルノフ限界は関数

$$e^{-(1+\delta)npt} \left(e^t p + (1 - p)\right)^n = \left(e^{-at}\left(e^t p + (1-p)\right)\right)^n, \quad t > 0$$

の最小値である．そこで，$g(t) = e^{-at}(1-p+e^t p)$, $t > 0$ とおくと，$g(t)$ は
$e^t = \dfrac{(1-p)a}{p(1-a)}$ を満たすとき，すなわち，$t = \log(1-p)a - \log p(1-a)$ のと
き最小となることがわかる．これにより (4.15) を得る．　　　　　　　　□

◎**問 4.7.** $g(t) = e^{-at}(1-p+e^t p)$, $t > 0$ は $t = \log(1-p)a - \log p(1-a)$ (> 0)
のとき最小となることを示せ．

◇**例 4.9.** 偏りのないコインを n 回続けて投げたとき，表の出る回数を X とす
ると，$X \sim \mathrm{Bi}(n, \frac{1}{2})$ であるから，

$$E[X] = \frac{n}{2}, \quad \mathsf{Var}[X] = \frac{n}{4}, \quad M(t) = \frac{(e^t+1)^n}{2^n}$$

となる．チェビシェフの不等式 (4.8) によると

$$P\Big(X \geqq \frac{3n}{4}\Big) \leqq P\Big(\Big|X - \frac{n}{2}\Big| \geqq \frac{n}{4}\Big) \leqq \frac{\mathsf{Var}[X]}{(n/4)^2} = \frac{4}{n}$$

である．一方，チェルノフ限界 (4.15) によると，$\delta = \frac{1}{2}$ とおくと $a = \frac{3}{4}$ より，

$$P\Big(X \geqq \frac{3n}{4}\Big) = P\Big(X \geqq \Big(1 + \frac{1}{2}\Big)\frac{n}{2}\Big)$$
$$\leqq \Big\{\Big(\frac{1/2}{3/4}\Big)^{3/4}\Big(\frac{1/2}{1/4}\Big)^{1/4}\Big\}^n = \Big(\frac{4}{27}\Big)^{n/4}$$

となる．例えば，$n = 16$ ならば，チェビシェフの不等式を用いた確率の評価
は $P(X \geqq 12) \leqq \frac{1}{4}$ であるのに対して，チェルノフ限界を用いると，

$$P(X \geqq 12) \leqq \Big(\frac{4}{27}\Big)^4 = \frac{1}{3^3} \cdot \Big(\frac{4}{9}\Big)^4 < \frac{1}{3^4} \cdot \Big(\frac{1}{2}\Big)^4$$

となり，評価がさらに良くなる．　　　　　　　　　　　　　　　　　□

チェルノフ限界の精度を良くすることで，確率変数のずれの確率の精度を良
くすることができる．したがって，モーメント母関数よりもさらに高次の指数
関数，例えば，

$$g(x) = e^{e^x}, \quad x \in \mathbb{R}$$

あるいは，もっと

$$g(x) = \exp(\exp(\exp(x))), \quad x \in \mathbb{R}$$

などに対して，$E[g(tX)]$ が収束する $t\,(> 0)$ があれば，チェルノフ限界の精
度もより高くなる．しかしながら，はたしてそのような関数に対する期待値が
有限な値になるか，そもそも計算可能かという問題もでてくる．

　一方で，次節で示すことになるが，中心極限定理によると，ずれの値の確率
の評価は，指数的に減衰するレートを与える**大偏差原理** (large deviation) とし
て述べられる．以下で，簡単な例を紹介しよう．

クラメールの定理*

　確率変数 X に対して，X のモーメント母関数の対数をとったもの

$$\Lambda(t) = \Lambda_X(t) = \log M(t) = \log E[e^{tX}], \quad t \in \mathbb{R}$$

を**対数モーメント母関数** (logarithmic moment generating function) または
キュムラント母関数 (cumulant generationg function) とよぶ．このとき，$\Lambda(t)$
の値域は $(-\infty, \infty]$ であり，凸関数となることがわかる．

　次に，対数モーメント母関数 $\Lambda(t)$ の**ルジャンドル** (Legendre) **変換**または
クラメール (Cramer) **変換**とよばれるものを次のように定義する：

$$\Lambda^*(\lambda) = \sup_{t \in \mathbb{R}} \big(\lambda t - \Lambda(t)\big), \quad \lambda \in \mathbb{R}.$$

すると，次のことがわかる．

補題 4.1. $\Lambda^*(\lambda)$ は凸関数である．

　証明：$\lambda_1, \lambda_2 \in \mathbb{R}$ $(\lambda_1 \neq \lambda_2)$ と $0 \leqq s \leqq 1$ を任意にとる．このとき，

$$\begin{aligned}
\Lambda^*\big(s\lambda_1 + (1-s)\lambda_2\big) &= \sup_{t \in \mathbb{R}} \Big(\big(s\lambda_1 + (1-s)\lambda_2\big)t - \Lambda(t)\Big) \\
&= \sup_{t \in \mathbb{R}} \Big(s\big(\lambda_1 t - \Lambda(t)\big) + (1-s)\big(\lambda_2 t - \Lambda(t)\big)\Big) \\
&\leqq s \sup_{t \in \mathbb{R}} \big(\lambda_1 t - \Lambda(t)\big) + (1-s)\sup_{t \in \mathbb{R}} \big(\lambda_2 t - \Lambda(t)\big) \\
&= s\Lambda^*(\lambda_1) + (1-s)\Lambda^*(\lambda_2).
\end{aligned}$$
□

　さらには，以下のことが成立する．

命題 4.4. (1) $\Lambda^*(\lambda) \geqq 0, \quad \lambda \in \mathbb{R}.$

(2) 確率変数 $|X|$ は1次モーメントをもつとする．このとき，$\mu = E[X]$ とお
　　くと，

　(i) $\Lambda^*(\mu) = 0$,

　(ii) $\Lambda^*(\lambda)$ は区間 $[\mu, \infty)$ で単調増加であり，区間 $(-\infty, \mu]$ で単調減少で
　　　ある．したがって，$\lambda \geqq \mu$ ならば $\Lambda^*(\lambda) = \sup_{t>0} \big(\lambda t - \Lambda(t)\big)$ であり，
　　　$\lambda \leqq \mu$ ならば $\Lambda^*(\lambda) = \sup_{t<0} \big(\lambda t - \Lambda(t)\big)$ となる．

証明: (1) 明らかに $\Lambda(0) = \log M_X(0) = \log E[1] = 0$ である. よって, 任意の $\lambda \in \mathbb{R}$ に対して, $\lambda \cdot 0 - \Lambda(0) = 0$ より

$$\Lambda^*(\lambda) = \sup_{t \in \mathbb{R}}\bigl(\lambda t - \Lambda(t)\bigr) \geqq 0$$

が成り立つ.

(2) 各 $t \in \mathbb{R}$ について, $f(x) = e^{tx}$, $x \in \mathbb{R}$ は微分可能な凸関数である. よって, イエンセンの不等式 (A.13) を適用することにより

$$M(t) = E[e^{tX}] \geqq \exp\bigl(t\,E[X]\bigr) = e^{t\mu}$$

となるから, $\Lambda(t) = \log M(t) \geqq t\mu$, $t \in \mathbb{R}$ を得る. したがって, 特に

$$\Lambda^*(\mu) = \sup_{t \in \mathbb{R}}\bigl(\mu t - \Lambda(t)\bigr) \leqq 0.$$

一方, (1) から $\Lambda^*(\lambda) \geqq 0$, $\lambda \in \mathbb{R}$ より $\Lambda^*(\mu) = 0$ でなければならない. 次に, $\mu < y < x$ とすると, $y = t\mu + (1-t)x$ を満たす $0 < t < 1$ が存在する. $\Lambda^*(\lambda)$ が凸関数であること, および $\Lambda^*(\mu) = 0$ を用いると,

$$\Lambda^*(y) = \Lambda^*\bigl(t\mu + (1-t)x\bigr) \leqq t\Lambda^*(\mu) + (1-t)\Lambda^*(x) = (1-t)\Lambda^*(x) \leqq \Lambda^*(x)$$

であるから, $[\mu, \infty)$ において $\Lambda^*(\lambda)$ は単調増加であることがわかる. $(-\infty, \mu]$ において単調減少であることも同様に示される.

最後に, $\lambda \geqq \mu$ に対して,

$$\lambda t - \Lambda(t) = \mu t - \Lambda(t) + t(\lambda - \mu) \leqq t\mu - \Lambda(t), \quad t \leqq 0$$

より, $\mu t - \Lambda(t) \leqq 0$, $t \in \mathbb{R}$ に注意すると,

$$0 \leqq \Lambda^*(\lambda) = \sup_{t > 0}\bigl(\lambda t - \Lambda(t)\bigr)$$

となる. 同様に, $\lambda \leqq \mu$ について

$$0 \leqq \Lambda^*(\lambda) = \sup_{t < 0}\bigl(\lambda t - \Lambda(t)\bigr)$$

となることもわかる. □

定理 4.1 (クラメール (Cramer)). X は 1 次モーメントをもつ確率変数とする. $\mu = E[X]$ とするとき, 以下が成り立つ:

(1) $\lambda \geqq \mu$ ならば, $P(X \geqq \lambda) \leqq e^{-\Lambda^*(\lambda)}$,

(2) $\lambda \leqq \mu$ ならば, $P(X \leqq \lambda) \leqq e^{-\Lambda^*(\lambda)}$.

証明: まず, 定義により $\exp(\Lambda(t)) = M(t) = E[e^{tX}]$ であるから, $\lambda \geqq \mu$, $t > 0$ とすると,

$$\exp(\Lambda(t)) \geqq E\left[e^{tX}; \lambda \leqq X\right] \geqq e^{\lambda t}P(X \geqq \lambda)$$

より，

$$P(X \geqq \lambda) \leqq \exp\left(-\left(\lambda t - \Lambda(t)\right)\right), \quad t > 0.$$

よって，

$$P(X \geqq \lambda) \leqq \inf_{t>0}\exp\left(-\left(\lambda t - \Lambda(t)\right)\right) = \exp\left(-\sup_{t>0}\left(\lambda t - \Lambda(t)\right)\right) = e^{-\Lambda^*(\lambda)}.$$

$\lambda \leqq \mu$ の場合も同様に示される． □

4.4 極 限 定 理

この節では，独立確率変数列の和に関する**大数の法則**と**中心極限定理**について述べる．そのために，いくつか言葉を用意する．

確率変数列 $\{X_n\}$ が与えられているとする．このとき，適当な確率変数 X があって，任意の $\varepsilon > 0$ に対して，

$$\lim_{n\to\infty} P(|X_n - X| \geqq \varepsilon) = 0$$

が成り立つとき，$\{X_n\}$ は X に**確率収束** (convergence in probability) するといい，

$$X_n \xrightarrow{\mathrm{p}} X$$

と書く．また，$X_n(\omega)$ が $X(\omega)$ に収束しない ω の集合 (事象) の確率が 0 であるとき，$\{X_n\}$ は X に**概収束** (almost surely convergence) するといい，

$$X_n \to X \quad \mathrm{a.s.}$$

と書く．いい換えると，$\{X_n\}$ が X に概収束するとは，

$$P\left(\lim_{n\to\infty} X_n = X\right) = P\left(\{\omega \in \Omega : \lim_{n\to\infty} X_n(\omega) = X(\omega)\}\right) = 1$$

が成り立つときをいう．確率変数列 $\{X_n\}$ が概収束すれば確率収束することがわかる (系 4.6)．逆に，$\{X_n\}$ が確率収束すれば，その適当な部分列が概収束することもわかる (系 4.5)．

次に，X_n の分布関数 $F_n(x)$ が適当な確率変数 X の分布関数 $F_X(x)$ に，$F_X(x)$ が連続となる点 x において収束するとき，すなわち，

$$\lim_{n\to\infty} F_{X_n}(x) = F_X(x), \quad x \in \{x \in \mathbb{R} : F(x - 0) = F(x)\}$$

を満たすとき，$\{X_n\}$ は X に**分布収束** (convergence in distribution) するといい，

$$X_n \xrightarrow{\text{d}} X$$

と書く. $\{X_n\}$ が X に確率収束するならば分布収束することが知られている.

◇**例 4.10.** 各 $n \in \mathbb{N}$ に対して, X_n は

$$P(X_n = 1) = 1 - \frac{1}{n}, \quad P(X_n = n) = \frac{1}{n}$$

を満たす離散型確率変数とする. このとき, 任意の $\varepsilon > 0$ および $n \geqq 2$ に対して,

$$P(|X_n - 1| \geqq \varepsilon) = P(X_n = n) = \frac{1}{n} \to 0 \quad (n \to \infty)$$

より, $\{X_n\}$ は 1 に確率収束し, $F_{X_n}(x)$ は任意の x で $F_1(x)$ に収束する. なお,

$$E[X_n] = 1 \cdot \left(1 - \frac{1}{n}\right) + n \cdot \frac{1}{n} = 2 - \frac{1}{n} \to 2 \quad (n \to \infty)$$

である. □

◆**例題 4.5.** $n \in \mathbb{N}$ に対して, X_n はパラメータ (n, n) のアーラン分布に従う確率変数とする ($X_n \sim \mathsf{Erl}(n, n)$). このとき, $X_n \xrightarrow{\text{p}} 1$ となることを示す.

解答: 問題 3.8 より, X_n のモーメント母関数, 期待値および分散は次のように与えられる:

$$M_X(t) = \frac{n^n}{(n-t)^n}, \quad E[X_n] = n \cdot \frac{1}{n} = 1, \quad \mathsf{Var}[X_n] = n \cdot \left(\frac{1}{n}\right)^2 = \frac{1}{n}.$$

よって, チェビシェフの不等式 (4.8) により, 任意の $\varepsilon > 0$ に対して,

$$P(|X_n - 1| \geqq \varepsilon) \leqq \frac{\mathsf{Var}[X_n]}{\varepsilon^2} = \frac{1}{n\varepsilon^2} \to 0 \quad (n \to \infty)$$

となることから, X_n は 1 に確率収束する. □

はじめに, 前節で得られた不等式を用いて大数の弱法則を示そう.

定理 4.2 (大数の弱法則). $\{X_n\}$ を 2 次モーメントをもつ独立同分布 (IID) な確率変数列とし, 共通の平均を μ, 分散を σ^2 とする:

$$\mu = E[X_n], \quad \sigma^2 = \mathsf{Var}[X_n], \qquad n = 1, 2, \cdots.$$

このとき, $\{X_n\}$ の部分和を

$$S_n = X_1 + X_2 + \cdots + X_n$$

とおくと，S_n/n は平均 μ に確率収束する．すなわち，任意の $\varepsilon > 0$ に対して，

$$\lim_{n \to \infty} P\left(\left| \frac{S_n}{n} - \mu \right| \geqq \varepsilon \right) = 0$$

が成り立つ．

証明：確率変数列 $\{X_n\}$ は共通の平均 μ と分散 σ^2 をもつことから，

$$E\left[\frac{S_n}{n} \right] = \frac{1}{n}\left(E[X_1 + X_2 + \cdots + X_n] \right)$$

$$= \frac{1}{n}\left(E[X_1] + E[X_2] + \cdots + E[X_n] \right) = \mu$$

であり，また，$\{X_n\}$ は独立より，

$$\mathsf{Var}\left[\frac{S_n}{n} \right] = \frac{1}{n^2}\left(\mathsf{Var}[X_1] + \mathsf{Var}[X_2] + \cdots + \mathsf{Var}[X_n] \right) = \frac{\sigma^2}{n}$$

であった．よって，チェビシェフの不等式 (4.8) により，任意の $\varepsilon > 0$ に対して，

$$P\left(\left| \frac{S_n}{n} - \mu \right| \geqq \varepsilon \right) \leqq \frac{\mathsf{Var}[S_n/n]}{\varepsilon^2} = \frac{\sigma^2}{n\varepsilon^2} \to 0 \quad (n \to \infty)$$

となる． □

◆**例題 4.6.** $(X_1, X_2, \cdots, X_n)$ を，平均 μ，分散 σ^2 をもつ母集団からの大きさ n の標本とする．このとき，標本平均 $\bar{X}_n = (X_1 + X_2 + \cdots + X_n)/n$ と母平均 μ とのずれが $\sigma/10$ より小さくなる確率が，少なくとも 0.9 以上となるためには標本数 n はいくら以上なければならないかを考えよう．

解答：$\varepsilon = \sigma/10$ として，チェビシェフの不等式 (4.8) を用いると，

$$1 - P\left(|\bar{X}_n - \mu| < \frac{\sigma}{10} \right) = P\left(|\bar{X}_n - \mu| \geqq \frac{\sigma}{10} \right) \leqq \frac{\sigma^2}{n\sigma^2/100} = \frac{100}{n},$$

したがって，

$$P\left(|\bar{X}_n - \mu| < \frac{\sigma}{10} \right) \geqq 1 - \frac{100}{n}$$

となることから，左辺の確率が 0.9 以上となるためには，

$$1 - \frac{100}{n} \geqq 0.9 \quad \text{より} \quad \frac{100}{n} \leqq 0.1, \quad \text{したがって} \quad n \geqq \frac{100}{0.1} = 1000$$

でなければならない． □

◎**問 4.8.** 上の例題 4.6 において，標本平均 $\bar{X}_n$ と母平均とのずれが $\sigma/10$ より小さくなる確率が，少なくとも 0.99 以上となるためには標本数 n はいくら以上なければならないか．

コルモゴロフの大数の強法則*

次に，大数の強法則[1]を述べるために，**ボレル・カンテリ** (Borel-Cantelli) の**第1補題**とよばれる定理を紹介しよう．

定理 4.3（**ボレル・カンテリの第1補題**）．事象列 $\{A_n\}_{n=1}^\infty$ が

$$\sum_{n=1}^\infty P(A_n) < \infty$$

を満たせば，

$$P\Big(\limsup_{n\to\infty} A_n\Big) = 0, \qquad P\Big(\liminf_{n\to\infty} A_n^c\Big) = 1$$

が成り立つ[2]．

★証明：一般に，非負数列 $\{a_n\}$ が $\sum_{n=1}^\infty a_n < \infty$ を満たせば，$\lim_{n\to\infty} \sum_{k=n}^\infty a_k = 0$ となることを思い出しておこう．実際，無限和を $S = \sum_{n=1}^\infty a_n$，部分和を $S_n = \sum_{k=1}^n a_k$ とおくと，$S_n \to S \ (n \to \infty)$ であるから，

$$\sum_{k=n}^\infty a_k = \sum_{k=1}^\infty a_k - \sum_{k=1}^{n-1} a_k = S - S_{n-1} \to S - S = 0 \quad (n \to \infty)$$

となる．よって，各 n に対して $a_n = P(A_n)$ とおくと，仮定から $\lim_{n\to\infty} \sum_{k=n}^\infty P(A_k) = 0$ がわかる．次に，事象列 $\{A_n\}$ に対して，

$$\limsup_{n\to\infty} A_n = \bigcap_{n=1}^\infty \Big(\bigcup_{k=n}^\infty A_k\Big), \qquad \liminf_{n\to\infty} A_n = \bigcup_{n=1}^\infty \Big(\bigcap_{k=n}^\infty A_k\Big)$$

であった（§A.1 をみよ）．各 n に対して $B_n = \bigcup_{k=n}^\infty A_k$ とおくと，$\{B_n\}$ は単調減少列であり，$\limsup_{n\to\infty} A_n = \bigcap_{n=1}^\infty B_n$ となる．よって，命題 1.2 (p.8) により，

$$\lim_{n\to\infty} P(B_n) = P\Big(\bigcap_{n=1}^\infty B_n\Big) = P\Big(\limsup_{n\to\infty} A_n\Big)$$

となる．さらに，可算劣加法性（命題 1.2 (p.9)）により $P(B_n) \leqq \sum_{k=n}^\infty P(A_k)$ が成り立つことから，

---

1) "大数の弱法則" は確率変数列の確率収束を意味し，"大数の強法則" は概収束を意味する．系 4.6 によると，概収束すれば確率収束することが示される．一方，系 4.5 によって，確率収束する確率変数列は，一般には概収束せず，適当な部分列が概収束する．

2) $\{A_n\}$ の上極限集合および下極限集合については §A.1 をみよ．

$$0 \leqq P\Big(\limsup_{n\to\infty} A_n\Big) = \lim_{n\to\infty} P(B_n) \leqq \lim_{n\to\infty} \sum_{k=n}^{\infty} P(A_k) = 0$$

より,

$$P\Big(\limsup_{n\to\infty} A_n\Big) = 0$$

となることがわかる. 一方, $\Big(\limsup_{n\to\infty} A_n\Big)^c = \liminf_{n\to\infty} A_n^c$ に注意すると, 余事象の確率 (命題 1.2 $(p.4)$) により補題の後半の主張が成り立つことがわかる. □

系 4.5. $\{X_n\}$ が X に確率収束すれば, 適当な部分列 $\{X_{n_k}\}$ が存在して, $\{X_{n_k}\}$ は X に概収束する.

★証明: $\{X_n\}$ が X に確率収束するから, 任意の $\varepsilon > 0$ に対して

$$\lim_{n\to\infty} P(|X_n - X| > \varepsilon) = 0 \tag{4.16}$$

が成り立つ. まず, $\varepsilon = 1/2 > 0$ に対して,

$$\lim_{n\to\infty} P(|X_n - X| > 1/2) = 0$$

より, $\underline{1/2}$ に対して, 適当な $N \in \mathbb{N}$ があって,

$$n \geqq N \quad\Longrightarrow\quad P(|X_n - X| > 1/2) < \underline{1/2}$$

が成り立つ. この N を n_1 とおくと, $P(|X_{n_1} - X| > 1/2) < \underline{1/2}$ となる.

次に, $\varepsilon = 1/2^2$ に対して (4.16) を適用すると, $\underset{\sim}{1/2^2}$ に対して, 適当な $N \in \mathbb{N}$ があって,

$$n \geqq N \quad\Longrightarrow\quad P(|X_n - X| > 1/2^2) < \underset{\sim}{1/2^2}$$

となる. そこで, この N と $n_1 + 1$ の大きいほうを n_2 とおくと,

$$P(|X_{n_2} - X| > 1/2^2) < 1/2^2, \ \ n_1 < n_2$$

となる.

以下同様に考えると, 任意の $k \in \mathbb{N}$ に対して, 適当な数列 $\{n_k\}$ があって,

$$\begin{cases} P\Big(|X_{n_k} - X| > \dfrac{1}{2^k}\Big) < \dfrac{1}{2^k}, \\[2mm] n_1 < n_2 < \cdots < n_k < n_{k+1}, \ n_k \to \infty \ (k \to \infty) \end{cases}$$

となるようにできる. よって, $C_k = \Big\{\omega \in \Omega : |X_{n_k}(\omega) - X(\omega)| > \dfrac{1}{2^k}\Big\}$ とおくと, $\displaystyle\sum_{k=1}^{\infty} P(C_k) < \infty$ が成り立つことがわかる. よって, ボレル・カンテリの第 1 補題 (定理 4.3) から,

$$P\Big(\liminf_{k\to\infty} C_k^c\Big) = 1. \tag{4.17}$$

ところで，$\omega \in \liminf\limits_{k \to \infty} C_k^c = \bigcup\limits_{k=1}^{\infty} \left(\bigcap\limits_{\ell=k}^{\infty} C_\ell^c \right)$ とすると，適当な $k \in \mathbb{N}$ があって，すべての $\ell \geqq k$ について $\omega \in C_\ell^c$ となることから，

$$|X_{n_\ell}(\omega) - X(\omega)| \leqq \frac{1}{2^\ell}$$

がすべての $\ell \geqq k$ に対して成り立つ．よって，$\ell \to \infty$ とすると，$X_{n_\ell}(\omega)$ は $X(\omega)$ に収束することがわかる．よって，(4.17) とあわせると，$\{X_{n_k}\}$ は X に概収束する．

$\square$

次に，コルモゴロフ (Kolmogorov)[3] による大数の強法則を述べるために，確率変数列が概収束するための必要十分条件を一つ述べておこう．

定理 4.4. 確率変数列 $\{X_n\}$ が確率変数 X に概収束する，すなわち，

$$X_n \to X \quad \text{a.s.}$$

となるための必要十分条件は，任意の $\varepsilon > 0$ に対して，

$$P\left(\liminf_{n \to \infty} A_n(\varepsilon) \right) = 1 \tag{4.18}$$

が成り立つことである．ただし，各 $n \in \mathbb{N}$ に対して，

$$A_n(\varepsilon) = \left\{ \omega \in \Omega : |X_n(\omega) - X(\omega)| < \varepsilon \right\}$$

である．したがって，余事象の確率を考えると $\{X_n\}$ が X に概収束する必要十分条件は

$$P\left(\limsup_{n \to \infty} A_n(\varepsilon)^c \right) = 0 \tag{4.19}$$

でもある．

★**証明：** $X_n \to X$ a.s. とする．$\Lambda = \left\{ \omega \in \Omega : \lim\limits_{n \to \infty} X_n(\omega) = X(\omega) \right\}$ とおくと，$P(\Lambda) = 1$ である．(4.18) を示すために，任意の $\varepsilon > 0$ に対して，

$$A_n(\varepsilon) = \left\{ \omega \in \Omega : |X_n(\omega) - X(\omega)| < \varepsilon \right\}, \quad B_n(\varepsilon) = \bigcap_{k=n}^{\infty} A_k(\varepsilon)$$

とおく．すると，$B_n(\varepsilon)$ は n に関して単調増加な事象列であり，

$$\liminf_{n \to \infty} A_n(\varepsilon) = \bigcup_{n=1}^{\infty} B_n(\varepsilon)$$

である．これらをふまえて，任意に $\omega \in \Lambda$ をとる．$X_n(\omega) \to X(\omega)\,(n \to \infty)$ より，与えられた $\varepsilon > 0$ に対して，適当な $N \in \mathbb{N}$ があって，

---

3) A.N. コルモゴロフ (1903–87) はロシアの数学者．

$$n \geqq N \quad \Longrightarrow \quad |X_n(\omega) - X(\omega)| < \varepsilon$$

を満たす. したがって, $\omega \in \bigcup_{n=1}^{\infty} B_n(\varepsilon)$ であることがわかるから,

$$\Lambda \subset \bigcup_{n=1}^{\infty} B_n(\varepsilon) = \liminf_{n \to \infty} A_n(\varepsilon)$$

であり, 確率の単調性 (命題 1.2 (p.5)) により,

$$1 = P(\Lambda) \leqq P\Big(\liminf_{n \to \infty} A_n(\varepsilon)\Big) \leqq 1$$

だから (4.18) が成り立つことがわかる.

逆に, 任意の $\varepsilon > 0$ に対して (4.18) が成り立つとする. このとき, 上で定めた事象を用いると,

$$P\Big(\liminf_{n \to \infty} A_n(\varepsilon)\Big) = P\Big(\bigcup_{n=1}^{\infty} B_n(\varepsilon)\Big) = 1$$

が任意の $\varepsilon > 0$ に対して成立する. そこで, $\varepsilon = 1/\ell > 0$, $\ell \in \mathbb{N}$ とおくと,

$$P\Big(\bigcup_{n=1}^{\infty} B_n(1/\ell)\Big) = 1 \iff P\Big(\bigcap_{n=1}^{\infty} B_n(1/\ell)^c\Big) = 0$$

が任意の $\ell \in \mathbb{N}$ に対して成り立つことがわかる. よって, 確率の可算劣加法性 (命題 1.2 (p.9)) より

$$0 \leqq P\Big(\bigcup_{\ell=1}^{\infty} \Big(\bigcap_{n=1}^{\infty} B_n(1/\ell)^c\Big)\Big) \leqq \sum_{\ell=1}^{\infty} P\Big(\bigcap_{n=1}^{\infty} B_n(1/\ell)^c\Big) = 0$$

となることから,

$$P\Big(\bigcap_{\ell=1}^{\infty} \Big(\bigcup_{n=1}^{\infty} B_n(1/\ell)\Big)\Big) = 1$$

が得られる. したがって, $\omega \in \bigcap_{\ell=1}^{\infty} \Big(\bigcup_{n=1}^{\infty} B_n(1/\ell)\Big)$ とすると, 任意の $\ell \in \mathbb{N}$ に対して, 適当な $N \in \mathbb{N}$ があって,

$$n \geqq N \quad \Longrightarrow \quad |X_n(\omega) - X(\omega)| < 1/\ell$$

が成り立つから, $\{X_n(\omega)\}_{n=1}^{\infty}$ は $X(\omega)$ に収束する. これは $\omega \in \Lambda$ を意味する. $\quad\square$

系 4.6. $\{X_n\}$ が X に概収束すれば確率収束する.

★証明：$X_n \to X$ a.s. とする. 任意の $\varepsilon > 0$, $n \in \mathbb{N}$ に対して

$$A_n(\varepsilon) = \big\{\omega \in \Omega : |X_n(\omega) - X(\omega)| < \varepsilon\big\}$$

とおくと, (4.19) により,

$$P\Big(\limsup_{n \to \infty} A_n(\varepsilon)^c\Big) = 0$$

が成り立つ. 一方, 任意の $n \in \mathbb{N}$ に対して, $A_n(\varepsilon)^c \subset \bigcup_{k=n}^{\infty} A_k(\varepsilon)^c$ より,

$$P(A_n(\varepsilon)^c) \leqq P\Big(\bigcup_{k=n}^{\infty} A_k(\varepsilon)^c \Big)$$

である. 両辺を $n \to \infty$ とすると, 右辺は単調収束定理によって

$$\lim_{n \to \infty} P\Big(\bigcup_{k=n}^{\infty} A_k(\varepsilon)^c \Big) = P\Big(\bigcap_{n=1}^{\infty} \Big(\bigcup_{k=n}^{\infty} A_k(\varepsilon)^c \Big) \Big) = P\Big(\limsup_{n \to \infty} A_n(\varepsilon)^c \Big) = 0$$

となるから,

$$\lim_{n \to \infty} P(|X_n - X| \geqq \varepsilon) = \lim_{n \to \infty} P(A_n(\varepsilon)^c) = 0$$

が成り立つ. これは, X_n が X に確率収束することを示している. □

以上の準備のもとに大数の強法則について述べよう.

定理 4.5 (大数の強法則). $\{X_n\}$ は 2 次のモーメントをもつ独立同分布 (IID) の確率変数列とし, 各 n に共通の平均を μ, 分散を σ^2 とする. このとき,

$$S_n = X_1 + X_2 + \cdots + X_n$$

とおくと, $\{S_n/n\}$ は μ に概収束する:

$$\frac{S_n}{n} \to \mu \quad \text{a.s..}$$

★**証明:** X_n の代わりに $X_n - \mu$ を考えることにより, $\mu = 0$ としてよい. したがって,

$$\frac{S_n}{n} \to 0 \quad \text{a.s.}$$

を示すことにする. はじめに, $\{S_n/n\}$ の適当な部分列が 0 に概収束することを示そう. 仮定により, 任意の $n \in \mathbb{N}$ に対して,

$$\mathsf{Var}[S_n] = \mathsf{Var}[X_1 + X_2 + \cdots + X_n] = n\sigma^2$$

が成り立つ. そこで, S_{n^2} に対してチェビシェフの不等式 (4.8) を適用すると, 任意の $\varepsilon > 0$ に対して,

$$P(|S_{n^2}| \geqq n^2 \varepsilon) \leqq \frac{\mathsf{Var}[S_{n^2}]}{n^4 \varepsilon^2} = \frac{n^2 \sigma^2}{n^4 \varepsilon^2} = \frac{\sigma^2}{n^2 \varepsilon^2}$$

となる. よって,

$$\sum_{n=1}^{\infty} P\Big(\Big| \frac{S_{n^2}}{n^2} \Big| \geqq \varepsilon \Big) \leqq \sum_{n=1}^{\infty} \frac{\sigma^2}{n^2 \varepsilon^2} < \infty.$$

したがって, ボレル・カンテリの第 1 補題 (定理 4.3) によって

$$P\Big(\limsup_{n \to \infty} A_n(\varepsilon)^c \Big) = 0$$

が成り立つ. ただし, $A_n(\varepsilon) = \left\{\omega \in \Omega : \left|\dfrac{S_{n^2}}{n^2}\right| < \varepsilon\right\}$ である. (4.19) により,

$$\frac{S_{n^2}}{n^2} \to 0 \quad \text{a.s.} \tag{4.20}$$

であることがわかる. すなわち, 部分列 $\{S_{n^2}/n^2\}$ が概収束することが示された.

以下, 部分列をとらずに $\{S_n/n\}$ が概収束することを示そう. 任意の $n \geqq 1$ に対して,

$$|S_{n^2+1}(\omega) - S_{n^2}(\omega)|, \; |S_{n^2+2}(\omega) - S_{n^2}(\omega)|, \cdots, |S_{(n+1)^2-1}(\omega) - S_{n^2}(\omega)|$$

の最大値を $D_n(\omega)$ とおく. すなわち,

$$D_n(\omega) = \max_{n^2 \leqq k < (n+1)^2} \left|S_k(\omega) - S_{n^2}(\omega)\right|$$

とおこう. $\{X_n\}$ が独立であることと平均が 0 であることを用いると, $2 \leqq n < k$ に対して,

$$
\begin{aligned}
E[|S_k - S_{n-1}|^2] &= E[|X_n + X_{n+1} + \cdots + X_k|^2] \\
&= E\Big[\sum_{i=n}^{k} X_i^2 + 2\sum_{\substack{i<j \\ n \leqq i,j \leqq k}} X_i X_j\Big] \\
&= \sum_{i=n}^{k} E[X_i^2] + 2\sum_{\substack{i<j \\ n \leqq i,j \leqq k}} E[X_i X_j] \\
&= \sum_{i=n}^{k} E[X_i^2] + 2\sum_{\substack{i<j \\ n \leqq i,j \leqq k}} \underbrace{E[X_i]E[X_j]}_{=0} = \sum_{i=n}^{k} E[X_i^2]
\end{aligned}
$$

となることがわかる. よって,

$$E[|S_k - S_{n-1}|^2] = \sum_{i=n}^{k} E[X_i^2] \leqq \sum_{i=n}^{k+1} E[X_i^2] = E[|S_{k+1} - S_{n-1}|^2]$$

に注意すると,

$$E[D_n^2] \leqq 2nE\big[|S_{(n+1)^2} - S_{n^2}|^2\big] = 2n\sum_{i=n^2+1}^{(n+1)^2} E[X_i^2] = 4n^2\sigma^2$$

が成り立つことがわかる. D_n に対してチェビシェフの不等式を用いると

$$P(D_n \geqq n^2\varepsilon) \leqq \frac{E[D_n^2]}{n^4\varepsilon^2} \leqq \frac{4\sigma^2}{n^2\varepsilon^2}$$

となる. よって, 先の定理を $\{D_n\}$ に対して適用すると

$$\frac{D_n}{n^2} \to 0 \quad \text{a.s.} \tag{4.21}$$

であることがわかる.

最後に, $n^2 \leqq k < (n+1)^2$ を満たす k については

$$\frac{|S_k|}{k} \leqq \frac{|S_{n^2}| + D_n}{n^2}$$

が成り立つから, (4.20) と (4.21) により S_n/n が 0 に概収束することがわかる. □

▷**注意 4.1.** 上の定理 4.5 では, 2 次モーメントをもつと仮定した. コルモゴロフは, 独立同分布な確率変数列 $\{X_n\}$ について, その算術平均 $S_n/n = (X_1 + X_2 + \cdots + X_n)/n$ が概収束するための必要十分条件は $E[|X_1|] < \infty$ であることを示している (コルモゴロフ著 (坂本 實 訳)「確率論の基礎概念」(ちくま学芸文庫, 2010 年) 参照).

特 性 関 数

第 3 章の例 3.5 でみたように, 確率変数 X のモーメント母関数 $M(t) = E[e^{tX}]$ は t の値によっては存在しないことがある. そこで, 各 $t \in \mathbb{R}$ に対して $g(x) = e^{itx}$ と X の合成の確率変数 $g(X) = e^{itX}$ の期待値

$$\varphi(t) = E[e^{itX}] \tag{4.22}$$

を考える. ただし, i は虚数単位, $i = \sqrt{-1}$ である. オイラーの公式 ($e^{i\theta} = \cos\theta + i\sin\theta$, $\theta \in \mathbb{R}$) によると,

$$\varphi(t) = E[e^{itX}] = E[\cos(tX)] + iE[\sin(tX)]$$

である. したがって, すべての $t \in \mathbb{R}$ に対して e^{itX} は定義可能である. よって, e^{itX} の期待値, すなわち, $\varphi(t)$ は任意の $t \in \mathbb{R}$ で存在することがわかる. これを X の**特性関数**とよぶ.

◇**例 4.11.** (1) $X \sim \mathsf{Un}(a,b)$, $a < b$ とする. 例 3.5 (1) より,

$$\varphi(t) = M(it) = \frac{e^{itb} - e^{ita}}{it(b-a)}, \quad t \in \mathbb{R}$$

である. 特に $X \sim \mathsf{Un}(0,1)$ のときは, $\varphi(t) = \dfrac{e^{it} - 1}{it}$, $t \in \mathbb{R}$ であり, $X \sim \mathsf{Un}(-1,1)$ のときは,

$$\varphi(t) = \frac{e^{it} - e^{-it}}{2it} = \frac{(\cos t + i\sin t) - (\cos t - i\sin t)}{2it} = \frac{\sin t}{t}, \quad t \in \mathbb{R}$$

となる.

(2) $X \sim \mathsf{N}(\mu, \sigma^2)$ とする. 例 3.5 (2) より,

$$\varphi(t) = M(it) = \exp\left(\mu(it) + \frac{\sigma^2(it)^2}{2}\right) = e^{i\mu t - \sigma^2 t^2/2}, \quad t \in \mathbb{R}$$

である. 特に $X \sim \mathsf{N}(0,1)$ のときは, $\varphi(t) = e^{-t^2/2}$ である. □

ところで, 複素数 $a = x + iy$, $x, y \in \mathbb{R}$ に対して, 共役複素数 $\bar{a}$ は

$$\bar{a} = x - iy$$

で定義された. モーメント母関数の場合と同様に考えることで, 特性関数が以下の性質をもつことはすぐにわかる[4].

命題 4.5. 特性関数 $\varphi(t) = \varphi_X(t)$, $t \in \mathbb{R}$ に対して, 以下の性質が成り立つ.

(1) $|\varphi(t)| \leqq 1$, $t \in \mathbb{R}$,

(2) $\overline{\varphi(t)} = \varphi(-t)$, $t \in \mathbb{R}$,

(3) $a, b \in \mathbb{R}$ に対して, $\varphi_{aX+b}(t) = e^{ibt}\varphi_X(at)$, $t \in \mathbb{R}$,

(4) X に期待値が存在するならば, $\dfrac{d\varphi}{dt}(0) = iE[X]$,

(5) X が 2 次モーメントをもつならば, $\dfrac{d^2\varphi}{dt^2}(0) = -E[X^2]$,

(5)′ X が n 次モーメントをもつならば, $\dfrac{d^n\varphi}{dt^n}(0) = i^n E[X^n]$.

2 つの重要な定理を次に紹介する. 証明は省略するが, 確率変数の分布関数が特性関数によって完全に特徴づけられることを示すものである[5].

定理 4.6 (**一致性定理**). $\varphi_X(t), \varphi_Y(t)$ をそれぞれ確率変数 X, Y の特性関数とする. このとき, すべての $t \in \mathbb{R}$ に対して $\varphi_X(t) = \varphi_Y(t)$ が成り立てば,

$$F_X(x) = P(X \leqq x) = P(Y \leqq x) = F_Y(x), \quad x \in \mathbb{R}$$

が成り立つ. すなわち, X と Y は同じ分布関数をもつことがわかる[6].

次の定理は, 特性関数の各点収束と分布関数のそれとが同値であることを示すものである.

定理 4.7 (レヴィ (Lévy)). 確率変数列 $\{X_n\}$ の分布関数を $F_n(x) = P(X_n \leqq x)$, $x \in \mathbb{R}$, 特性関数を $\varphi_n(t) = E[e^{itX_n}]$, $t \in \mathbb{R}$ とする.

(1) ある確率変数 X があって, $\{X_n\}$ が X に分布収束するならば, 任意の $t \in \mathbb{R}$ に対して $\varphi_n(t)$ は X の特性関数 $\varphi(t)$ に収束する.

---

4) $\varphi(t) = M(it)$ に注意すれば, 合成関数の微分の公式により $\dfrac{d^n\varphi}{dt^n}(t) = i^n \dfrac{d^n M}{dt^n}(it)$ が成立する.

5) 証明は, 例えば, 西尾真喜子著「確率論」(実教出版, 1978 年) をみよ.

6) 原点を含む適当な開集合 G があって, すべての $t \in G$ に対して $M_X(t) = M_Y(t)$ が成り立つ場合も同じ結果, すなわち, X と Y は同じ分布関数をもつことがわかる.

(2) 逆に, $\varphi_n(t)$ が極限関数 $\varphi(t)$ をもつとする. すなわち, 任意の $t \in \mathbb{R}$ に対して $\varphi_n(t) \to \varphi(t)$ $(n \to \infty)$ を満たすとする. このとき, $\varphi(t)$ が $t = 0$ で連続ならば, $\varphi(t)$ はある確率変数 X の特性関数であり, $\{X_n\}$ は X に分布収束する: $\displaystyle\lim_{n\to\infty} F_n(x) = F(x),\ x \in \mathbb{R}$.

次に, 確率・統計の分野で最も重要な定理の一つである**中心極限定理** (Central Limit Theorem) について述べる. これは, 「母集団が正規分布に従っていなくても, 大きさ n の標本を適当に規格化すれば, n が十分大きいとき, その分布は正規分布に近づく」というものである. データを分析する際に, 多くの場合に正規分布を用いて計算が行われているが, データが十分にあれば中心極限定理によって正当化できるからである.

定理 4.8 (**中心極限定理**). $\{X_n\}$ を独立同分布 (IID) の確率変数列で, 3次モーメントをもつとする: $E[|X_n|^3] < \infty$.

任意の $n \in \mathbb{N}$ に対して,

$$S_n = \sum_{k=1}^{n} \frac{X_k - \mu}{\sqrt{n\sigma^2}} = \frac{\sqrt{n}}{\sigma}(\bar{X}_n - \mu)$$

とおく. ただし, $\bar{X}_n = \dfrac{1}{n}(X_1 + X_2 + \cdots + X_n)$. このとき, 適当な $X \sim \mathsf{N}(0, 1)$ を満たす確率変数 X があって, S_n は X に分布収束する. すなわち, S_n の分布関数を $F_n(x)$, X の分布関数を $F(x)$ とすると,

$$\lim_{n\to\infty} F_n(x) = F(x) = \frac{1}{\sqrt{2\pi}} \int_{-\infty}^{x} e^{-s^2/2}\, ds, \quad x \in \mathbb{R}$$

が成り立つ.

★**証明**: 3次モーメントをもつから, 2次および1次のモーメントをもつ. そこで, 共通の平均, 分散をそれぞれ $E[X_n] = \mu$, $\mathsf{Var}[X_n] = \sigma^2$ とおく. また, S_n の特性関数を $\varphi_n(t)$ とする. ところで, 標準正規分布に従う確率変数の特性関数は $e^{-t^2/2}$, $t \in \mathbb{R}$ であるから, 定理 4.7 (2) により,

$$\lim_{n\to\infty} \varphi_n(t) = e^{-t^2/2}, \quad t \in \mathbb{R}$$

を示せばよいことがわかる. 各 n に対して, X_n の規格化を $Y_n\ (= (X_n - \mu)/\sigma)$ とおくと, $\{Y_n\}$ は IID の確率変数列であって, 0 を共通の平均, 1 を共通の分散としてもつ. $S_n = \dfrac{1}{\sqrt{n}}(Y_1 + Y_2 + \cdots + Y_n)$ より

$$\varphi_n(t) = E[e^{itS_n}] = E[e^{i\frac{t}{\sqrt{n}}(Y_1 + Y_2 + \cdots + Y_n)}]$$

$$= E\Big[\prod_{k=1}^{n} e^{i\frac{t}{\sqrt{n}}Y_k}\Big] = \prod_{k=1}^{n} E[e^{i\frac{t}{\sqrt{n}}Y_k}] = \Big(\varphi\Big(\frac{t}{\sqrt{n}}\Big)\Big)^n$$

が成り立つ[7]. ここで, 3 つ目の等号は独立性により成立し, 最後の等号は $\{Y_n\}$ が同分布より, 共通の特性関数を $\varphi(t)$ とおくことから得られる. 特性関数 $\varphi(t)$ は

$$\varphi(t) = E[e^{itY_1}] = E[\cos(tY_1) + i\sin(tY_1)], \quad t \in \mathbb{R}$$

であることに注意する. 一方, $\cos x$, $\sin x$ のそれぞれについて 3 次のマクローリン展開を行うと, 適当な $0 < \theta_1,\, \theta_2 < 1$ があって,

$$\cos x = 1 - \frac{x^2}{2} + \frac{x^3}{6}\sin(\theta_1 x), \qquad \sin x = x - \frac{x^3}{6}\cos(\theta_2 x)$$

と書ける. したがって,

$$\varphi\Big(\frac{t}{\sqrt{n}}\Big) = E\Big[\cos\Big(t\frac{Y_1}{\sqrt{n}}\Big) + i\sin\Big(t\frac{Y_1}{\sqrt{n}}\Big)\Big]$$

$$= E\Big[1 - \frac{t^2 Y_1^2}{2n} + \frac{t^3 Y_1^3}{6n\sqrt{n}}\sin\Big(\theta_1\frac{tY_1}{\sqrt{n}}\Big) + i\frac{tY_1}{\sqrt{n}} - i\frac{t^3 Y_1^3}{6n\sqrt{n}}\cos\Big(\theta_2\frac{tY_1}{\sqrt{n}}\Big)\Big]$$

$$= \Big(1 - \frac{t^2}{2n}\Big) + \frac{t^3}{6n\sqrt{n}}E\Big[Y_1^3\Big(\sin\Big(\theta_1\frac{tY_1}{\sqrt{n}}\Big) - i\cos\Big(\theta_2\frac{tY_1}{\sqrt{n}}\Big)\Big)\Big]$$

となる. 3 つ目の等号では $\{Y_n\}$ の共通の平均が 0, 分散が 1 であることを用いた. ところで, 最右辺の第 2 項を η_n とおくと, 任意の $t \in \mathbb{R}$ に対して

$$|\eta_n| = \Big|\frac{t^3}{6n\sqrt{n}}E\Big[Y_1^3\Big(\sin\Big(\theta_1\frac{tY_1}{\sqrt{n}}\Big) - i\cos\Big(\theta_2\frac{tY_1}{\sqrt{n}}\Big)\Big)\Big]\Big| \leqq \frac{\sqrt{2}\,|t|^3}{6n\sqrt{n}}E\big[|Y_1^3|\big]$$

より,

$$\lim_{n\to\infty} n|\eta_n| = 0 \tag{4.23}$$

となることがわかる. 次に, $n \geqq t^2/2$ を満たす任意の $n \in \mathbb{N}$ に対して, 二項定理を用いると,

$$\Big|\varphi_n(t) - \Big(1 - \frac{t^2}{2n}\Big)^n\Big| = \Big|\Big(\varphi\Big(\frac{t}{\sqrt{n}}\Big)\Big)^n - \Big(1 - \frac{t^2}{2n}\Big)^n\Big|$$

$$= \Big|\Big(1 - \frac{t^2}{2n} + \eta_n\Big)^n - \Big(1 - \frac{t^2}{2n}\Big)^n\Big| = \Big|\sum_{k=0}^{n} {}_n\mathsf{C}_k\Big(1 - \frac{t^2}{2n}\Big)^{n-k}(\eta_n)^k - \Big(1 - \frac{t^2}{2n}\Big)^n\Big|$$

$$= \Big|\sum_{k=1}^{n} {}_n\mathsf{C}_k\Big(1 - \frac{t^2}{2n}\Big)^{n-k}(\eta_n)^k\Big| \leqq \sum_{k=1}^{n} {}_n\mathsf{C}_k\Big(1 - \frac{t^2}{2n}\Big)^{n-k}|\eta_n|^k$$

である. さらに, 右辺の和は, $\ell = k - 1$ と変換すると次のように書き換えられる:

$$\sum_{k=1}^{n} \frac{n!}{k!(n-k)!}\Big(1 - \frac{t^2}{2n}\Big)^{n-k}|\eta_n|^k$$

$$= \sum_{\ell=0}^{n-1} \frac{n!}{(\ell+1)!((n-1)-\ell)!}\Big(1 - \frac{t^2}{2n}\Big)^{n-1-\ell}|\eta_n|^{\ell+1}$$

---

7) $a_1, a_2, \cdots, a_n \in \mathbb{R}$ に対して, これらすべての積 $a_1 a_2 \cdots a_n$ を $\prod_{i=1}^{n} a_i$ と書く.

$$\leq n|\eta_n| \sum_{\ell=0}^{n-1} \frac{(n-1)!}{\ell!((n-1)-\ell)!}\Big(1-\frac{t^2}{2n}\Big)^{n-1-\ell}|\eta_n|^\ell$$

$$= n|\eta_n|\Big\{\Big(1-\frac{t^2}{2n}\Big)+|\eta_n|\Big\}^{n-1}.$$

よって, $a_n = \dfrac{t^2}{2n} - |\eta_n|$ とおくと, (4.23) によって, $n\to\infty$ とするとき,

$$a_n \to 0, \qquad (n-1)a_n = (n-1)\Big(\frac{t^2}{2n}-|\eta_n|\Big) \to \frac{t^2}{2}$$

である. 以上より,

$$\Big|\varphi_n(t)-\Big(1-\frac{t^2}{2n}\Big)^n\Big| \leq n|\eta_n|\Big(1-\frac{t^2}{2n}+|\eta_n|\Big)^{n-1} = n|\eta_n|(1-a_n)^{n-1}$$

$$= n|\eta_n|\Big\{(1-a_n)^{1/a_n}\Big\}^{(n-1)a_n}$$

$$\to 0\cdot(e^{-1})^{t^2/2} = 0 \quad (n\to\infty)$$

が成り立ち, したがって,

$$\lim_{n\to\infty}\varphi_n(t) = \lim_{n\to\infty}\Big(1-\frac{t^2}{2n}\Big)^n = e^{-t^2/2}$$

が得られる. $\qquad\square$

▷ **注意** 4.2. (1) 上の定理では, 独立同分布の確率変数列が 3 次モーメントをもつ ($E[|X_1|^3]<\infty$) という条件をおいたが, 2 次モーメント, したがって, 分散が有限であるという条件でも中心極限定理が成り立つことが知られている.

(2) 独立性の仮定があれば, 同分布の代わりに**リンデベルグ** (Lindeberg) **条件** (4.24) の下で中心極限定理が成立することが知られている. ここでは以下に結果だけを述べておく.

定理 4.9. $\{X_n\}$ を独立な確率変数列とし, 各 n について, 平均 $E[X_n]=\mu_n$ と分散 $\mathsf{Var}[X_n]=\sigma_n^2$ $(0<\sigma_n^2<\infty)$ をもつとする. また, $M_n = \sum_{k=1}^{n}\mu_k$, $V_n = \sum_{k=1}^{n}\sigma_k^2$ とおく. このとき, 任意の $\varepsilon>0$ に対して,

$$\lim_{n\to\infty}\frac{1}{V_n}\sum_{k=1}^{n}E\big[|X_k-\mu_k|^2 ; |X_k-\mu_k|^2 \geq \varepsilon V_n\big] = 0 \qquad (4.24)$$

が成り立てば,

$$\frac{X_1+X_2+\cdots+X_n-M_n}{\sqrt{V_n}}$$

は標準正規分布 $\mathsf{N}(0,1)$ に従う確率変数に分布収束する.

次に，試行回数 n に対して，成功確率 p が極めて小さい場合の二項分布 $\mathsf{Bi}(n,p)$ がポアソン分布で近似できるという**ポアソンの少数の法則**を述べよう．

定理 4.10. 任意の $n \in \mathbb{N}$ に対して，n に依存した $0 < \theta_n < 1$ があって，確率変数 X_n は二項分布 $\mathsf{Bi}(n, \theta_n)$ に従うものとし，さらに，ある $\lambda > 0$ があって，

$$\lim_{n \to \infty} n\theta_n = \lambda$$

を満たすとする．このとき，任意の非負整数 x に対して，

$$\lim_{n \to \infty} p_n(x) = \lim_{n \to \infty} P(X_n = x) = \frac{e^{-\lambda}\lambda^x}{x!}$$

が成り立つ．これは，パラメータ λ のポアソン分布 $\mathsf{Po}(\lambda)$ の確率分布を表す．

★**証明:** 非負整数 x を任意にとる．$n > x$ を満たす任意の $n \in \mathbb{N}$ に対して，

$$p_n(x) = {}_n\mathsf{C}_x \theta_n^x (1 - \theta_n)^{n-x}$$

$$= \frac{n!}{x!(n-x)!} \cdot \frac{1}{n^x} \cdot (n\theta_n)^x \big\{(1 - \theta_n)^{1/\theta_n}\big\}^{n\theta_n} \cdot (1 - \theta_n)^{-x}$$

$$= \frac{(n\theta_n)^x}{x!} \cdot \underbrace{\frac{n-1}{n} \cdot \frac{n-2}{n} \cdots \frac{n-x+1}{n}}_{(x-1)\,\text{個}} \cdot \big\{(1 - \theta_n)^{1/\theta_n}\big\}^{n\theta_n} (1 - \theta_n)^{-x}$$

であり，$n \to \infty$ とすると，

$$(n\theta_n)^x \to \lambda^x, \quad \frac{n-1}{n} \cdot \frac{n-2}{n} \cdots \frac{n-x+1}{n} \to 1$$

が成り立つ．また，仮定より $\theta_n \to 0$ $(n \to \infty)$ となることに注意すると，

$$\big\{(1 - \theta_n)^{1/\theta_n}\big\}^{n\theta_n} \to \big(e^{-1}\big)^\lambda = e^{-\lambda}, \quad (1 - \theta_n)^{-x} \to 1$$

となることから，$\displaystyle \lim_{n \to \infty} p_n(x) = \frac{\lambda^x e^{-\lambda}}{x!}$ が得られる． $\qquad\qquad \square$

◆**例題** 4.7. ある工場で製造している製品は 2% の確率で不良品が発生する．いま 100 個の製品を無作為に選んだとき，そのうち 3 個の製品が不良品である確率を考えよう．

解答: X を選ばれた 100 製品のうち不良品の数を表す確率変数とすると，$X \sim \mathsf{Bi}(100, 0.02)$ である．求める確率は $P(X = 3) = {}_{100}\mathsf{C}_3 \cdot 0.02^3 \times 0.98^{97}$ であるが，$p = 0.02$ は十分小さいので $np = 100 \times 0.02 = 2$ としてポアソンの少数の法則を適用する．すなわち，$X \sim \mathsf{Po}(2)$ として，

$$P(X = 3) = \frac{2^3 e^{-2}}{3!} \fallingdotseq \frac{8 \times 0.135}{6} = 0.180$$

である．なお，計算機で計算すると，$_{100}C_3 \cdot 0.02^3 \times 0.98^{97} \fallingdotseq 0.182$ である．

□

◆**例題** 4.8. ある会社は，10 個 1 セットで製品を販売している．また，製品は 0.01 の確率で不良品であることがわかっている．会社は，1 セット中に不良品が 2 個以上混ざっていたら，1 セット分の金額を返金することを保証している[8]．このとき，1 セット分が返金保証される確率はいくらか．また，ある消費者が 3 セット購入したとき，この中の 1 セット分だけが返金保証される確率はいくらか．

解答：製品が不良品であるか良品であるかは独立であるとしてよい．このとき，X を 1 セット中に混ざっている不良品の数を表す確率変数とすると，$X \sim \mathsf{Bi}(10, 0.01)$ であるが，$p = 0.01$ は十分小さいので $np = 10 \times 0.01 = 0.1$ としてポアソンの少数の法則を適用する．すなわち，$X \sim \mathsf{Po}(0.1)$ である．よって，1 セット分が返金保証される確率は

$$P(X \geqq 2) = 1 - P(X = 0) - P(X = 1)$$
$$= 1 - \frac{0.1^0 e^{-0.1}}{0!} - \frac{0.1^1 e^{-0.1}}{1!} \fallingdotseq 0.0047,$$

よって，0.47 % である．一方，製品は独立であるから，セットごとに返金されるかどうかは独立に決まる．よって，3 セットのうち 1 セットだけが返金保証される確率は，二項分布 $\mathsf{Bi}(3, 0.0043)$ に従う確率変数 Y が 1 をとる確率

$$P(Y = 1) = {}_3C_1 \cdot 0.0043^1 \times 0.9957^2 \fallingdotseq 0.0128$$

と同じである．

□

◎**問** 4.9. ある本は 1 ページ当たり 15 行あり，各行は 40 の文字が印刷されている．また統計的に 1 文字が誤植である確率が 0.0005 であることがわかっている．いま，あるページにおける誤植文字を 3 文字以上含む確率を求めよ．

次に，**局所極限定理** (local limit theorem) として知られている定理[9]を紹介しよう．

定理 4.11. 確率変数 X が二項分布 $\mathsf{Bi}(n, p)$，$0 < p < 1$ に従うとする．このとき，n が十分大きいとき，X は近似的に正規分布 $\mathsf{N}(np, np(1-p))$ に従う．正確には，

---

8) 1 セットに 1 個だけ不良品が混ざっていれば，不良品を良品に交換するサービスを行っているものとする．

9) 分布収束は分布関数が収束することを意味する．局所極限定理は，確率密度関数 (分布関数の導関数) が収束することを意味する．

$$z = \frac{x - np}{\sqrt{np(1-p)}} = \frac{x - \mu_n}{\sigma_n} \quad (\mu_n = np, \ \sigma_n = \sqrt{np(1-p)})$$

と規格化するとき，任意の $a, b \in \mathbb{R}$ $(a < b)$ に対して，$n \to \infty$ のとき常に

$$a \leqq z \leqq b$$

が成り立つならば，

$$P(X = x) = p(x) \approx \frac{1}{\sqrt{2\pi\sigma_n^2}} \exp\left(-\frac{(x-\mu_n)^2}{2\sigma_n^2}\right) \quad (n \to \infty)$$

となる (記号 " $\approx$ " の意味は (A.15) をみよ)[10].

▷ **注意 4.3.** 定理の仮定において，$n \to \infty$ のとき常に $a \leqq z \leqq b$ を満たすということとは，

$$x = np + z\sqrt{np(1-p)}, \quad n - x = n(1-p) - z\sqrt{np(1-p)}$$

より，ベルヌーイ試行の回数 n について $n \to \infty$ とすると，成功回数を表す x も失敗回数を表す $n - x$ もともに無限大になるということを意味する.

★**証明：** $_n\mathrm{C}_x = \dfrac{n!}{x!(n-x)!}$ であるから，スターリングの公式 (A.20)：$k! \approx \sqrt{2\pi k} \dfrac{k^k}{e^k}$
$(k \to \infty)$ を $(n, x$ および $n - x$ が十分大きいとき)，$n!, x!, (n-x)!$ のそれぞれに適用すると，

$$n! \approx \sqrt{2\pi n} \frac{n^n}{e^n}, \quad x! \approx \sqrt{2\pi x} \frac{x^x}{e^x}, \quad (n-x)! \approx \sqrt{2\pi(n-x)} \frac{(n-x)^{n-x}}{e^{n-x}}$$

となる．したがって，n が十分大きいとき，

$$p(x) = {}_n\mathrm{C}_x p^x(1-p)^{n-x} = \frac{n!}{x!(n-x)!} p^x(1-p)^{n-x}$$

$$\approx \sqrt{\frac{n}{2\pi x(n-x)}} \cdot \frac{n^n p^x (1-p)^{n-x}}{x^x (n-x)^{n-x}} = \sqrt{\frac{n}{2\pi x(n-x)}} \cdot \left(\frac{np}{x}\right)^x \left(\frac{n(1-p)}{n-x}\right)^{n-x}$$

となる．まず，2π 以外の平方根の中身 $\dfrac{n}{x(n-x)}$ について考えよう．$\mu_n = np, \sigma_n^2 = np(1-p)$ および $z = (x - \mu_n)/\sigma_n$ より，$x = np + z\sqrt{np(1-p)}$ に注意すると，

$$\frac{n}{x(n-x)}\sigma_n^2 = \frac{n^2 p(1-p)}{\left(np + z\sqrt{np(1-p)}\right)\left(n - (np + z\sqrt{np(1-p)})\right)}$$

$$= \frac{p(1-p)}{\left(p + z\sqrt{\frac{p(1-p)}{n}}\right)\left((1-p) - z\sqrt{\frac{p(1-p)}{n}}\right)}$$

となる．よって，常に $a \leqq z \leqq b$ が成り立つから，

---

10)　局所極限定理のより精密な評価およびその積分型であるド・モアブル=ラプラスの定理が「確率論」(福島正俊著，裳華房，1998 年) の §2.2 に詳しく述べられている.

$$\lim_{n\to\infty} \frac{n}{x(n-x)}\sigma_n^2 = \frac{p(1-p)}{p(1-p)} = 1,$$

したがって,

$$\sqrt{\frac{n}{2\pi x(n-x)}} \approx \frac{1}{\sqrt{2\pi\sigma_n^2}} = \frac{1}{\sqrt{2\pi np(1-p)}} \quad (n\to\infty)$$

となることがわかる. 次に, 残りの項 $\left(\frac{np}{x}\right)^x\left(\frac{n(1-p)}{n-x}\right)^{n-x}$ を A_n とおくと,

$$\log A_n = -x\log\frac{x}{np} - (n-x)\log\frac{n-x}{n(1-p)}$$

である. $x = np + z\sqrt{np(1-p)},\ n-x = n(1-p) - z\sqrt{np(1-p)}$ であるから,

$$\log A_n = -\left(np + z\sqrt{np(1-p)}\right)\underline{\log\left(1 + z\sqrt{\frac{1-p}{np}}\right)}$$
$$- \left(n(1-p) - z\sqrt{np(1-p)}\right)\underline{\log\left(1 - z\sqrt{\frac{p}{n(1-p)}}\right)} \tag{4.25}$$

となる. ここで, 関数 $\log(1+t)$ に対して 3 次のマクローリン展開を行うと,

$$\log(1+t) = t - \frac{t^2}{2} + \frac{t^3}{3(1+\theta t)^3}$$

を満たす $\theta = \theta(t) \in (0,1)$ が存在するから,

$$t = z\sqrt{\frac{1-p}{np}}, \qquad t = -z\sqrt{\frac{p}{n(1-p)}}$$

に適用して (4.25) に代入すると,

$$\log A_n = -\left(np + z\sqrt{np(1-p)}\right)\left\{z\sqrt{\frac{1-p}{np}} - \frac{z^2}{2}\cdot\frac{1-p}{np} + \frac{\left(z\sqrt{\frac{1-p}{np}}\right)^3}{3\left(1 + \theta_1 z\sqrt{\frac{1-p}{np}}\right)^3}\right\}$$
$$- \left(n(1-p) - z\sqrt{np(1-p)}\right)\left\{-z\sqrt{\frac{p}{n(1-p)}} - \frac{z^2}{2}\cdot\frac{p}{n(1-p)}\right.$$
$$\left. + \frac{\left(-z\sqrt{\frac{p}{n(1-p)}}\right)^3}{3\left(1 - \theta_2 z\sqrt{\frac{p}{n(1-p)}}\right)^3}\right\}$$
$$= -\frac{z^2}{2} - \frac{z^3}{2}\cdot\frac{2p-1}{\sqrt{np(1-p)}} - \frac{(\sqrt{np} + z\sqrt{1-p})z^3(1-p)^{3/2}}{3np(1 + \theta_1 z\sqrt{(1-p)/np})^3}$$
$$+ \frac{(\sqrt{n(1-p)} - z\sqrt{p})z^3 p^{3/2}}{3n(1-p)(1 - \theta_2 z\sqrt{p/n(1-p)})^3}$$

を満たす $\theta_1, \theta_2 \in (0,1)$ が存在する. よって,

$\log A_n \to -\dfrac{z^2}{2} \ (n \to \infty)$, よって, $A_n \approx e^{-z^2/2} = \exp\Big(-\dfrac{(x-\mu_n)^2}{2\sigma_n^2}\Big) \ (n \to \infty)$

である. 以上まとめると,

$$p(x) = {}_n\mathsf{C}_x p^x (1-p)^{n-x} \approx \frac{1}{\sqrt{2\sigma_n^2}} \exp\Big(-\frac{(x-\mu_n)^2}{2\sigma_n^2}\Big) \quad (n \to \infty)$$

が成り立つ.   □

大偏差原理[*]

前節において末尾確率について述べたが, 本節の最後に, 独立同分布 (IID) な確率変数列 $\{X_n\}$ に対する**大偏差原理**について述べておこう. そのために, $\{X_n\}$ の共通のモーメント母関数を $M(\theta)$ とおき, 任意の $\theta \in \mathbb{R}$ に対して,

$$M(\theta) = E[e^{\theta X_n}] < \infty$$

と仮定する. 各 $n \in \mathbb{N}$ に対して, $(X_1, X_2, \cdots, X_n)$ の相加平均を $\bar{X}_n$ とする:

$$\bar{X}_n = \frac{1}{n}(X_1 + X_2 + \cdots + X_n).$$

$M(\theta)$ の対数モーメント母関数のルジャンドル変換を, ここでは $I(x)$ と書く:

$$I(x) = \sup_{\theta \in \mathbb{R}} \big(\theta x - \log M(\theta)\big), \quad x \in \mathbb{R}.$$

定理 4.12 (クラメールの大偏差原理). 次が成り立つ[11].

(1) 任意の閉区間 $[a, b] \ (-\infty < a < b < \infty)$ に対して,

$$\limsup_{n \to \infty} \frac{1}{n} \log P\big(\bar{X}_n \in [a, b]\big) \leqq - \inf_{x \in [a,b]} I(x).$$

(2) 任意の開区間 $(a, b) \ (a < b)$ に対して,

$$\liminf_{n \to \infty} \frac{1}{n} \log P\big(\bar{X}_n \in (a, b)\big) \geqq - \inf_{x \in (a,b)} I(x).$$

★**証明:** $\{X_n\}$ の共通の平均を $\mu(= E[X_n])$ とおくと, 任意の n に対して $\bar{X}_n$ の平均は μ となる. また, $\bar{X}_n$ のモーメント母関数を $M_n(\theta)$ とおくと, $\{X_n\}$ の独立性により,

$$M_n(\theta) = E[e^{\theta \bar{X}_n}] = E\Big[\prod_{k=1}^{n} e^{\theta X_k/n}\Big] = \prod_{k=1}^{n} E\Big[e^{\theta X_k/n}\Big] = \Big(M(\theta/n)\Big)^n$$

---

11) ここでは閉区間および開区間として述べているが, 一般には (1) では任意の閉集合, (2) では任意の開集合に対して成立することが知られている. なお, (2) は確率測度の変換公式を用いて示すことになるので, その証明は付録で行う.

である. さらに, $M_n(\theta)$ のルジャンドル変換は,

$$\Lambda_n^*(x) = \sup_{\theta \in \mathbb{R}} \big(\theta x - \log M_n(\theta)\big) = \sup_{\theta \in \mathbb{R}} \big(\theta x - n \log M(\theta/n)\big)$$

$$= n \sup_{\theta' \in \mathbb{R}} \big(\theta' x - \log M(\theta')\big) = nI(x) \quad (\theta' = \theta/n \text{ とおいた})$$

となる. また, 命題 4.4 により,

$$I(x) = \begin{cases} \displaystyle\sup_{\theta > 0} \big(\theta x - \log M(\theta)\big), & x \geqq \mu, \\ \displaystyle\sup_{\theta < 0} \big(\theta x - \log M(\theta)\big), & x \leqq \mu \end{cases}$$

である.

以上をふまえて (1) を証明しよう. 任意に $a, b\,(a < b)$ をとる. $\mu \in [a, b]$ のときは明らかに $P(a \leqq \bar{X}_n \leqq b) \leqq 1$ だから,

$$\limsup_{n \to \infty} \frac{1}{n} \log P(a \leqq \bar{X}_n \leqq b) \leqq 0$$

である. ふたたび命題 4.4 により, $I(x) \geqq 0 = I(\mu),\ x \in \mathbb{R}$ がわかる. したがって, $-\inf_{x \in [a,b]} I(x) \leqq -I(\mu) = 0$ となるから,

$$\limsup_{n \to \infty} \frac{1}{n} \log P(a \leqq \bar{X}_n \leqq b) \leqq -\inf_{x \in [a,b]} I(x)$$

が成り立つ. $\mu \notin [a, b]$ のときは, $\mu < a$ または $b < \mu$ である. よって, 定理 4.1 より

$$P(a \leqq \bar{X}_n \leqq b) \leqq \begin{cases} P(a \leqq \bar{X}_n) \leqq e^{-nI(a)}, & \mu < a \text{ のとき}, \\ P(\bar{X}_n \leqq b) \leqq e^{-nI(b)}, & b < \mu \text{ のとき}. \end{cases}$$

また, $I(x)$ は $(-\infty, \mu]$ 上で単調減少, $[\mu, \infty)$ 上で単調増加であることから,

$$\begin{cases} I(a) = \displaystyle\inf_{x \in [a,b]} I(x), & \mu < a \text{ のとき}, \\ I(b) = \displaystyle\inf_{x \in [a,b]} I(x), & b < \mu \text{ のとき} \end{cases}$$

が成り立つから, いずれの場合に対しても

$$\limsup_{n \to \infty} \frac{1}{n} \log P(a \leqq \bar{X}_n \leqq b) \leqq -\inf_{x \in [a,b]} I(x)$$

となることが示される. □

＊＊＊　章 末 問 題　＊＊＊

問題 4.1. $X \sim \mathsf{Bi}(n,p)$, $Y \sim \mathsf{Bi}(m,p)$ とする．X と Y が独立ならば，$X+Y$ はどんな分布に従うか？

問題 4.2. $X \sim \mathsf{N}(\mu_1, \sigma_1^2)$, $Y \sim \mathsf{N}(\mu_2, \sigma_2^2)$ とする．X と Y が独立ならば，$X+Y$ はどんな分布に従うか？

問題 4.3. $X_1, X_2, \cdots, X_n$ は独立な確率変数列とする．各 $i = 1, 2, \cdots, n$ に対して，$X_i \sim \mathsf{Be}(p)$, $0 < p < 1$ とする．また，$S_n = X_1 + X_2 + \cdots + X_n$ とおく．(4.8) を用いて次の不等式を示せ．任意の $\varepsilon > 0$ に対して，

$$P\Big(\Big|\frac{S_n}{n} - p\Big| \geqq \varepsilon\Big) \leqq \frac{p(1-p)}{n\varepsilon^2}.$$

問題 4.4. 上の問題 4.3 において，さらに次の不等式が任意の $0 < p < 1$ に対して成り立つことを示せ：

$$P\Big(\Big|\frac{S_n}{n} - p\Big| \geqq \varepsilon\Big) \leqq \frac{1}{4n\varepsilon^2}.$$

問題 4.5. 各 $n \in \mathbb{N}$ に対して，X_n は次を満たす確率変数とする：

$$P(X_n = 1) = 1 - \frac{1}{n^2}, \quad P(X_n = n) = \frac{1}{n^2}.$$

このとき，$E[X_n] \to 1 \ (n \to \infty)$ および $X_n \xrightarrow{\mathrm{p}} 1$ を満たすことを示せ．

問題 4.6. 各 $n \in \mathbb{N}$ に対して，X_n は次を満たす確率変数とする：

$$P(X_n = 1) = 1 - \frac{1}{\sqrt{n}}, \quad P(X_n = n) = \frac{1}{\sqrt{n}}.$$

このとき，$E[X_n] \to \infty \ (n \to \infty)$ および $X_n \xrightarrow{\mathrm{p}} 1$ を満たすことを示せ．

問題 4.7. $\{X_n\}$ を独立同分布 (IID) の確率変数列とする．また，共通の分布関数 $F(x)$ は，適当な $x_0 \in \mathbb{R}$ があって，$F(x_0) = P(X_1 \leqq x_0) = 1$ を満たしているとする．このとき，各 n について Y_n を $(X_1, X_2, \cdots, X_n)$ の最大統計量 $Y_n = \max\{X_1, X_2, \cdots, X_n\}$ とおくと，Y_n は定数 x_0 に確率収束することを示せ．ただし，x_0 は $P(X_1 \leqq x_0) = 1$ を満たす最小の値とする[12]．

問題 4.8. $\{X_n\}$ を独立同分布 (IID) の確率変数列とする．また，共通の分布関数 $F(x)$ は確率密度関数 $f(x)$ をもち，ある $x_0 \in \mathbb{R}$ を用いて，

$$f(x) = \begin{cases} e^{-(x-x_0)}, & x \geqq x_0, \\ 0, & x < x_0 \end{cases}$$

と表されているものとする．このとき，各 n について Z_n を $(X_1, X_2, \cdots, X_n)$ の最小統計量 $Z_n = \min\{X_1, X_2, \cdots, X_n\}$ とおくと，Z_n は定数 x_0 に確率収束することを示せ．

---

12) さらに，任意の $x < x_0$ に対して $P(X_1 \leqq x) < 1$ となる値でもある．

5

推定の考え方

　コンピュータの性能や情報技術が高度に発達した現代では，膨大なデータが蓄積されるだけでなく，データをパソコンに入力することによって，何らかの結果が簡単に得られる．したがって，得られた結果を理解して，それを評価する能力を養うことがますます重要になってくる．それにあわせて，統計学の果たす役割も大きくなってきている．ここでは，(調査対象の) 母集団に対して調べたい性質を確率変数 X で表したとき，X の分布を知ることに焦点をあてる．特に "母数" とよばれる X の分布を特徴づけるパラメータ，ここでは平均と分散，を推定する．

5.1　点推定問題

　これまで，様々な統計モデル (= 確率分布) を与えてきたが，それらは1つまたは複数のパラメータで特徴づけられている．また，それらのパラメータは未知であることがほとんどである．したがって，(母集団から) データをとってそれらを推定することが必要となる．

　例えば，二項分布 $\mathsf{Bi}(n, p)$ は2つのパラメータ (n, p) をもつ．同様に正規分布 $\mathsf{N}(\mu, \sigma^2)$ や一様分布 $\mathsf{Un}(a, b)$ もそれぞれ2つのパラメータ (μ, σ)，(a, b) をもつ．一方，幾何分布 $\mathsf{Ge}(\theta)$ や指数分布 $\mathsf{Exp}(\lambda)$ などは1つのパラメータ θ，λ をもつ．

◇**例 5.1.** (1) ある工場で箱詰めされた製品の1日における**不良品**の個数を調べるためには，箱詰めされたすべての箱を調べる必要がある．そのためには，(すべての) 箱を開けなくてはならず，そうするとそれは製品として販売することができなくなる．したがって，実際には，その代わりに一部だけを取り出して調査を行い，それをもとに全体を推定する，あるいは推測することが行われている．このとき，1日に箱詰めされた製品全体が母集団となる．そうして，母集団から (無作為に) 選ばれた製品が標本点となる．

(2) 1 枚のコインを 10 回投げたとき，表の出た回数が 5 回であったとする．こ
のとき，この試行は，**二項分布に従う確率変数**として与えられることがわか
る．しかしながら，たまたま 10 回のうち 5 回表が出ただけかもしれないの
で，(もう一つの) パラメータであるコインの表の出る確率が $p = \frac{5}{10} = 0.5$
と結論づけることはできない．

(3) ある市で行った家庭の所得調査において，調査した家庭 100 軒のうち 20
軒が全国平均の所得額を超えているからといって，その市の所得が全国平
均を超えている確率は 0.2 であると結論づけることはできない．調査した
100 軒が市の平均的な性質を表しているかどうかわからないうえ，そもそ
も，すべての家庭の調査をしたわけではない．   □

　上の例の (2) や (3) においては，それぞれ 0.5 や 0.2 を "母数" を表すパラ
メータの真の値と結論づけることはできないが，**標本の比**でもってそれら
の真の値であると推定することは直感的には正しいといえる．問題は，その直
感を**いかに正当化できるか**である．母集団 (の分布) が既知であればそれをもと
に分析を進めればよいが，現実的には多くの場合，得られる確率変数を特徴づ
ける分布のパラメータ (それを**母数**という) は未知である．

　一方で，統計モデルの性質から分布のクラス，例えば正規分布であることが
確定したとしても，それを特徴づける肝心の母数である平均 μ や分散 σ^2 がわ
からなければ評価・分析にはならない．

　以下，母集団から標本 (が無作為にとれるものとして，それ) を用いて母数
を推定・推測することを行う．特に，1 つの母数に着目して推定を行うことを
点推定あるいは**単純推定**とよぶ[1]．はじめに，母集団の母数として母集団平均
を取り上げることにする．

　目的となる母数を推定するために母集団から選び出した標本からつくられた
統計量を，その母数の**推定量** (estimator) とよぶ．まず，

- 平均統計量，すなわち，標本平均を求めたり，
- 中央値統計量，すなわち，メジアンを用いる

ことが適当かどうか，という問題を考えよう．簡単のために，4 枚のカードか
らなる母集団を考える．この 4 枚のカードには

$$1 点, \ 2 点, \ 3 点, \ 4 点$$

---

　1)　本書では，"母集団分布が適当な確率分布に従っている" ことを前提として推定を進める．
このような推定法を**パラメトリック推定**とよぶ．一方，母集団が従う分布を考えずに母集団平均や
母分散等を母数として推定することを**ノンパラメトリック推定**とよぶ．

と書かれているものとしよう．この場合の**母平均**は $\dfrac{1+2+3+4}{4} = 2.5$ である．以下，この 2.5 を推定するために 4 枚のうち 3 枚を選び出して調査することを考える．

(1) 4 枚を**復元抽出**により選び出すことにすると，$4^3 = 64$ 通りの標本の組合せがある．

(2) 4 枚を**非復元抽出**により選び出すことにすると，${}_4C_3 = 4$ 通りの標本の組合せとなる．

それぞれについて，母集団平均 $(= 2.5)$ の**推定量**として，

 i) 復元抽出における平均統計量 (標本平均)，

 ii) 復元抽出における中央値統計量 (メジアン)，

 iii) 非復元抽出における平均統計量 (標本平均)

を考えてみよう．例えば，標本平均が 2 となるような標本 (の実現値) は，復元抽出の試行 i) の場合は次のとおりである：

(1,2,3)	1-2-3	1-3-2	2-1-3	2-3-1	3-1-2	3-2-1
(1,1,4)	1-1-4	1-4-1	4-1-1	–	–	–
(2,2,2)	2-2-2	–	–	–	–	–

このとき，この事象 $(=$ 標本平均が 2 となる事象$)$ の確率は，

$$\frac{6+3+1}{4^3} = \frac{10}{64} = 0.15625$$

である．表 5.1 は，i), ii), iii) における推定量のそれぞれの確率関数の表である．

表 5.1　推定量とその確率分布表

推定量の値	i) の推定量の確率	ii) の推定量の確率	iii) の推定量の確率
1	0.015625	0.15625	0
4/3	0.046875	0	0
5/3	0.09375	0	0
2	0.15625	0.34375	0.25
7/3	0.1875	0	0.25
8/3	0.1875	0	0.25
3	0.15625	0.34375	0.25
10/3	0.09375	0	0
11/3	0.046875	0	0
4	0.015625	0.15625	0
期待値 (平均)	2.5	2.5	2.5
分散	0.4167	0.875	0.13888

この表 5.1 からわかることは，上で考えた推定量はすべて母平均である 2.5 ではない．したがって，そうなる事象の確率は，i), ii), iii) のすべての場合で 0 となるが，いずれの平均も 2.5 となる．

一方で，ここで取り上げた 3 つの推定量は，その期待値が推定したい母平均と一致する，という共通の性質をもつ．このような推定量は**不偏性**をもつといい，そのときの推定量を**不偏推定量** (unbiased estimator) とよぶ．

ところで，分散は統計量 (データ) の期待値からの散らばり具合を表すが，最も大きいものは ii) の「復元抽出での中央値」，最も小さいものは iii) の「非復元抽出の標本平均」である．一般に，2 つの不偏推定量に対して，分散の小さいほうを，他の推定量より**有効** (efficient) であるという．不偏推定量のうち，分散を最小にするものが存在するとき，それを**有効推定量**とよぶ．ここで取り扱った 3 つ推定量のなかでは，iii) の推定量が最も有効な推定量であり，ii) の推定量が最も有効でない推定量であるといえる．

◎**問 5.1**．上であげた例において，「非復元抽出における中央値」を母平均の推定量として考えた場合，この推定量の確率関数を求めよ．また，この推定量は不偏推定量といえるか．もし不偏ならば，どの程度 “有効” な不偏推定量といえるか．

◇**例 5.2**．(X_1, X_2) を正規分布 $\mathsf{N}(\mu, 2^2)$ からの大きさ 2 の標本とする．このとき，2 つの統計量

$$T_1 = \frac{X_1 + X_2}{2}, \qquad T_2 = \frac{3X_1 + X_2}{4}$$

を考えると，ともに

$$E[T_1] = \frac{E[X_1] + E[X_2]}{2} = \mu, \quad E[T_2] = \frac{3E[X_1] + E[X_2]}{4} = \mu$$

となることから，どちらも μ の不偏推定量となる．一方，X_1, X_2 は独立より

$$\mathsf{Var}[T_1] = \frac{\mathsf{Var}[X_1] + \mathsf{Var}[X_2]}{4} = 2, \quad \mathsf{Var}[T_2] = \frac{9\mathsf{Var}[X_1] + \mathsf{Var}[X_2]}{16} = \frac{5}{2}$$

である．よって，μ の推定量としては T_2 より T_1 が有効である．　　　□

◎**問 5.2**．コイン投げにおいて，表の出る確率 p を推定することを考える．そのために，コインを 20 回投げる．推定量として，

(i) 20 回投げたとき，「表の出た回数の相対比」，

(ii) 20 回投げたとき，「偶数回の 10 回を取り出し，そのうち表の出た回数の相対比」

の 2 つを考える．これらは不偏推定量であるか．そうならば，どちらが “より有効な” 推定量であるか．

不 偏 分 散

大きさ n の標本 $(X_1, X_2, \cdots, X_n)$ に対して, 標本分散 $S_n^2 = \dfrac{1}{n} \sum\limits_{i=1}^{n} (X_i - \bar{X}_n)^2$ を考える.

$$S_n^2 = \frac{1}{n} \sum_{i=1}^{n} (X_i - \bar{X}_n)^2 = \frac{1}{n} \sum_{i=1}^{n} (X_i^2 - 2\bar{X}_n X_i + \bar{X}_n^2)$$

$$= \frac{1}{n} \sum_{i=1}^{n} X_i^2 - 2\bar{X}_n \Big(\frac{1}{n} \sum_{i=1}^{n} X_i \Big) + \bar{X}_n^2 = \frac{1}{n} \sum_{i=1}^{n} X_i^2 - \bar{X}_n^2,$$

$$\bar{X}_n^2 = \Big(\frac{1}{n} \sum_{i=1}^{n} X_i \Big)^2 = \frac{1}{n^2} \Big(\sum_{i=1}^{n} X_i \Big)^2 = \frac{1}{n^2} \Big(\sum_{i=1}^{n} X_i^2 + 2 \sum_{1 \leqq i < j \leqq n} X_i X_j \Big)$$

に注意すると[2],

$$E[S_n^2] = E\Big[\frac{1}{n} \sum_{i=1}^{n} (X_i - \bar{X}_n)^2 \Big] = \frac{1}{n} \sum_{i=1}^{n} E[X_i^2] - E[\bar{X}_n^2]$$

$$= \frac{1}{n} \sum_{i=1}^{n} E[X_i^2] - \frac{1}{n^2} \sum_{i=1}^{n} E[X_i^2] - \frac{2}{n^2} \sum_{1 \leqq i < j \leqq n} E[X_i X_j]$$

$$= \frac{n-1}{n^2} \sum_{i=1}^{n} E[X_i^2] - \frac{2}{n^2} \sum_{1 \leqq i < j \leqq n} E[X_i X_j]$$

である. ここで, $\{X_i\}$ は独立同分布 (IID) な確率変数列であるから, 系 3.1 により, $i \neq j$ ならば,

$$E[X_i X_j] = E[X_i] E[X_j]$$

が成り立つ. また, 各 $i = 1, 2, \cdots, n$ に対して分散公式 (定理 3.2) を適用すると,

$$E[X_i] = \mu, \quad \sigma^2 = E[X_i^2] - (E[X_i])^2 \quad \text{より}, \quad E[X_i^2] = \sigma^2 + \mu^2$$

であるから,

$$E[S_n^2] = \frac{n-1}{n^2} \sum_{i=1}^{n} (\sigma^2 + \mu^2) - \frac{2}{n^2} \sum_{1 \leqq i < j \leqq n} E[X_i] E[X_j]$$

$$= \frac{n-1}{n} (\sigma^2 + \mu^2) - \frac{2}{n^2} \sum_{1 \leqq i < j \leqq n} \mu^2$$

---

[2] 2 次式の展開式を思い出す:$(a_1 + a_2 + a_3)^2 = (a_1^2 + a_2^2 + a_3^2) + 2(a_1 a_2 + a_1 a_3 + a_2 a_3)$ であり, $(a_1 + a_2 + \cdots + a_n)^2 = \sum\limits_{i=1}^{n} a_i^2 + 2 \sum\limits_{1 \leqq i < j \leqq n} a_i a_j$. ここで $\sum\limits_{1 \leqq i < j \leqq n} a_i a_j$ は $1 \leqq i < j \leqq n$ を満たすすべての (i, j) について $a_i a_j$ の和をとるという意味である.

$$= \frac{n-1}{n}\left(\sigma^2 + \mu^2\right) - \frac{2}{n^2} \cdot \frac{n(n-1)}{2}\mu^2 = \frac{n-1}{n}\sigma^2$$

となり，標本分散 S_n^2 は $\underline{\sigma^2\,\text{の不偏でない推定量}}$ となる．一方で，

$$U_n^2 = \frac{1}{n-1}\sum_{i=1}^{n}(X_i - \bar{X}_n)^2 = \frac{n}{n-1}S_n^2 \qquad (5.1)$$

とおくと，

$$E[U_n^2] = \frac{n}{n-1}E[S_n^2] = \frac{n}{n-1} \cdot \frac{n-1}{n}\sigma^2 = \sigma^2$$

となることから，U_n^2 は σ^2 の不偏推定量となる．これを σ^2 の**不偏分散** (unbiased variance) という．

一致推定量

母数 θ に対して，母集団から大きさ n の標本を用いて推定量 T_n が得られたとする．このとき，T_n が θ の**一致推定量** (consistent estimator) であるとは，標本数 n を大きくすると，T_n が θ に確率収束する，すなわち，任意の $\varepsilon > 0$ に対して，

$$\lim_{n\to\infty} P(|T_n - \theta| \geqq \varepsilon) = 0$$

が成り立つときをいう．これは，標本数 n が十分大きいとき推定量 T_n は θ の周りに確率的に集中してくることをいっている．

はじめに，母数の推定量が一致推定量となるための十分条件を一つ述べておこう．

命題 5.1. 母数 θ に対して，推定量 T_n が次を満たすとする：

$$\lim_{n\to\infty} E[T_n] = \theta, \qquad \lim_{n\to\infty} \mathsf{Var}[T_n] = 0.$$

このとき，T_n は θ の一致推定量となる．

証明： T_n が θ に確率収束をすることを示せばよい．そこで，$X = T_n - \theta$ に対してチェビシェフの不等式 (4.7) を適用すると，

$$P(|T_n - \theta| \geqq \varepsilon) \leq \frac{E[|T_n - \theta|^2]}{\varepsilon^2}, \quad \varepsilon > 0$$

が成り立つ．さらに，$a, b, c \in \mathbb{R}$ に対する不等式 $(a-b)^2 \leqq 2(a-c)^2 + 2(c-b)^2$ を用いると

$$E[|T_n - \theta|^2] \leqq E\left[2\left(T_n - E[T_n]\right)^2 + 2\left(E[T_n] - \theta\right)^2\right]$$

が成り立つ. $2\big(E[T_n] - \theta\big)^2$ は定数であること,および $E\big[\big(T_n - E[T_n]\big)^2\big] =$ $\mathrm{Var}[T_n]$ に注意すると,

$$E[|T_n - \theta|^2] \leqq 2\mathrm{Var}[T_n] + 2\big(E[T_n] - \theta\big)^2$$

となる. よって,仮定から

$$P(|T_n - \theta| \geqq \varepsilon) \leqq \frac{2\mathrm{Var}[T_n] + 2\big(E[T_n] - \theta\big)^2}{\varepsilon^2} \to 0 \quad (n \to \infty)$$

となるから,T_n は θ の一致推定量となる. $\square$

◆**例題** 5.1. 母集団には平均 μ および分散 σ^2 が存在するものとする. このとき,$(X_1, X_2, \cdots, X_n)$ を大きさ n の標本とするとき,標本平均 $\bar{X}_n$ は μ の一致推定量となることを示す.

解答: 標本平均 $\bar{X}_n = \dfrac{1}{n}(X_1 + X_2 + \cdots + X_n)$ に対して,

$$E[\bar{X}_n] = \mu, \qquad \mathrm{Var}[\bar{X}_n] = \frac{\sigma^2}{n} \to 0 \quad (n \to \infty)$$

が成り立つ. よって,命題 5.1 により,$\bar{X}_n$ は μ の一致推定量である. $\square$

5.2 いくつかの推定法

母数の推定量を求める手法をいくつか紹介する.

(1) モーメント法を用いた推定法

統計量 (= 確率変数) のモーメントをとおして母集団の母数を推定することを考える. まず,母集団で定義される確率変数が正規分布 $\mathsf{N}(\mu, \sigma^2)$ に従っているとし (このときの母集団を**正規母集団**ということがある),この母集団から大きさ n の標本 $(X_1, X_2, \cdots, X_n)$ を得たとする. μ, σ^2 はともに未知とする. すると,$\{X_k\}_{k=1}^n$ は独立で,すべて正規分布 $\mathsf{N}(\mu, \sigma^2)$ に従う確率変数列であるから,共通のモーメント母関数は,例 3.5 (2) により,

$$M(t) = E[e^{tX_i}] = \exp\Big(\mu t + \frac{\sigma^2 t^2}{2}\Big), \quad t \in \mathbb{R}.$$

したがって,

$$\mu = M'(0) = E[X_i], \quad \sigma^2 = M''(0) - (M'(0))^2 = E[X_i^2] - (E[X_i])^2$$

である. そこで,μ および σ^2 のそれぞれの推定量として,1 次モーメントおよび 2 次モーメント統計量を用いて,

$$\widehat{\mu} = \bar{X}_n = \frac{1}{n}\bigl(X_1 + X_2 + \cdots + X_n\bigr),$$

$$\widehat{\sigma^2} = \frac{1}{n}\sum_{i=1}^{n} X_i^2 - \Bigl(\frac{1}{n}\sum_{i=1}^{n} X_i\Bigr)^2 = \frac{1}{n}\sum_{i=1}^{n} X_i^2 - \bar{X}_n^2$$

を採用する[3)].

　このように，標本の k 次モーメント統計量を用いて母数の推定量とする方法のことを**モーメント法**とよぶ．例えば，2 つの未知母数 θ_1, θ_2 をもつ母集団から，大きさ n の標本 $X_1, X_2, \cdots, X_n$ が得られたとする．母平均と母分散はともに θ_1, θ_2 に依存していることから，それぞれ

$$\mu(\theta_1, \theta_2), \quad \sigma^2(\theta_1, \theta_2)$$

と表すことにする．このとき，母平均，母分散の推定量として

$$\widehat{\mu}(\theta_1, \theta_2) = \bar{X}_n, \quad \widehat{\sigma^2}(\theta_1, \theta_2) = \frac{1}{n}\sum_{i=1}^{n} X_i^2 - \bar{X}_n^2$$

を考え，これを (θ_1, θ_2) の連立方程式とみなして解いた解

$$\widehat{\theta_1} = \theta_1(X_1, X_2, \cdots, X_n), \qquad \widehat{\theta_2} = \theta_2(X_1, X_2, \cdots, X_n)$$

を，それぞれ θ_1, θ_2 のモーメント法による推定量とするのである．

◆**例題** 5.2. 母集団分布がポアソン分布 $\mathrm{Po}(\theta)$ に従うとすると，ポアソン分布 $\mathrm{Po}(\theta)$ の確率関数は，

$$p_x = \frac{e^{-\theta}\theta^x}{x!}, \quad x = 0, 1, 2, \cdots$$

である．このとき，母集団から大きさ n の標本 $(X_1, X_2, \cdots, X_n)$ が得られたとする．このとき，モーメント法による θ に対する推定量を求める．

　解答：例 3.3 (3) より，各 X_i のモーメント母関数は $M(t) = \exp(\theta(e^t - 1))$ であったから，

$$E[X_i] = M'(0) = \theta$$

となる．よって，モーメント法による θ の推定量 $\widehat{\theta} = \bar{X}_n$ を得る．　　　　□

◆**例題** 5.3. 母集団が一様分布 $\mathrm{Un}(a, b)$ に従うとすると，確率密度関数は $f(x) = 1/(b-a)$, $a \leqq x \leqq b$ である．このとき，母集団から大きさ n の標本 $(X_1, X_2, \cdots, X_n)$ を得たとするとき，モーメント法による a, b に対する推定量を求める．

---

　3)　母数 θ に対して，その推定量を $\widehat{\theta}$ と θ の上に "^" (ハットと読む) を付けて表す．

解答：例 3.3 (1) より，各 X_i のモーメント母関数は

$$M(t) = \begin{cases} \dfrac{e^{bt} - e^{at}}{(b-a)t}, & t \neq 0, \\ 1, & t = 0 \end{cases}$$

より，1 次モーメントを μ_1，2 次モーメントを μ_2 とすると，

$$\begin{cases} \mu_1 = E[X_i] = M'(0) = \dfrac{a+b}{2}, \\ \mu_2 = E[X_i^2] = M''(0) = \dfrac{b^2 + ab + a^2}{3} \end{cases}$$

であるから，

$$\begin{cases} a + b = 2\mu_1, \\ a^2 + ab + b^2 = 3\mu_2. \end{cases} \tag{5.2}$$

上記の 2 つの式を a, b の連立方程式とみなして，(5.2) の第 1 式の 2 乗したものから第 2 式をひくと，$ab = 4\mu_1^2 - 3\mu_2$ を得る．すると，2 次方程式の解と係数の関係により，a, b は

$$t^2 - 2\mu_1 t + (4\mu_1^2 - 3\mu_2) = 0$$

の解であることがわかる．よって，$a < b$ に注意して解くと，

$$a = \mu_1 - \sqrt{3(\mu_2 - \mu_1^2)}, \quad b = \mu_1 + \sqrt{3(\mu_2 - \mu_1^2)}$$

である．よって，1 次モーメント μ_1 は標本平均 $\bar{X}_n$ であり，μ_2 は 2 次モーメント統計量 $\dfrac{1}{n}\sum_{i=1}^{n} X_i^2$ だから，モーメント法による a, b の推定量を $\widehat{a}_n, \widehat{b}_n$ とおくと，

$$\widehat{a}_n = \bar{X}_n - \sqrt{3\Big(\dfrac{1}{n}\sum_{i=1}^{n} X_i^2 - \bar{X}_n^2\Big)}, \quad \widehat{b}_n = \bar{X}_n + \sqrt{3\Big(\dfrac{1}{n}\sum_{i=1}^{n} X_i^2 - \bar{X}_n^2\Big)}$$

を得る． □

◎**問 5.3.** 母集団がアーラン分布 $\mathsf{Erl}(n, \theta)$ に従うとする．このとき，母集団から大きさ n の標本 $(X_1, X_2, \cdots, X_n)$ を得たとするとき，母数 (n, θ) のモーメント法による推定量を求めよ．

(2) 最尤推定量を用いた推定法

いま，コインを 10 回投げたとき 6 回表が出たものとする．このとき，表の出る確率 p の**推定値として** $\widehat{p} = 6/10 = 0.6$ **が与えられた**ものとする．一方，

コインを 10 回投げて 6 回表が出る確率は，表の出る確率を p とすると，

$$P\big(\text{``10 回投げて表が 6 回出る''}\big) = {}_{10}C_6\, p^6(1-p)^4 \tag{5.3}$$

である．このとき，実現値 6 に対して，右辺の値を未知パラメータ p の関数とみて，**尤度関数** (likelihood function) とよぶ．$p = 0.2, 0.5$ をそれぞれ代入すると，

- $p = 0.2$ のとき ${}_{10}C_6 \times 0.2^6 \times 0.9^4 = 0.00550502,$
- $p = 0.5$ のとき ${}_{10}C_6 \times 0.5^6 \times 0.5^4 = 0.20507813$

となる．これは『10 回のうち 6 回表が出る』という実現値としてのデータに対して，$p = 0.5$ のときの値が，$p = 0.2$ のときの値に比べて高い確率，したがって，良い推定量を与えることがわかる．このことから，尤度関数を大きくする p の値を導出することが，より (実現値が) 起こりやすい確率を与えることを示唆する．実際，(5.3) を p の関数として微分すると

$$\frac{d}{dp}\Big({}_{10}C_6\, p^6(1-p)^4\Big) = {}_{10}C_6\, p^5(1-p)^3\big(6(1-p)-4p\big)$$

より，(5.3) が最大となるのは $p = 6/10 = 0.6$ のときであることがわかる．

　このことをふまえて，一般的な議論を行う．いま，母数 θ をもつ母集団分布を考える．母集団分布は連続型の分布で，確率密度関数が存在するとする．確率密度関数は θ にも依存するから，それを $f(x|\theta)$ と書くことにする：

$$P(X \leqq x) = \int_{-\infty}^{x} f(t|\theta)\, dt, \quad x \in \mathbb{R}.$$

このとき，母集団から大きさ n の標本 $(X_1, X_2, \cdots, X_n)$ を取り出すと，n 次元確率ベクトル $\boldsymbol{X} = (X_1, X_2, \cdots, X_n)$ の結合密度関数も θ に依存する．それを $f_n(\boldsymbol{x}|\theta)$ と書くことにすると，$\{X_k\}_{k=1}^{n}$ は独立だから

$$f_n(\boldsymbol{x}|\theta) = f(x_1|\theta)f(x_2|\theta)\cdots f(x_n|\theta), \quad \boldsymbol{x} = (x_1, x_2, \cdots, x_n) \in \mathbb{R}^n$$

となる．これを θ の関数とみたものを**尤度関数**とよび，$L_n(\theta)$ と表す：

$$L_n(\theta) = f_n(\boldsymbol{x}|\theta).$$

こうして，尤度関数 $L_n(\theta)$ を最大にする θ を母数 θ の推定値と考え，$\widehat{\theta}_n$ と書いて θ の**最尤推定量**とよぶ．なお，母集団分布が離散分布の場合は (例えば (5.3) で与えられる) 確率関数を考えればよい．

　ところで，尤度関数 $L_n(\theta)$ の対数をとったものを**対数尤度関数**とよび，それを $\ell_n(\theta)$ と表す：

$$\ell_n(\theta) = \log L_n(\theta) = \sum_{i=1}^{n} \log f(x_i|\theta).$$

$L_n(\theta)$ を最大にする θ は，$\ell_n(\theta)$ を最大にする θ と同じである．したがって，$L_n(\theta)$ を最大にする θ を求める方法の一つとして，$\ell_n(\theta)$ を θ で微分して，それを 0 とおいた式

$$\frac{d}{d\theta}\ell_n(\theta) = \sum_{i=1}^{n} \frac{d}{d\theta}\big(\log f(x_i|\theta)\big) = 0$$

の解を求めることで得られる場合がある．この方程式を**尤度方程式**という．

◆例題 5.4. 母集団分布がポアソン分布 Po(θ) に従うとする．このとき，母集団から大きさ n の標本 $(X_1, X_2, \cdots, X_n)$ をとる．θ の最尤推定量を求めよう．

解答： ポアソン分布 Po(θ) に従う確率変数の確率関数は

$$p(x|\theta) = \frac{e^{-\theta}\theta^x}{x!}, \quad x = 0, 1, 2, \cdots$$

であるから，結合確率関数，すなわち，尤度関数は

$$L_n(\theta) = p(x_1|\theta)p(x_2|\theta)\cdots p(x_n|\theta) = \prod_{i=1}^{n} \frac{e^{-\theta}\theta^{x_i}}{x_i!}$$

となる．これを最大にする θ を求めるのは簡単ではないので，対数尤度関数

$$\ell_n(\theta) = \log L_n(\theta) = \sum_{i=1}^{n} \log \frac{e^{-\theta}\theta^{x_i}}{x_i!} = \sum_{i=1}^{n} \big(-\theta + x_i \log\theta - \log(x_i!)\big)$$

を考える．これを θ で微分して，尤度方程式を解くと，

$$\frac{d}{d\theta}\ell_n(\theta) = \sum_{i=1}^{n} \big(-1 + \frac{x_i}{\theta}\big) = -n + \frac{1}{\theta}\sum_{i=1}^{n} x_i = 0, \quad \text{よって，} \quad \theta = \frac{1}{n}\sum_{i=1}^{n} x_i$$

となる．したがって，θ の最尤推定量は $\widehat{\theta} = \dfrac{1}{n}\sum_{i=1}^{n} X_i = \bar{X}_n$ である．この場合はモーメント法による推定量である標本平均と一致する．　　　□

◎問 5.4. 表の出る確率が p であるようなをコイン投げを行う．はじめて表の出るまでの回数を記録する試行を繰り返す．最初の 5 回について，次のような結果が得られた：

$$4, \quad 5, \quad 2, \quad 10, \quad 3.$$

このとき，母数 p に対する最尤推定量は

$$\widehat{p} = \frac{5}{4+5+2+10+3}$$

となることを示せ．

Hint: 母集団分布は Ge(p) として考え，大きさ 5 の標本 $(4,5,2,10,3)$ が取り出されたとせよ．

より一般に,母数 $\theta_1, \theta_2, \cdots, \theta_r$ $(r \geqq 2)$ をもつ母集団分布を考える[4].
母集団から大きさ n の標本 $(X_1, X_2, \cdots, X_n)$ を得たとする.このとき,
$\boldsymbol{x} = (x_1, x_2, \cdots, x_n) \in \mathbb{R}^n$ に対する尤度関数は r 変数関数 $L_n(\theta_1, \theta_2, \cdots, \theta_r)$
である:

$$L_n(\theta_1, \theta_2, \cdots, \theta_r) = \prod_{i=1}^{n} f(x_i | \theta_1, \theta_2, \cdots, \theta_r).$$

尤度関数 $L_n(\theta_1, \theta_2, \cdots, \theta_r)$ を最大にする組 $(\theta_1, \theta_2, \cdots, \theta_r)$ をそれぞれの母
数の推定量と考え,それらを $(\widehat{\theta_1}, \widehat{\theta_2}, \cdots, \widehat{\theta_r})$ と書いて,$r = 1$ のときと同じ
く,それぞれを母数の**最尤推定量**とよぶ.また,それを求めるためには,尤度
関数 L_n の対数をとった対数尤度関数 ℓ_n を最大にする組 $(\theta_1, \theta_2, \cdots, \theta_r)$ を
求めればよい.したがって,多変数関数の微分積分学で学んだように,

$$\frac{\partial}{\partial \theta_i} \ell_n(\theta_1, \theta_2, \cdots, \theta_r) = 0, \quad i = 1, 2, \cdots, r$$

を満たす解を求めることで得られる場合がある.これも**尤度 (連立) 方程式**と
よぶ.

◆**例題 5.5.** 母集団分布が一様分布 $\mathsf{Un}(a, b)$ に従うとする.このとき,a, b の
最尤推定量を求める.ただし,$a < b$ である.

解答: 一様分布の確率密度関数は $f(x|a, b) = 1/(b-a)$ である.ここで,大き
さ n の標本 $(X_1, X_2, \cdots, X_n)$ をとる.このとき,$\boldsymbol{x} = (x_1, x_2, \cdots, x_n) \in \mathbb{R}^n$
に対する尤度関数を求めると,

$$L_n(a, b) = \prod_{i=1}^{n} f(x_i | a, b) = \begin{cases} \dfrac{1}{(b-a)^n}, & \text{すべての } i \text{ に対して } a \leqq x_i \leqq b, \\ 0, & \text{その他のとき.} \end{cases}$$

したがって,対数尤度関数は,すべての i に対して $a \leqq x_i \leqq b$ を満たすとき
にのみ,

$$\ell_n(a, b) = \log L_n(a, b) = -n \log(b - a)$$

で与えられる.このとき,$\ell_n(a, b)$ は (b をとめると) a に関して単調増加関数,
(a をとめると) b に関して単調減少関数である.このことは,

$$a \leqq x_1, x_2, \cdots, x_n \leqq b$$

---

4) 母集団分布が連続分布で確率密度関数 $f(x|\theta_1, \theta_2, \cdots, \theta_r)$ をもつ場合は,$P(X \leqq x) = \int_{-\infty}^{x} f(t|\theta_1, \theta_2, \cdots, \theta_r)\, dt$, $x \in \mathbb{R}$ を,離散分布の場合は確率関数 $p(k|\theta_1, \theta_2, \cdots, \theta_r) = P(X = k)$ を考える.

を満たすときに成り立つ. したがって, そのときの最も大きい a かつ最も小さい b が尤度関数を最大にするから, a, b の最尤推定量をそれぞれ $\widehat{a}, \widehat{b}$ とすると,

$$\widehat{a} = \min\{X_1, X_2, \cdots, X_n\}, \quad \widehat{b} = \max\{X_1, X_2, \cdots, X_n\}$$

である. □

◎**問 5.5.** 母集団分布が一様分布 $\mathsf{Un}(a, b)$ に従うとする. この母集団から大きさ 5 の標本 $(2.8, 0.6, 1.7, 4.2, 3.3)$ を得た. このとき, a, b の最尤推定量を求めよ.

◆**例題 5.6.** 正規母集団 $\mathsf{N}(\mu, \sigma^2)$ から, 大きさ n の標本 $(X_1, X_2, \cdots, X_n)$ を得たとする. このとき, μ, σ^2 の最尤推定量を求めよう.

解答: 正規分布 $\mathsf{N}(\mu, \sigma^2)$ に従う確率変数の確率密度関数は

$$f(x|\mu, \sigma^2) = \frac{1}{\sqrt{2\pi\sigma^2}} \exp\Big(-\frac{(x-\mu)^2}{2\sigma^2}\Big), \quad x \in \mathbb{R}$$

であるから, 尤度関数は

$$L_n(\mu, \sigma^2) = f(x_1|\mu, \sigma^2) f(x_2|\mu, \sigma^2) \cdots f(x_n|\mu, \sigma^2)$$

$$= \prod_{i=1}^{n} \frac{1}{\sqrt{2\pi\sigma^2}} \exp\Big(-\frac{(x_i-\mu)^2}{2\sigma^2}\Big).$$

したがって, 対数尤度関数は

$$\ell_n(\mu, \sigma^2) = \log L_n(\mu, \sigma^2) = \sum_{i=1}^{n} \log \frac{1}{\sqrt{2\pi\sigma^2}} \exp\Big(-\frac{(x_i-\mu)^2}{2\sigma^2}\Big)$$

$$= -\sum_{i=1}^{n} \Big(\frac{1}{2}\log(2\pi) + \frac{1}{2}\log(\sigma^2) + \frac{(x_i-\mu)^2}{2\sigma^2}\Big)$$

となる. ここで, 計算しやすくするために $\sigma^2 = t$ とおくと,

$$\ell_n(\mu, t) = -\sum_{i=1}^{n} \Big(\frac{1}{2}\log(2\pi) + \frac{1}{2}\log t + \frac{(x_i-\mu)^2}{2t}\Big)$$

より, これを μ と t で偏微分して尤度 (連立) 方程式をつくると

$$\begin{cases} \dfrac{\partial \ell_n(\mu, t)}{\partial \mu} = \displaystyle\sum_{i=1}^{n} \frac{x_i - \mu}{t} = \frac{1}{t}\sum_{i=1}^{n} x_i - \frac{\mu n}{t} = 0, \\[2mm] \dfrac{\partial \ell_n(\mu, t)}{\partial t} = -\displaystyle\sum_{i=1}^{n} \Big(\frac{1}{2t} - \frac{(x_i-\mu)^2}{2t^2}\Big) = 0 \end{cases}$$

である. 最初の式から $\displaystyle\sum_{i=1}^{n} x_i = \mu n$ より, $\mu = \dfrac{1}{n}\displaystyle\sum_{i=1}^{n} x_i$ を得る. 2 つ目の式から $tn = \displaystyle\sum_{i=1}^{n}(x_i - \mu)^2$ より, $t = \sigma^2 = \dfrac{1}{n}\displaystyle\sum_{i=1}^{n}(x_i - \mu)^2$ となる. したがって,

μ, σ^2 の最尤推定量 $\widehat{\mu}, \widehat{\sigma^2}$ はそれぞれ

$$\widehat{\mu} = \frac{1}{n} \sum_{i=1}^{n} X_i = \bar{X}_n, \qquad \widehat{\sigma^2} = \frac{1}{n} \sum_{i=1}^{n} (X_i - \bar{X}_n)^2 = S_n^2$$

となる. 特に, 母分散 σ^2 の最尤推定量は標本分散そのものとなり, 不偏分散 U_n^2 とは異なることに注意する. □

◎**問 5.6.** 母集団分布が二項分布 $\mathrm{Bi}(m, p)$ に従うとする. この母集団から大きさ n の標本 $(X_1, X_2, \cdots, X_n)$ を得たとする. このとき, 母数 p の最尤推定量を求めよ. ただし, $m \in \mathbb{N}, 0 < p < 1$ とする.

(3) ベイズの公式を用いた母数の推定法

母数 θ の推定法としてベイズの公式を用いる方法を紹介しておく. まず, 母数 θ も確率変数だと考え, 分析者が主観に基づいてその分布の確率密度関数を $f(\theta)$ とする. ある事象 x が起こったという条件の下で, θ の分布の確率密度関数 $f(\theta)$ がどのように変更されるかを表す式が, **分布に関するベイズの公式**

$$f(\theta|x) = \frac{f(x|\theta)f(\theta)}{\displaystyle\int_{-\infty}^{\infty} f(x|\theta)f(\theta)\,d\theta} \tag{5.4}$$

である. 右辺の $f(\theta)$ を**事前分布**, 左辺の $f(\theta|x)$ を**事後分布**とよぶ. 上の公式は, "x が起こったという情報をもとに θ の分布について修正が行われた" とも読める. そして, 事後分布に対する θ の平均

$$\int_{-\infty}^{\infty} \theta f(\theta|x)\,d\theta$$

を θ の点推定の一つとみなすことができる.

分布に関するベイズの公式を用いて次の例題を考えてみよう.

◆**例題 5.7.** ある同じ実験を n 回独立に行ったところ, 事象 A が n 回続けて起きた. その実験をもう一度行ったとき, さらに事象 A が起こる確率が $1/2$ より大きくなる確率はいくらか.

解答: (ベイズ流の一つの解答例) 事象 A が起きる確率を p とし, n 回の実験で事象 A が起こる回数を X_n で表す. 事象 A が n 回続けて起こる事象は $X_n = n$ である. p を未知の母数と考え確率変数と考える. このとき, 分布に関するベイズの公式を用いると

$$P(p|X_n = n) = \frac{P(X_n = n|p)U(p)}{\displaystyle\int_0^1 P(X_n = n|p)U(p)\,dp} = \frac{p^n}{\displaystyle\int_0^1 p^n\,dp} = (n+1)p^n$$

となる．ここで，$U(p)$ は区間 $[0,1]$ 上の一様分布：

$$U(p) = \begin{cases} 1, & 0 \leqq p \leqq 1, \\ 0, & その他 \end{cases}$$

であり，したがって，求める確率は

$$\frac{\displaystyle\int_{1/2}^1 p^n\,dp}{\displaystyle\int_0^1 p^n\,dp} = 1 - \frac{1}{2^{n+1}}$$

となる．   □

上記で $U(p) = 1$, $0 \leq p \leq 1$ がでてきた理由は，事象 A の起こる確率 p がわからないので，p そのものを $[0,1]$ の値をとる確率変数のように考え，さらに p についてはまったく情報がないので $[0,1]$ 上の一様分布に従うと仮定しようというわけである．この場合，$U(p)$ が事前分布である．そして，$f(p) = (n+1)p^n$ は $[0,1]$ の確率密度関数で**事後分布**である．事象 A の起こる確率 p の情報がまったくないので $U(p)$ を事前分布として使ったが，

「実験を n 回独立に行い事象 A が n 回起きた」

という情報を得た後に，事象 A の起こる確率 p の分布は $f(p)$ に修正されたと考えることができる．

上の例題を用いて，**ラプラスの継続則**とよばれる法則について述べよう．

◆**例題** 5.8. 無限個の白玉と黒玉の入った箱を考える．n 個の玉を復元抽出して n 個の白玉 (と 0 個の黒玉) が得られた．次もまた白玉が抽出される確率はいくらか．

解答： 1 回の抽出で白玉を取り出す確率を p としよう．もちろん p の値はわからない．このとき，n 回の復元抽出に対して，n 回とも白玉が取り出される確率は，

$$_nC_n\, p^n q^0 = p^n, \quad q = 1 - p$$

であり，

$$P(p|X_n = n) = \frac{P(X_n = n|p)U(p)}{\displaystyle\int_0^1 P(X_n = n|p)U(p)\,dp}$$

となる．ここで，$U(p)$ は $[0,1]$ 上の一様分布であり，一様分布を採用するのは上で述べた理由と同様である．

$X_n = n$ という情報の下で，事後分布 $P(p|X_n = n)$ をもつ．ここでは，事後分布による p の期待値は

$$\int_0^1 pP(p|X_n = n)\,dp = \frac{n+1}{n+2}$$

であり，これを p の点推定値とみなし，次に白玉が抽出される確率と考えられる．この事実から，**ラプラスの継続則**，すなわち "n 回続けて起こる現象がもう一度起こる確率は $(n+1)/(n+2)$ である" ということをラプラス (Laplace) は導いた．例えば，太陽が過去 5000 年間毎日昇り続けているなら明日も昇る確率は

$$\frac{5000 \times 365 + 1}{5000 \times 365 + 2} = 0.9999994...$$

というわけである．   □

ここで，一様分布 $\mathsf{Un}(0,1)$ の代わりにベータ分布 $\beta(r,s)$ を事前分布にとると，分布に対するベイズの公式 (5.4) は

$$P(p|X_n = n) = \frac{P(X_n = n|p)p^{r-1}(1-p)^{s-1}}{\displaystyle\int_0^1 P(X_n = n|p)p^{r-1}(1-p)^{s-1}dp}$$

となり，右辺は p の関数としては $p^{n+r-1}(1-p)^{s-1}$ という形で現れる．すなわち，事後分布はベータ分布 $\beta(r+n,s)$ となる[5]．よって，上で述べた p の点推定を $\beta(r+n,s)$ の期待値で求めるならば，

$$\int_0^1 \frac{p^{n+r}(1-p)^{s-1}}{\mathsf{B}(n+r,s)}\,dp = \frac{n+r}{n+r+s}$$

となる．特に，$r = s = 1$ が一様分布の場合である．

一般に，ベータ分布 $\beta(r,s)$ に従う確率変数 X の期待値は

$$E[X] = \int_0^1 x \cdot \frac{x^{r-1}(1-x)^{s-1}}{\mathsf{B}(r,s)}\,dx = \frac{r}{r+s}$$

---

5) 二項分布に対して，事前分布をベータ分布にとると事後分布もベータ分布となる (**共役事前分布**とよばれている)．

となることが，ベータ関数の変換公式

$$\mathrm{B}(r,s) = \frac{r+s}{r}\mathrm{B}(r+1,s)$$

を用いて示される (問題 2.16 (1), (6) を用いる).

5.3 区 間 推 定

　前節は，母集団分布が母数 θ をもつとして θ を推定する点推定を行ったが，推定量は θ に (完全に) 一致するとは限らない. あくまで推定値でしかない. すると，推定量が**どの程度正確か**を知ることが次に問題となる. 一方で，推定量の正確さを測ることができるとすれば，当然のことながら真の値 θ を知らなければならない. したがって，**真の値を知ること**が推定量がどの程度正確かを測るためには必要となるということになり，堂々巡りとなってしまう.

　そこで，ここからは母数に対する統計量 (= 確率変数) の分布関数に関する情報のみに着目して，推定量の正確さを測ることを考えよう. そのために，前節の (2) で取り上げた例にもどってみよう. すなわち，

『コインを 10 回投げたとき 6 回表が出た』

ということは既知として，コインの表の出る確率 p を推定する状況を考えよう. このとき，母集団分布はベルヌーイ分布 $\mathrm{Be}(p)$，あるいは同じことであるが二項分布 $\mathrm{Bi}(1,p)$ である. いま，大きさ 10 の標本 $(X_1, X_2, \cdots, X_{10})$ が得られて，

$$X_1 + X_2 + \cdots + X_{10} = 6$$

であることがわかっている，ということである. そこで，標本平均 $\bar{X}_{10} = (X_1 + X_2 + \cdots + X_{10})/10$ に対して，

$$N = 10\bar{X}_{10} = X_1 + X_2 + \cdots + X_{10}$$

とおくと，N は二項分布 $\mathrm{Bi}(10,p)$ に従う確率変数となり，さらに 6 は N の実現値である[6]. このとき，母数 p に対して，

- 実現値 6 がもっともらしい値と思える確率，いい換えると，6 が極端でない値となる確率，はいくらか

という問題を考えよう. 余事象の確率により，これは

- 実現値 6 が極端な値となる確率はいくらか

---

6)　あるいは，$6/10 = 0.6$ を $\bar{X}_{10}$ の実現値とみることもできる.

という問題を考えることと同じである．そのために，p が変われば

$$P(N < 6) \quad \text{および} \quad P(N > 6)$$

の値がどう変化するかをみてみよう．それは，

$$P(N < 6) = \sum_{i=0}^{5} {}_{10}\mathsf{C}_i\, p^i (1-p)^{10-i}, \quad P(N > 6) = \sum_{i=7}^{10} {}_{10}\mathsf{C}_i\, p^i (1-p)^{10-i}$$

を計算すればよい．次の表 5.2 は，二項分布 $\mathrm{Bi}(10, p)$ の確率関数 $p_i = P(N = i)$ の，p の値を変えたときの一覧表である：

表 5.2

	$p = 0.1$	$p = 0.2$	$p = 0.5$	$p = 0.6$	$p = 0.8$
$P(N = 0)$	0.348678	0.107374	0.000976563	0.000104858	1.024×10^{-7}
$P(N = 1)$	0.38742	0.268435	0.00976563	0.00157286	4.096×10^{-6}
$P(N = 2)$	0.19371	0.30199	0.0439453	0.0106168	0.000073728
$P(N = 3)$	0.0573956	0.201327	0.117188	0.0424673	0.000786432
$P(N = 4)$	0.0111603	0.0880804	0.205078	0.111477	0.00550502
$P(N = 5)$	0.00148803	0.0264241	0.246094	0.200658	0.0264241
$P(N = 6)$	0.000137781	0.00550502	0.205078	0.250823	0.0880804
$P(N = 7)$	8.748×10^{-6}	0.000786432	0.117188	0.214991	0.201327
$P(N = 8)$	3.645×10^{-7}	0.000073728	0.0439453	0.120932	0.30199
$P(N = 9)$	9×10^{-9}	4.096×10^{-6}	0.00976563	0.0403108	0.268435
$P(N = 10)$	1×10^{-10}	1.024×10^{-7}	0.000976563	0.00604662	0.107374

結論から述べると，

$$p \geqq 0.813 \quad \Longrightarrow \quad P(N < 6) < 0.025,$$

$$p \leqq 0.347 \quad \Longrightarrow \quad P(N > 6) < 0.025$$

となることがわかる．このとき，区間 $[0.347, 0.813]$ は母数 p に対する 95% の**信頼区間**とよばれる．

▷ **注意** 5.1. これは，p が 95% の確率で区間 $[0.347, 0.813]$ に入っていることを意味するのではない．なぜなら，p はあくまで固定した定数であり，確率変数ではないからである．むしろ，(コインを 10 回投げる) 試行を何回も繰り返したとき，95% の割合で信頼区間が p を含んでいる，と解釈するべきものである．

そこで，与えられた確率 $\alpha\,(> 0)$ および大きさ n の標本 $(X_1, X_2, \cdots, X_n)$ に対して，未知母数 θ に対する 2 つの統計量 $L = L(X_1, X_2, \cdots, X_n)$，$U = U(X_1, X_2, \cdots, X_n)$ が次を満たすとする：

$$P(L < U) = 1, \qquad P(U < \theta) < \frac{\alpha}{2}, \qquad P(L > \theta) < \frac{\alpha}{2}. \tag{5.5}$$

このとき，区間 $[L, U]$ を母数 θ の信頼度 $100(1-\alpha)\%$ (あるいは，信頼係数 $1-\alpha$) の**信頼区間**という．余事象の確率の公式を用いると，(5.5) より

$$P(L \leqq \theta \leqq U) \geqq 1 - \alpha \tag{5.6}$$

が成り立つことがわかる[7]．端点 L, U を**信頼限界**とよぶ．例えば，$\alpha = 0.05$ ならば，先に述べた 95 % の信頼区間である．多くの場合，$\alpha = 0.1, 0.05, 0.01$ を用いる．

以下，正規母集団 $\mathsf{N}(\mu, \sigma^2)$ の場合に平均と分散の区間推定について述べよう．

(1) 母平均 μ の区間推定――分散が既知のとき――

母集団分布が正規分布 $\mathsf{N}(\mu, \sigma^2)$ であるとき，母数は μ と σ^2 の 2 つである．このとき，平均 μ を推定する場合，分散 σ^2 が既知であるか，未知であるかによって推定の方法が異なってくる．そこで，まず σ^2 が既知の場合について考えよう．

いま，大きさ n の標本 $(X_1, X_2, \cdots, X_n)$ を得たとし，標本平均 $\bar{X}_n$ を用いて，平均 μ の信頼区間を求めてみよう．各 X_i は $\mathsf{N}(\mu, \sigma^2)$ に従うことから，標本平均 $\bar{X}_n$ は正規分布 $\mathsf{N}(\mu, \sigma^2/n)$ に従うことがわかる．そこで，$\bar{X}_n$ を規格化した確率変数 $Z_n (= (\bar{X}_n - \mu)/\sigma)$ を考えると，(2.13) により，Z_n は標準正規分布 $\mathsf{N}(0, 1)$ に従う：

$$Z_n = \frac{\sqrt{n}(\bar{X}_n - \mu)}{\sigma} \sim \mathsf{N}(0, 1).$$

Z_n の確率密度関数は y 軸対称であるから，$0 < \alpha < 1$ に対して，

$$P(Z_n \leqq -z_{\alpha/2}) = P(Z_n \geqq z_{\alpha/2}) = \frac{\alpha}{2}$$

かつ

$$P(-z_{\alpha/2} \leqq Z_n \leqq z_{\alpha/2}) = 1 - 2P(Z_n \geqq z_{\alpha/2}) = 1 - \alpha$$

を満たす $z_{\alpha/2} > 0$ がただ一つ存在する．よって，

$$P\left(-z_{\alpha/2} \leqq Z_n = \frac{\sqrt{n}}{\sigma}(\bar{X}_n - \mu) \leqq z_{\alpha/2}\right) = 1 - \alpha \tag{5.7}$$

となる．(5.7) の確率の ( ) 中の不等式を μ について変形すると，

---

7)　テキストによっては，(5.6) が成り立つとき区間 $[L, U]$ を信頼区間とよんでいるが，(5.6) だけから，L, U が (5.5) の後半の 2 つの式を同時に満たすか一般にはわからないので注意する必要がある．特に (5.5) を満たす L, U について，$(-\infty, U]$ を**下側信頼区間**，$[L, \infty)$ を**上側信頼区間**とよぶことがある．

$$P\left(\bar{X}_n - \frac{z_{\alpha/2}}{\sqrt{n}}\sigma \leqq \mu \leqq \bar{X}_n + \frac{z_{\alpha/2}}{\sqrt{n}}\sigma\right) = 1 - \alpha$$

となる．したがって，**分散が既知**のとき，大きさ n の標本 $(X_1, X_2, \cdots, X_n)$ を用いた母平均 μ の信頼度 $100\,(1 - \alpha)\%$ の信頼区間は，

$$\left[\bar{X}_n - \frac{z_{\alpha/2}}{\sqrt{n}}\sigma, \bar{X}_n + \frac{z_{\alpha/2}}{\sqrt{n}}\sigma\right] \tag{5.8}$$

である．

　ところで，標準正規分布 $\mathrm{N}(0,1)$ の確率密度関数の分布表 (付表 1) によると，$\alpha = 0.1,\ 0.05,\ 0.01$ のそれぞれに対応する点 $z_{\alpha/2}$ は

$$z_{0.1/2} = 1.65, \qquad z_{0.05/2} = 1.96, \qquad z_{0.01/2} = 2.58 \tag{5.9}$$

であることがわかる (注意 2.1 を参照)．これらは覚えておくとよい．

◆**例題** 5.9. ある都市に住む高校 3 年生の男子生徒の身長の標準偏差は 9 cm ということがわかっている．その中から 10 人を無作為に選んで身長を測ったところ (単位 cm)

　160.5, 175.3, 184.2, 168.5, 172.2, 186.7, 155.6, 169.7, 174.3, 165.8

であった．このとき，この都市に住む高校 3 年生の男子生徒の身長は正規分布 $\mathrm{N}(\mu, 9^2)$ に従うものとして，μ の信頼度 95 ％ の信頼区間を求める．

　解答： 標本平均を求めると，$\bar{X}_{10} = 171.28$ である．このとき，(5.8) より信頼度 95 ％ の信頼区間の端点は

$$\begin{cases} L = \bar{X}_{10} - \dfrac{z_{0.05/2}}{\sqrt{10}} \cdot \sigma = 171.28 - \dfrac{1.96}{\sqrt{10}} \times 9 = 165.70, \\[3mm] U = \bar{X}_{10} + \dfrac{z_{0.05/2}}{\sqrt{10}} \cdot \sigma = 171.28 + \dfrac{1.96}{\sqrt{10}} \times 9 = 176.86 \end{cases}$$

より，$[165.70, 176.86]$ である． □

◎**問** 5.7. 上の例題 5.9 において，μ の信頼度 90 ％ および 99 ％ の信頼区間をそれぞれ求めよ．

▷ **注意** 5.2. 標本の大きさ n が一定の場合，母平均の信頼区間の巾は分散が既知のときは標本 $(X_1, X_2, \cdots, X_n)$ には無関係であることがわかる．さらに，このときの信頼区間は，**推定誤差** $|\bar{X}_n - \mu|$ が $z_{\alpha/2}\sigma/\sqrt{n}$ 以下となる確率が $1 - \alpha$ であることも意味する．したがって，もし推定誤差を与えられた定数 $\gamma\,(> 0)$ より小さくしたければ，$z_{\alpha/2}\sigma/\sqrt{n} < \gamma$，すなわち，

$$n > z_{\alpha/2}^2 \sigma^2 / \gamma^2 \tag{5.10}$$

を満たすように n を大きくとる必要がある. 例えば, 上に述べた例題 5.9 で, 高校 3 年生の男子生徒の身長の平均が 95 % の信頼度で, 推定誤差を 1 cm より小さくしたければ,

$$n > 1.96^2 \times 9/1^2 = 34.57$$

となり, 35 人以上の標本の大きさが必要となる. このように, 推定誤差を必要なレベルに抑えるための標本の大きさは (5.10) から定まることがわかる. しかし, 次にみるように, 分散が未知の場合の推定誤差は不偏分散 U_n^2 にも依存するので, より複雑になる.

◎問 5.8. ある工場では電球型蛍光灯を製造している. この蛍光灯の寿命を 95 % の信頼度で推定したい. この蛍光灯の寿命の標準偏差は 210 時間であることはわかっているという. このとき, 推定誤差を 50 (時間) 以内に抑えたい. 標本数をいくつとらなければならないか.

(2) 母平均 μ の区間推定————分散が未知のとき————

分散が未知の場合は (5.8) に (未知パラメータである) σ が含まれているため, そのままでは使えない. このときには, 不偏分散 $U_n^2 = \dfrac{1}{n-1} \sum_{i=1}^{n} (X_i - \bar{X}_n)^2$ を用いた変換:

$$T_n = \frac{\sqrt{n}(\bar{X}_n - \mu)}{U_n}$$

を行うと, T_n は自由度 $n-1$ のティー分布に従う (§A.5 を参照). また, ティー分布の確率密度関数も標準正規分布の場合と同様に y 軸対称であることから, $0 < \alpha < 1$ に対して,

$$P(T_n \leqq -\mathsf{t}_{n-1}(\alpha/2)) = P(T_n \geqq \mathsf{t}_{n-1}(\alpha/2)) = \frac{\alpha}{2}$$

かつ

$$P(-\mathsf{t}_{n-1}(\alpha/2) \leqq T_n \leqq \mathsf{t}_{n-1}(\alpha/2)) = 1 - 2P(T_n \geqq \mathsf{t}_{n-1}(\alpha/2)) = 1 - \alpha$$

を満たす $\mathsf{t}_{n-1}(\alpha/2) \, (> 0)$ がただ一つ存在することがわかる. したがって, 先の場合と同様に変形すると,

$$P\left(\bar{X}_n - \frac{\mathsf{t}_{n-1}(\alpha/2)}{\sqrt{n}} U_n \leqq \mu \leqq \bar{X}_n + \frac{\mathsf{t}_{n-1}(\alpha/2)}{\sqrt{n}} U_n \right) = 1 - \alpha$$

となる. よって, **分散が未知**のときの母平均 μ の信頼度 $100\,(1-\alpha)\%$ の信頼区間は, 標本平均 $\bar{X}_n$ および不偏分散 U_n^2 を用いて,

$$\left[\bar{X}_n - \frac{\mathsf{t}_{n-1}(\alpha/2)}{\sqrt{n}} U_n, \bar{X}_n + \frac{\mathsf{t}_{n-1}(\alpha/2)}{\sqrt{n}} U_n \right] \tag{5.11}$$

となる.

◎**問 5.9.** (5.11) において,不偏分散 U_n^2 ではなく標本分散 $S_n^2 = \dfrac{1}{n}\sum_{i=1}^{n}(X_i - \bar{X}_n)^2$
を用いる場合,母平均 μ の信頼度 $100\,(1-\alpha)\%$ の信頼区間は

$$\left[\bar{X}_n - \frac{\mathsf{t}_{n-1}(\alpha/2)}{\sqrt{n-1}}S_n,\; \bar{X}_n + \frac{\mathsf{t}_{n-1}(\alpha/2)}{\sqrt{n-1}}S_n\right] \tag{5.12}$$

となることを示せ.

◆**例題 5.10.** 正規母集団から大きさ 15 の標本を得た.母分散は未知で,標本
平均は $\bar{X}_{15} = 153.2$,不偏分散による推定値が $U_{15}^2 = 4.21^2$ であった.この
とき,母平均の信頼度 95% および 99% の信頼区間を求める.

解答: 母分散が未知であるためティー分布を用いる.自由度は $n = 15 - 1 =$
14 であるから,t-分布表(付表4)によると,$\mathsf{t}_{14}(0.05/2) = 2.145$,$\mathsf{t}_{14}(0.01/2) =$
2.977 である.よって,それぞれの信頼度の信頼区間の端点を求めると,信頼
度 95% の場合は

$$L = \bar{X}_{15} - \frac{\mathsf{t}_{14}(0.05/2)}{\sqrt{15}}U_{15} = 150.67,\;\; U = \bar{X}_{15} + \frac{\mathsf{t}_{14}(0.05/2)}{\sqrt{15}}U_{15} = 155.53,$$

信頼度 99% の場合は

$$L = \bar{X}_{15} - \frac{\mathsf{t}_{14}(0.01/2)}{\sqrt{15}}U_{15} = 149.96,\;\; U = \bar{X}_{15} + \frac{\mathsf{t}_{14}(0.01/2)}{\sqrt{15}}U_{15} = 156.44$$

となる.したがって,信頼度 95% の信頼区間は $[150.67, 155.53]$,信頼度 99%
の信頼区間は $[149.96, 156.44]$ である.　　　　　　　　　　　　　　　　□

(3) 母分散 σ^2 の区間推定

正規母集団 $\mathsf{N}(\mu, \sigma^2)$ から大きさ n の標本 $(X_1, X_2, \cdots, X_n)$ を得たとす
る.ここでは,母平均 μ も母分散 σ^2 もともに未知とする.このとき,母分
散 σ^2 の信頼区間を求めることを考える.σ^2 の推定量である不偏分散 $U_n^2 = $
$\dfrac{1}{n-1}\sum_{k=1}^{n}(X_k - \bar{X}_n)^2$ に対して,

$$\frac{(n-1)U_n^2}{\sigma^2}$$

は自由度 $n - 1$ のカイ 2 乗分布 $\chi^2(n-1)$ に従う(§A.5).ところで,カイ 2
乗分布の確率密度関数 $f(x)$ は $x \geqq 0$ の範囲でのみ正の値をとるから,(5.5)
は下側 $\alpha/2$ 点 $\chi_{n-1}^2(1-\alpha/2) > 0$ と上側 $\alpha/2$ 点 $\chi_{n-1}^2(\alpha/2) > 0$ があって,

$$P\Big(\frac{(n-1)U_n^2}{\sigma^2} < \chi_{n-1}^2(1-\alpha/2)\Big) = \frac{\alpha}{2},\;\; P\Big(\chi_{n-1}^2(\alpha/2) < \frac{(n-1)U_n^2}{\sigma^2}\Big) = \frac{\alpha}{2}$$

を満たす. したがって,

$$P\left(\chi_{n-1}^2(1-\alpha/2) \leqq \frac{(n-1)U_n^2}{\sigma^2} \leqq \chi_{n-1}^2(\alpha/2)\right) = 1-\alpha \qquad (5.13)$$

となる. (5.13) の確率の ( ) 中の不等式を σ^2 について変形すると,

$$P\left(\frac{(n-1)U_n^2}{\chi_{n-1}(\alpha/2)} \leqq \sigma^2 \leqq \frac{(n-1)U_n^2}{\chi_{n-1}(1-\alpha/2)}\right) = 1-\alpha$$

が成り立つことがわかる. これにより, 分散 σ^2 の信頼度 $100(1-\alpha)\%$ の信頼区間は

$$\left[\frac{(n-1)U_n^2}{\chi_{n-1}(\alpha/2)}, \frac{(n-1)U_n^2}{\chi_{n-1}(1-\alpha/2)}\right] \qquad (5.14)$$

である.

◆例題 5.11. ステンレス製の薄型のワッシャ (座金) を製造する工場では, 決められた工程のもとでワッシャを製造している. いま, その中から 10 個を無作為に選び出して薄さを測ったところ, 次のような厚さであった (単位 mm):

$$1.69, \ 1.56, \ 1.59, \ 1.58, \ 1.63, \ 1.60, \ 1.58, \ 1.53, \ 1.60, \ 1.65.$$

このとき, ワッシャの厚さが正規分布 $\mathsf{N}(\mu, \sigma^2)$ に従うものとして, 標準偏差 σ の 95 % の信頼区間を求める.

解答: 標本平均 $\bar{X}_{10}$, 不偏分散 U_{10}^2 はそれぞれ

$$\bar{X}_{10} = 1.601, \quad U_{10}^2 = 0.0021$$

である. よって, χ^2-分布表から $\alpha = 0.05$ に対応する上側端点は $\chi_9^2(0.05/2) = 19.02$, 下側端点は $\chi_9^2(1-0.05/2) = 2.70$ だから, (5.14) より,

$$\frac{9U_{10}^2}{\chi_9^2(0.05/2)} = 0.00099, \quad \frac{9U_{10}^2}{\chi_9^2(1-0.05/2)} = 0.00700$$

である. よって, σ^2 の信頼度 95% の信頼区間は $[0.00099, 0.00700]$ より, 平方根をとることで標準偏差 σ の信頼度 95% の信頼区間は $[0.031, 0.837]$ となる. □

◎問 5.10. 画鋲 (押しピン) を無作為に 15 個取り出して, ヘッド部分の円の直径を調べたところ, 次のようになった (単位 mm):

$$7.68, \ 7.66, \ 7.62, \ 7.72, \ 7.76, \ 7.67, \ 7.70, \ 7.78, \ 7.66, \ 7.72,$$
$$7.70, \ 7.79, \ 7.76, \ 7.75, \ 7.76.$$

画鋲のヘッド部分の円の直径は正規分布 $\mathsf{N}(\mu, \sigma^2)$ に従うものとする. このとき, 以下の問いに答えよ.

(1) 標本平均と不偏分散を求めよ.
(2) 標準偏差 σ の 95% の信頼区間を求めよ.

(4) 母比率の区間推定

　母集団から標本を選び出した際に，それがある条件を満たしているかいないかのデータをとることがある．例えば，有権者の全体においてある政党を支持するかしないかを調査したり，2 つの商品のうち 1 つの商品を選んでもらう調査などがある．すると，母集団分布はベルヌーイ分布 Be(p) としてよい．このとき，母平均は p, 母分散は $(1-p)p^2 + (0-p)^2(1-p) = p(1-p)$ である．
　次のような問題を考えよう.

> 　ある大規模大学の 1 年生で「統計学」を受講している学生の中から無作為に 200 人を選んで「この授業に満足していますか」というアンケート調査を行った．その結果，120 人が「満足している」と答えた．この大学で「統計学」を受講している 1 年生で満足しているのは何 % の割合といえるか.

　200 人中 120 人が「満足している」と回答していることから $120/200 = 0.6$, したがって，60% 位が「満足している」と予想できるが，果たしてそうであろうか．また，別の 200 人にアンケートをとった場合，120 人より少なかったりする可能性もある．もちろん，「統計学」を受講している 1 年生全員にアンケート調査ができれば問題ないが，昨今の学生のアンケートに対する回答率の低さを考えると，ある程度のところで我慢するしかないであろう.

　いま，ベルヌーイ Be(p) に従う母集団から，大きさ n の標本 $(X_1, X_2, \cdots, X_n)$ を得たとする．このとき，母平均 p を標本平均で推定する：$\hat{p} = \bar{X}_n$.
　$\{X_k\}_{k=1}^n$ は IID で，各 X_k はベルヌーイ分布 Be(p) に従うことから，

$$X_1 + X_2 + \cdots + X_n = n\bar{X}_n$$

は二項分布 Bi(n,p) に従うことがわかる．このとき，p の信頼区間を求めることは n が大きいときは非常に難しい．そこで，中心極限定理によって，近似的に信頼区間を求めよう．定理 4.8 により，

$$Z_n = \frac{\sqrt{n}}{\sigma}(\bar{X}_n - \mu) = \frac{\sqrt{n}}{\sqrt{p(1-p)}}(\bar{X}_n - p)$$

の分布は，n が大きいとき標準正規分布 N$(0,1)$ で近似できる．よって，$\alpha > 0$ に対して，

$$P\left(-z_{\alpha/2} \le \frac{\sqrt{n}}{\sqrt{p(1-p)}}(\bar{X}_n - p) \le z_{\alpha/2}\right) \fallingdotseq 1 - \alpha$$

であるから, $\widehat{p} = \bar{X}_n$ として, 確率の ( ) 中の不等式を $\widehat{p}$ について変形すると,

$$P\left(\widehat{p} - z_{\alpha/2}\sqrt{\frac{p(1-p)}{n}} \leqq p \leqq \widehat{p} + z_{\alpha/2}\sqrt{\frac{p(1-p)}{n}}\right) \fallingdotseq 1 - \alpha$$

となる. ところが, 確率の ( ) 中の不等式の左辺と右辺に推定したい母数 p が入り込んでいるため, このままでは信頼区間とはならない. しかし, 大数の法則 (定理 4.2) によって, n が十分大きいときには $\bar{X}_n = \widehat{p}$ は p に近いことから, $p(1-p)$ を $\widehat{p}(1-\widehat{p})$ で置き換えることによって

$$P\left(\widehat{p} - z_{\alpha/2}\sqrt{\frac{\widehat{p}(1-\widehat{p})}{n}} \leqq p \leqq \widehat{p} + z_{\alpha/2}\sqrt{\frac{\widehat{p}(1-\widehat{p})}{n}}\right) \fallingdotseq 1 - \alpha$$

となる. よって, 区間

$$\left[\widehat{p} - z_{\alpha/2}\sqrt{\frac{\widehat{p}(1-\widehat{p})}{n}}, \widehat{p} + z_{\alpha/2}\sqrt{\frac{\widehat{p}(1-\widehat{p})}{n}}\right] \qquad (5.15)$$

を**母比率 p の信頼度 $100(1-\alpha)\%$ の信頼区間**という.

これに基づいて, 先ほどの問題について考えよう. $n = 200, \widehat{p} = 0.6$ だから, $\alpha = 0.05$ とすると, $z_{\alpha/2} = 1.96$ だから信頼度 95% の信頼区間は

$$[0.5321, 0.6679]$$

である. よって, 「統計学」を受講している学生で「満足している」学生の割合は, 概ね 53.2% から 66.8% のあいだである. つまり, 「統計学」の授業に満足している学生は半数以上であると結論づけられる.

◎**問 5.11.** ある工場の生産ラインで製造された製品の中から 150 個を無作為に抜き出して検査したところ, 不良品が 9 個みつかった. この工場の製造ラインの不良率の信頼度 95% の信頼区間を求めよ.

◆**例題 5.12.** ある工場で製造している製品の不良率を信頼度 99% で推定したい. この工場では 2% が不良品であることがわかっている. このとき, 信頼区間の幅が 0.1 以下となるようにするには標本をいくつ以上とらなければならないかを考えよう.

解答:信頼度が 99% のときの信頼区間は標本数を n とすれば, (5.15) より

$$\left[\widehat{p} - 2.56\sqrt{\frac{0.02 \times 0.98}{n}}, \widehat{p} + 2.56\sqrt{\frac{0.02 \times 0.98}{n}}\right]$$

となる. 信頼区間の幅は

$$\left(\widehat{p} + 2.56\sqrt{\frac{0.02 \times 0.98}{n}}\right) - \left(\widehat{p} - 2.56\sqrt{\frac{0.02 \times 0.98}{n}}\right) = 2 \times 2.56\sqrt{\frac{0.02 \times 0.98}{n}}$$

であるから，これが 0.1 以下となるためには，

$$2 \times 2.56 \sqrt{\frac{0.02 \times 0.98}{n}} \leqq 0.1$$

を満たさなければならない．したがって，

$$n \geqq \frac{2^2 \times 2.56^2}{0.1^2} \times 0.02 \times 0.98 = 51.38$$

だから，52 個の標本が必要であることがわかる．   □

∗∗∗ 章 末 問 題 ∗∗∗

問題 5.1. $(X_1, X_2, \cdots, X_n)$ をポアソン分布に従う母集団 $\mathsf{Po}(\theta)$ からの大きさ n の標本とし，

$$\bar{X}_n = \frac{X_1 + X_2 + \cdots + X_n}{n}, \quad Y = \frac{X_1 + 2X_2 + 2X_3}{5}$$

とおく．このとき，次の問いに答えよ．

(1) $\bar{X}_n$ と Y はどちらも θ の不偏推定量となることを示せ．

(2) $\bar{X}_n$ と Y とではどちらがより有効な推定量か．

問題 5.2. (X_1, X_2, X_3) を一様分布 $\mathsf{Un}(0, \theta)$ $(\theta > 0)$ に従う母集団からの大きさ 3 の標本とする．このとき，次の 3 つの推定量を考える：

$$T_1 = \frac{X_1 + X_2 + X_3}{3}, \quad T_2 = X_1 + X_2 - X_3, \quad T_3 = \frac{X_{(3)} + X_{(1)}}{2}.$$

ただし，$X_{(3)}$ は最大統計量 $\max\{X_1, X_2, X_3\}$，$X_{(1)}$ は最小統計量 $\min\{X_1, X_2, X_3\}$ を表す．このとき，次の問いに答えよ．

(1) これらすべて，平均値 μ の不偏推定量であることを示せ．

(2) これらの分散を求め，この中で最も有効な推定量を求めよ．

問題 5.3. 母集団分布が一様分布 $\mathsf{Un}(0, \lambda)$ $(\lambda > 0)$ に従うとし，いま，大きさ n の標本 $(X_1, X_2, \cdots, X_n)$ を得たとする．このとき，T_n を最大統計量とする：

$$T_n = \max\{X_1, X_2, \cdots, X_n\} \ (= X_{(n)}).$$

すると，T_n は母数 λ の一致推定量となることを示せ．

Hint: 例 4.6 より，T_n の確率密度分布関数が $n(F(x))^{n-1}f(x) = n(x/\lambda)^{n-1}/\lambda$, $0 < x < \lambda$ となることを用いよ．

問題 5.4. ある母集団から，大きさ n の標本 $(X_1, X_2, \cdots, X_n)$ を得たとする．母集団分布が次の分布に従うとき，それぞれの母数のモーメント法による推定量を求めよ．

(1) ベルヌーイ分布 $\mathsf{Be}(p)$, $0 < p < 1$

(2) 離散一様分布 $\mathsf{Un}(k)$, $k \in \mathbb{N}$

(3) 幾何分布 $\mathsf{Ge}(p),\ 0 < p < 1$

(4) 指数分布 $\mathsf{Exp}(\lambda),\ \lambda > 0$

問題 5.5. 母集団分布が次の確率密度関数をもつ分布とする：

$$f(x) = \begin{cases} \dfrac{1}{\theta}, & 0 < x \leqq \theta, \\ 0, & \text{その他の } x. \end{cases}$$

ただし，$\theta > 0$ である．いま，この母集団から大きさ n の標本 $(X_1, X_2, \cdots, X_n)$ を得たとする．このとき，母数 θ のモーメント法による推定量を求めよ．

問題 5.6. 正規母集団 $\mathsf{N}(\mu, \sigma^2),\ \mu \in \mathbb{R},\ \sigma > 0$ から大きさ n の標本 $(X_1, X_2, \cdots, X_n)$ を得たとする．このとき，母数 μ, σ^2 のモーメント法による推定量をそれぞれ求めよ．

問題 5.7. 母集団分布が幾何分布 $\mathsf{Ge}(p),\ 0 < p < 1$ に従う母集団から，大きさ n の標本 $(X_1, X_2, \cdots, X_n)$ を得たとする．このとき，母数 p の最尤推定量 $\widehat{p}_n$ を求めよ．

問題 5.8. 母集団分布が指数分布 $\mathsf{Exp}(\lambda),\ \lambda > 0$ に従う母集団から，大きさ n の標本 $(X_1, X_2, \cdots, X_n)$ を得たとする．このとき，母数 λ に対する尤度方程式を導出し，最尤推定量を求めよ．

問題 5.9. ある都市の有権者の中から無作為に 1000 人を選んで，その市で推進予定のある施策に賛成するかを調査したところ，320 人が賛成した．この施策への支持率の信頼度 95% の信頼区間を求めよ．また，2000 人のうち 640 人が賛成しているとき，この施策への支持率の信頼区間は信頼度 95% ではどうなるか．

6
検　　定

　前章までで，母集団の母数をデータから推測する方法を学んできた．本章では，推測の一つの方法である「検定」について述べる．基本的な考え方は「推定」と変わらない．

6.1　検定の考え方

　コイン投げをしてコインに偏りがあるかどうか，すなわち，表・裏の出る確率がいずれも 1/2 であるかどうか考えてみよう．

　いま 3 回コイン投げをして 3 回とも同じ面が出たらどうだろう．偏りのないコインであれば，

$$2(1/2)^3 = 1/4 = 0.25$$

の確率で起こる事象が起きたことになる．この程度であれば，たまたま起きたことであって "偏りがある" と主張することはないであろう．では，4 回とも同じ面が出たらどうだろう．偏りのないコインであれば，

$$2(1/2)^4 = 1/8 = 0.125$$

の確率で起こる．まだ，偏りがあると主張するには弱い．それでは，5 回とも同じ面が出たらどうだろう．偏りのないコインであれば，

$$2(1/2)^5 = 1/16 = 0.0625$$

の確率でしか起こらないことが起こったことになる．このあたりから "偏りがある" と主張する人と "偏りはない" と主張する人に分れるかもしれない．さらに 6 回とも表が出たら

$$2(1/2)^6 = 1/32 = 0.03125$$

の確率でしか起こらないことが起きたのであるから，さすがにたまたま起きたのだと主張する人より，偏りがあると主張する人が多数となるであろう．そし

て，このコインには偏りがないという仮定を覆して偏りがあるという主張を受け入れることになる．

　この決定過程は数学における**背理法の確率版**と考えられる．背理法によると，ある仮定（いまの場合は偏りがないこと）をして矛盾が起きる（確率 0 であるというより強く，論理的にありえないことが起こる）ことを示すことで仮定を棄却することになる．このように，確率 p 以下のことが起きれば仮定を棄却する決定過程を定式化したものが**検定** (hypothesis testing) とよばれる．

6.2　検 定 問 題

(1)　母平均の検定

　上の例を用いて検定の基本用語を説明する．「コインに偏りがない（表の出る確率 p が $1/2$）」を**帰無仮説** (null hypothesis) とよび，「コインに偏りがある（表の出る確率 p が $1/2$ でない）」を**対立仮説** (alternative hypothesis) とよぶ．このことを短く次のように書く：

$$\text{帰無仮説}\quad \mathbf{H_0} : p = 1/2,$$

$$\text{対立仮説}\quad \mathbf{H_1} : p \neq 1/2.$$

つまり，検定は $\mathbf{H_0}$ であるか $\mathbf{H_1}$ であるかを判定する方法であり，**仮説検定**とよぶ．そして，判定するために $\mathbf{H_0}$ の仮定の下で計算される数値を**検定統計量**とよび，u と書く．上の例であれば続けて表の出る回数が u にあたる．

　そこで，どの程度の稀なことが起これば仮説を棄却するのかを，データをとる前に決めておく．これは，仮説が自然なものかどうかを判定する基準で**有意水準** (level of significance) とよばれ，α で表す．通常，$\alpha = 0.05$ または $\alpha = 0.01$ が用いられる．

$$P(u \in A) = 1 - \alpha$$

となる領域 A を**採択域** (acceptance region) とよび，領域 A^c を**棄却域** (critical region) とよぶ．$\alpha = 0.05$ ととれば，先ほどのコイン投げの例では $A = \{6, 7, \cdots\}$ が棄却域ということになる．$\alpha = 0.05$ で $\mathbf{H_0}$ が棄却され $\mathbf{H_1}$ が採択されたとき，有意水準 5％で**有意**であるという．

　もう少し具体的な状況を考えてみよう．

◆**例題** 6.1. 内容量が $65\,\mathrm{g}$ と表示されている製品があるが，内容量が少なくなっているのではないかというクレームが出てきた．そこで製品の 10 個を無作為に取り出して重さを測ったところ

$$61,\ 62,\ 64,\ 64,\ 68,\ 58,\ 63,\ 64,\ 66,\ 67\ \ (\mathrm{g})$$

であった. この結果から内容量が少なくなっているといってよいであろうか.

　解答：帰無仮説と対立仮説を以下で定める：

$$\text{帰無仮説} \quad \mathbf{H_0} : \mu = 65,$$

$$\text{対立仮説} \quad \mathbf{H_1} : \mu < 65.$$

便宜的にではあるが, 分散が $\sigma^2 = 15$ であることがわかっているとしよう. すなわち, 内容量の分布が平均 65, 分散 15 の正規分布に従うとする. そして有意水準を 5 ％とすると, 標本平均の実現値は $\bar{x} = (61 + 62 + \cdots + 67)/10 = 63.7$ であるので

$$P(\bar{X} \leqq 63.7) = P \left(\frac{\bar{X} - 65}{\sqrt{15/10}} \leqq \frac{63.7 - 65}{\sqrt{15/10}} \right) = P\left(Z \leqq -1.23 \right) > 0.05$$

となり, 帰無仮説は棄却できない.　　　　　　　　　　　　　　　　　　　□

▷ **注意 6.1.** 対立仮説を $\mu \neq 65$ ではなく $\mu < 65$ としたのは, $\mu > 65$ のときはクレームは起きず $\mu < 65$ の場合のみが問題になるからである. 帰無仮説より小さいほう, または大きいほうだけの検定を考える検定を**片側検定**とよぶ.

　上の例題を一般化して, さらに母分散が未知の場合を考えてみよう. 帰無仮説「$\mathbf{H_0} : \mu = \mu_0$」の検定のための統計量として, 分散として不偏分散を用いた

$$T_0 = \frac{\sqrt{n}(\bar{X} - \mu_0)}{\sqrt{V}}, \quad V = \frac{1}{n-1} \sum_{i=1}^{n} (X_i - \bar{X})^2$$

を考える[1]. そのとき帰無仮説「$\mathbf{H_0} : \mu = \mu_0$」が正しければ, T_0 は自由度 $n-1$ のティー分布 $\mathrm{t}(n-1)$ に従う. T_0 の実現値を $t_0 = \sqrt{n}(\bar{x} - \mu_0)/\sqrt{v}$ としたとき, 検定は以下のようにまとめられる.

(i) 対立仮説が「$\mathbf{H_1} : \mu \neq \mu_0$」の場合の検定 (**両側検定**) は, $|t_0| \geqq \mathrm{t}_{n-1}(\alpha/2)$ のとき, 有意水準 α で帰無仮説 $\mathbf{H_0}$ を棄却する.

(ii) 対立仮説が「$\mathbf{H_1} : \mu < \mu_0$」の片側検定は, $t_0 \leqq -\mathrm{t}_{n-1}(\alpha)$ のとき, 有意水準 α で帰無仮説 $\mathbf{H_0}$ を棄却する.

　上の例題 6.1 で考察すると

$$v = \frac{1}{10-1} \sum_{i=1}^{10} (x_i - \bar{x})^2 = 8.68$$

であり

---

1)　以降の式において, 大文字は確率変数を小文字はその実現値を表す.

$$t_0 = \frac{\sqrt{10}(\bar{x} - 65)}{\sqrt{v}} = -2.95$$

となる．付表 4 の t-分布表によれば $t_9(0.05) = 1.833$ であり，$-2.95 \leqq -1.833$ となるから，有意水準 5 ％ で帰無仮説「$\mathbf{H_0} : \mu = 65$」は棄却される．

◎問 6.1. 次の値は，ある正規母集団から無作為に取り出したものである．

$$2.02, \quad 1.92, \quad 2.58, \quad 1.86, \quad 2.72$$

標準偏差が 3 であることは既知であるが，はたして平均値 2.5 とみなしてよいだろうか．有意水準 5 ％ で検定せよ．

(2) 母分散の検定

正規母集団からの大きさ n の標本を用いて母分散 σ^2 の検定を行う．平方和

$$S = \sum_{i=1}^{n}(X_i - \bar{X}_n)^2 = \sum_{i=1}^{n} X_i^2 - \frac{1}{n}\left(\sum_{i=1}^{n} X_i\right)^2$$

に対して，S/σ^2 は自由度 $n-1$ のカイ 2 乗分布 $\chi^2(n-1)$ に従う．S/σ^2 の数値を母分散の検定統計量として用いる．そこで

$$\text{帰無仮説} \quad \mathbf{H_0} : \sigma^2 = \sigma_0^2,$$
$$\text{対立仮説} \quad \mathbf{H_1} : \sigma^2 \neq \sigma_0^2$$

とすると，

$$\frac{S}{\sigma_0^2} \leqq \chi_{n-1}^2\left(1 - \frac{\alpha}{2}\right), \quad \text{または} \quad \frac{S}{\sigma_0^2} \geqq \chi_{n-1}^2\left(\frac{\alpha}{2}\right)$$

のとき，有意水準 α で帰無仮説 $\mathbf{H_0}$ が棄却される．平均の検定の場合と同様に対立仮説を「$\mathbf{H_1} : \sigma^2 < \sigma_0^2$」とすると，$S/\sigma_0^2 \leqq \chi_{n-1}^2(1-\alpha)$ のとき有意水準 α で帰無仮説 $\mathbf{H_0}$ が棄却される．また，対立仮説を「$\mathbf{H_1} : \sigma^2 > \sigma_0^2$」とすると，$S/\sigma_0^2 \geqq \chi_{n-1}^2(\alpha)$ のとき有意水準 α で帰無仮説 $\mathbf{H_0}$ が棄却される．

◆例題 6.2. 次の 10 個のデータ

$$2.1, \ 2.2, \ 2.5, \ 2.2, \ 2.4, \ 2.2, \ 2.1, \ 2.3, \ 2.3, \ 2.5$$

が与えられているとき

$$\text{帰無仮説} \quad \mathbf{H_0} : \sigma^2 = 0.3^2,$$
$$\text{対立仮説} \quad \mathbf{H_1} : \sigma^2 > 0.3^2$$

を有意水準 5 ％ で検定しよう．

解答： $s = \sum_{i=1}^{10} x_i^2 - \frac{1}{10}\left(\sum_{i=1}^{10} x_i\right)^2 = 0.196$ であり

$$\frac{s}{0.3^2} = 2.178$$

となる．一方，$\chi_9^2(0.05) = 16.92$ であり，$2.178 < 16.92$ となるから，有意水準 5 ％ で帰無仮説「$\mathbf{H_0} : \sigma^2 = 0.3^2$」は採択される．　　　　　　　　　　□

(3)　母平均の差の検定——母分散が既知の場合——

2 つの母集団があるとき，それらの母平均が等しいかどうかを問題にする場面は多い．考える母集団は正規母集団であると仮定し，それぞれの母集団分布は $N(\mu_1, \sigma_1^2)$, $N(\mu_2, \sigma_2^2)$ に従うとする．これらの母平均が等しいかを問うのであるから，帰無仮説は

$$\mathbf{H_0} : \mu_1 = \mu_2$$

となる．母集団と標本の選び方には様々な状況が考えられる．まず，**母分散 σ_1^2, σ_2^2 は既知である**とし，2 つの母集団から選ばれる標本は独立であるとする．すなわち，第 1 の母集団からは大きさ n_1 の標本 $(X_1, X_2, \cdots, X_{n_1})$ を，第 2 の母集団からは大きさ n_2 の標本 $(Y_1, Y_2, \cdots, Y_{n_2})$ を取り出すものとして，$(n_1 + n_2)$ 個の確率変数は独立であると仮定する．

$X_1, X_2, \cdots, X_{n_1}$ の標本平均を $\bar{X}$ とすると，$\bar{X}$ は正規分布 $N(\mu_1, \sigma_1^2/n_1)$ に従い，$Y_1, Y_2, \cdots, Y_{n_2}$ の標本平均を $\bar{Y}$ とすると，$\bar{Y}$ は正規分布 $N(\mu_2, \sigma_2^2/n_2)$ に従う．$\bar{X}$ と $\bar{Y}$ は独立であるから，正規分布の再生性（問題 4.2 をみよ）から，$\bar{X} - \bar{Y}$ は，正規分布 $N(\mu_1 - \mu_2, \sigma_1^2/n_1 + \sigma_2^2/n_2)$ に従うことがわかる．したがって，仮説 $\mathbf{H_0}$ の下で，$\bar{X} - \bar{Y}$ は正規分布 $N(0, \sigma_1^2/n_1 + \sigma_2^2/n_2)$ に従うから，その規格化

$$Z = \frac{\bar{X} - \bar{Y}}{\sqrt{\sigma_1^2/n_1 + \sigma_2^2/n_2}}$$

は，(2.13) によって標準正規分布 $N(0,1)$ に従う．対立仮説が

$$\mathbf{H_1} : \mu_1 \neq \mu_2$$

の場合は，与えられた有意水準 α に対して，$P(|Z| \geq z_\alpha) = \alpha$ となる $z_\alpha \, (> 0)$ を選ぶと，棄却領域は $(-\infty, -z_\alpha] \cup [z_\alpha, \infty)$ となる．

◆**例題** 6.3. A 社製，B 社製の電球の寿命に違いがあるか調べたい．A 社製の電球の寿命は標準偏差 80 時間の正規分布に従い，B 社製のものは標準偏差 88 時間の正規分布に従うことがわかっているとする．標本調査によって，A 社製の電球 25 個の平均寿命は 1170 時間，B 社製の電球 36 個の平均寿命は 1220 時間であったとする．

解答: A社製, B社製の電球の寿命の平均値をそれぞれ μ_A, μ_B とする. 帰無仮説と対立仮説を

$$\mathbf{H_0}: \mu_A = \mu_B, \qquad \mathbf{H_1}: \mu_A \neq \mu_B$$

とする. 仮説 $\mathbf{H_0}$ の下で, 標本から計算される Z の実現値 z は

$$z = \frac{1170 - 1220}{\sqrt{\frac{80^2}{25} + \frac{88^2}{36}}} = -2.30$$

となり,

$$-z_{0.01} = -2.58 < -2.30 < -1.96 = -z_{0.05}$$

であるから, 有意水準5％で有意であり仮説 $\mathbf{H_0}$ を棄却するが, 一方, 有意水準1％では有意ではなく仮説 $\mathbf{H_0}$ は棄却できない. したがって, 有意水準1％では仮説 $\mathbf{H_0}$ は採択される.   □

(4) 母平均の差の検定————母分散が未知の場合————

次に, **2つの正規母集団で母分散が等しいが未知である場合**を考える. それぞれの母集団分布を $N(\mu_1, \sigma^2)$, $N(\mu_2, \sigma^2)$ に従うとし, それぞれの母集団から独立に n_1 個の標本 $X_1, X_2, \cdots, X_{n_1}$ と n_2 個の標本 $Y_1, Y_2, \cdots, Y_{n_2}$ が取り出されたものとする. このとき,

$$S_1 = \frac{1}{\sigma^2} \sum_{k=1}^{n_1} (X_k - \bar{X})^2, \quad S_2 = \frac{1}{\sigma^2} \sum_{k=1}^{n_2} (Y_k - \bar{Y})^2$$

はそれぞれ自由度 $n_1 - 1$, $n_2 - 1$ のカイ2乗分布 $\chi^2(n_1 - 1)$, $\chi^2(n_2 - 1)$ に従う. さらに, S_1 と S_2 は独立であるから, カイ2乗分布の再生性 (§A.5 をみよ) によって, 和 $S_1 + S_2$ は自由度 $n_1 + n_2 - 2$ のカイ2乗分布 $\chi^2(n_1 + n_2 - 2)$ に従う. 標本 $X_1, X_2, \cdots, X_{n_1}$ の不偏分散 U_1^2 と標本 $Y_1, Y_2, \cdots, Y_{n_2}$ の不偏分散 U_2^2 を用いると

$$S_1 + S_2 = \frac{(n_1 - 1)U_1^2 + (n_2 - 1)U_2^2}{\sigma^2}$$

となる. 仮説「$\mathbf{H_0}: \mu_1 = \mu_2$」の下で

$$Z = \frac{\bar{X} - \bar{Y}}{\sigma\sqrt{\frac{1}{n_1} + \frac{1}{n_2}}}$$

は標準正規分布 $N(0,1)$ に従う. Y を自由度 n のカイ2乗分布に従う確率変数, Z を標準正規分布に従う確率変数とし, 2つは独立であるとする. このとき, 定理 A.6 により $Z/\sqrt{Y/n}$ が自由度 n のティー分布 $t(n)$ に従うから,

$$T = \frac{Z}{\sqrt{\frac{S_1 + S_2}{n_1 + n_2 - 2}}}$$

は自由度 $n_1 + n_2 - 2$ のティー分布 $t(n_1 + n_2 - 2)$ に従うことになる. これ以降の議論はこれまでと同様である.

◆**例題** 6.4. ある作物を 20 箇所の等面積の畑で栽培実験した. 20 箇所の畑のうち 10 箇所では従来の方法で, 残りの 10 箇所では新方式で栽培し収穫量を測定した. 従来方法での収穫量の標本平均は 60 トンで偏差の平方和は 110, 新方式での収穫量の標本平均は 65 トンで偏差の平方和は 90 であった. 両者の収穫量の分布は正規分布に従うとし, それぞれの平均を μ_1, μ_2, 分散は等しいとみなす. 新方式が改良になっているかを検定してみよう.

解答：帰無仮説と対立仮説は

$$帰無仮説 \quad \mathbf{H_0} : \mu_1 = \mu_2$$
$$対立仮説 \quad \mathbf{H_1} : \mu_1 \neq \mu_2$$

である. 検定に用いる確率変数 T は自由度 18 のティー分布 $t(18)$ に従う. 標本から得られる T の実現値 t は

$$t = \frac{65 - 60}{\sqrt{200/18}\sqrt{1/5}} = 3.354\ldots.$$

一方, t-分布表から $t_{18}(0.05/2) = 2.101$, $t_{18}(0.01/2) = 3.922$ がわかる. したがって, 有意水準 5％ では帰無仮説は棄却されるが, 有意水準 1％ では棄却されない. □

◎**問** 6.2. A 組 36 名, B 組 40 名に同じ試験を実施したところ, A 組の平均点は 70 点, B 組の平均点は 67 点であった. A 組は B 組よりも成績が良いといえるか. 有意水準 5％ で検定せよ. ただし, 成績は両組とも母分散 112 の正規分布に従うとする.

◎**問** 6.3. ある英語の資格試験の全国平均は 66 点であった. A 塾から 10 名が受験したが, その結果は

$$78, \ 72, \ 65, \ 86, \ 58, \ 64, \ 76, \ 88, \ 74, \ 59$$

であった.「塾生の平均点 72 点は全国平均の 66 点を大きく上回る」と A 塾は主張している. 検定によって A 塾の主張を確認せよ.

実際の応用では, 母分散が等しいと仮定できること, すなわち等分散の検定をした後, 上記の検定を行うべきである. 等分散の検定では, 2 つの正規母集団において仮説「$\mathbf{H_0} : \sigma_1 = \sigma_2$」を検定する. そのためにはエフ分布が必要になる.

そこで，2 つの正規母集団 $N(\mu_1, \sigma_1^2)$, $N(\mu_2, \sigma_2^2)$ から，それぞれ大きさ n_1 の標本 $X_1, X_2, \cdots, X_{n_1}$ と大きさ n_2 の標本 $Y_1, Y_2, \cdots, Y_{n_2}$ をとり，

帰無仮説　　$\mathbf{H_0} : \sigma_1 = \sigma_2,$

対立仮説　　$\mathbf{H_1} : \sigma_1 \neq \sigma_2$

を検定する．それぞれの不偏推定量を U_1, U_2 としたとき，

$$F = \frac{U_1/\sigma_1^2}{U_2/\sigma_2^2}$$

は，自由度 $(n_1 - 1, n_2 - 1)$ のエフ分布に従う．帰無仮説の下では，U_1/U_2 が自由度 $(n_1 - 1, n_2 - 1)$ のエフ分布に従うことになる．

検定の手順はこれまでと変わらない．有意水準 α を決めて，F の実現値 f が

$$f \geqq F_{n_2-1}^{n_1-1}(\alpha/2), \quad \text{または} \quad f \leqq F_{n_2-1}^{n_1-1}(1 - \alpha/2)$$

であれば棄却，そうでなければ棄却しないことになる．ここで，問 2.14 により，$F_m^n(\alpha)$-値は，エフ分布 $F(n, m)$ に従う確率変数 X に対して，$P(X \geqq x) = \alpha$ を満たす x のことであった．しかし，F-分布表 (付表 3) には α が小さいとき (例えば，$0.05, 0.025, 0.01$ など) のみ書かれている．そこで，F-分布表の見方について述べておこう．X をエフ分布 $F(n, m)$ に従う確率変数とすると，問題 2.17 によって，確率変数 $1/X$ はエフ分布 $F(m, n)$ に従う．また，$a > 0$ に対して，

$$P(X \geqq 1/a) = 1 - P(X \leqq 1/a) = 1 - P(1/X \geqq a)$$

が成り立つことがわかるから，$a = 1/F_m^n(1 - \alpha)$ とおいて上の関係式を用いると

$$1 - \alpha = P(X \geqq F_m^n(1 - \alpha)) = 1 - P(1/X \geqq F_m^n(1 - \alpha))$$

となり，

$$1/F_m^n(1 - \alpha) = F_n^m(\alpha) \iff F_m^n(1 - \alpha) = 1/F_n^m(\alpha)$$

という公式を得ることができ，例えば，$F_m^n(0.975)$ は $F_n^m(0.025)$ の逆数として計算できることになる．

◎問 6.4. $X \sim F(10, 5)$ とするとき，付表 3 の F-分布表を用いて $a > 0$ の値を求めよ．
 (1) $P(X \leqq a) = 0.01$
 (2) $P(X > a) = 0.9$

＊＊＊　章 末 問 題　＊＊＊

問題 6.1. コーヒーの中カップの容量は 250 ml であるといわれている．標本をとり，その平均が 250 ml よりも少ないかどうか検定したい．帰無仮説と対立仮説をどのように設定すればよいか．

問題 6.2. 過去 10 年間行ったあるテストで満点の人数を調べたところ，平均 10 人，不偏分散 9 であった．今年はある教育方法を実践して満点の人数が 14 人であった．この教育方法は効果があったといえるか，有意水準 5％ で検定せよ．

問題 6.3. 正規母集団 $N(\mu_1, 7^2)$, $N(\mu_2, 9^2)$ からともに大きさ n の標本を選び，平均の差の検定をする．

$$\text{帰無仮説「}\mathbf{H_0} : \mu_1 = \mu_2\text{」}, \qquad \text{対立仮説「}\mathbf{H_1} : \mu_1 \neq \mu_2\text{」}$$

とし，標本平均の差が 5.2 であったとき，有意水準 1％ で帰無仮説が棄却されるためには n はいくら以上にすればよいか．

問題 6.4. ある商品の重さの分散はこれまで 0.1 であった．新しい機械を導入して製造したところ分散が小さくなったと思える．5 個の製品を無作為にとり重さを測ったところ下記のデータを得た：

$$8.2, \ 8.8, \ 7.9, \ 8.0, \ 8.8.$$

有意水準 5％ で分散は変わらないという仮説を検定せよ．

問題 6.5. サイコロを 600 回投げたところ，1 の目が 120 回出た．このサイコロは 1 の目が出やすいといえるか有意水準 1％ で検定せよ．

問題 6.6. 不良品が製造される率が 5％ である製造工程において，最近，不良率が上がったように感じられる．そこで 500 個の製品を無作為に取り出し，不良品の標本比率を計算してみると 6％ であった．このとき，不良率が上昇したといえるか，有意水準 1％ の右片側検定をせよ．

問題 6.7. A 社と B 社で製造されたバッテリーの平均寿命に差があるかどうか検定したい．平均寿命の標準偏差は，A 社 200，B 社 300 であることがわかっているとする．A 社と B 社からそれぞれ 100 個の標本をとり寿命時間を調べたところ，A 社の標本平均は 3000，B 社の標本平均は 2900 であった．このとき，平均寿命に差があるといえるか有意水準 5％ で検定せよ．

問題 6.8. 2 つの正規母集団 S_1, S_2 に対しそれらの分散が等しいかどうかを検定するために，5 個の標本と 6 個の標本をそれぞれ無作為に抽出したところ，

$$S_1 : 11, \ 9, \ 9, \ 10, \ 11; \qquad S_2 : 7, \ 6, \ 6, \ 8, \ 7, \ 8$$

であった．等分散であるかを有意水準 5％ で検定せよ．

A
付　　録

　ここでは，本書で用いる微分積分における様々な結果および計算公式などや，集合 (事象) について，さらには，本文で省略した内容の一部について補足説明を行う.

A.1　集合の演算と関数

以下の集合は，本書において断りなく用いる：

- 自然数全体 (<u>N</u>atural numbers: $\{1, 2, 3, \cdots\}$). これを $\mathbb{N}$ と表す.
- 整数全体 (<u>G</u>anze <u>Z</u>ahl (ドイツ語): $\{0, \pm1, \pm2, \cdots\}$). これを $\mathbb{Z}$ と表す.
- 実数全体 (<u>R</u>eal numbers). これを $\mathbb{R}$ と表す.

　集合 A に属する一つひとつのものを A の元^{げん}または**要素**とよぶ. a が A の元であるとき, $a \in A$ または $A \ni a$ と書く. b が A の元ではないとき, $b \notin A$ または $A \not\ni b$ と書く. また, 何らかの x に関する条件を $P(x)$ とするとき, その条件を満たす x の全体集合を $\{x : P(x)\}$ と表すことにする. 例えば, A を奇数の集合とすると

$$A = \{x : x = 2n - 1, n \in \mathbb{N}\}$$

と表すことができるが, 簡単に $A = \{2n - 1 : n \in \mathbb{N}\}$ と表すこともある. また, 1 以上 3 以下の実数 x の集合は $\{x \in \mathbb{R} : 1 \leqq x \leqq 3\}$ と書くことができる.

集合の演算

　集合 A, B があったとき, A と B の元をあわせてできる集合を A と B の**和集合**といい $A \cup B$ と表す. A と B に共通に含まれる元の全体集合を A と B の**共通部分**, **共通集合**, または**積集合**といい $A \cap B$ と表す. また, 1 つも要素をもたない集合というものが考えられるが, このような集合を**空集合**といい, 特別な記号 $\varnothing$ (あるいは $\emptyset$) でもって表す.

　集合 A, B に対して, A の元がすべて B の元であるとき, A は B の**部分集合** (subset) という. このとき, $A \subset B$ または $B \supset A$ で表し, **A は B に含まれる**, または **B は A を含む**などという. また, $A \subset B$ かつ $B \subset A$ となるとき, **A と B は等しい**といい, これを $A = B$ と書くことにする. なお, 空集合はすべての集合の部分集合であると約

束しておく．また，$A \cap B = \varnothing$ のとき，A と B は**互いに素**または (互いに) **排反**であるという．

　全体集合 Ω があって，A の元でない Ω の元の全体集合を A の**補集合**または**余集合**といい，A^c と表す：$A^c = \{x \in \Omega : x \notin A\}$．すると，$(A^c)^c = A$ であることは明らかである．また，次の**ド・モルガンの法則**が成り立つ：

$$(A \cup B)^c = A^c \cap B^c, \qquad (A \cap B)^c = A^c \cup B^c.$$

　n 個の集合 $A_1, A_2, \cdots, A_n$ に対して，これらの集合のいずれかに含まれる元全体の集合を**和集合**，これらのすべてに含まれる元全体の集合を**共通集合**といい，それぞれ

$$A_1 \cup A_2 \cup \cdots \cup A_n \quad \text{または} \quad \bigcup_{i=1}^{n} A_i,$$

$$A_1 \cap A_2 \cap \cdots \cap A_n \quad \text{または} \quad \bigcap_{i=1}^{n} A_i$$

と書き表す．もっと一般に，無限個の集合の列 $A_1, A_2, \cdots, A_n, \cdots$ があるとき，これらの集合のいずれかに含まれる元の全体を $\bigcup_{n=1}^{\infty} A_n$ と書き表し，また，これらの集合すべてに含まれるような元の全体を $\bigcap_{n=1}^{\infty} A_n$ と書き表す．この場合も**ド・モルガンの法則**が成り立つ：

$$\left(\bigcup_{n=1}^{\infty} A_n \right)^c = \bigcap_{n=1}^{\infty} A_n^c, \qquad \left(\bigcap_{n=1}^{\infty} A_n \right)^c = \bigcup_{n=1}^{\infty} A_n^c.$$

　次に，集合 A, B に対して，A の元 a と B の元 b との組 (a, b) の全体の集合を

$$A \times B = \{(a, b) : a \in A, b \in B\}$$

と書き表し，A と B の**直積集合**とよぶ．同様に $A_1, A_2, \cdots, A_n$ の各元 $a_k \in A_k$ の組 $(a_1, a_2, \cdots, a_n)$ の全体集合を

$$A_1 \times A_2 \times \cdots \times A_n = \prod_{k=1}^{n} A_k$$

$$= \{(a_1, a_2, \cdots, a_n) : a_k \in A_k, \ k = 1, 2, \cdots, n\}$$

と表し，$A_1, A_2, \cdots, A_n$ の**直積集合**という．特に，$A_1 = A_2 = \cdots = A_n$ のときは，$A \times A \times \cdots \times A = A^n$ と簡単に書くことにする．例えば，$\mathbb{R} \times \mathbb{R} = \mathbb{R}^2$ であり，これは座標平面を表し，$\mathbb{R} \times \mathbb{R} \times \mathbb{R} = \mathbb{R}^3$ は座標空間を表す．

写像・関数

　集合 A, B に対して，A の任意の元 a に対して B の元 b がただ一つ対応するとき，この対応を，A から B への**写像**または**関数**という．また，この写像を f で表すことにし，b が a に対応していることを

$$f : A \to B, \quad a \mapsto b \ \text{または} \ b = f(a)$$

と書くことにする.

◇**例 A.1.** (1) 平面上の三角形全体の集合を T で表すことにする. このとき, 任意の三角形 $t(\in T)$ に対して, 面積は (正の数) ただ一つ決まることから, t に『t の面積』を対応させると対応が決まる. この対応を f として, $I = (0, \infty)$ とおくと, 関数

$$f : T \to I, \quad t \mapsto s = f(t)$$

が定まる. すなわち, 三角形 t に対して $s = f(t)$ は t の面積を表す.

(2) A をある大学の経済学部の学生全体を表し, B をその学部の学生の学籍番号の集合全体とする. このとき, A の任意の元 a, すなわち経済学部の学生 a に対して, その学生の学籍番号を対応させると B の元がただ一つ定まる. これは A から B への写像となる.

(3) $x \in \mathbb{R}$ に対して, x^2 を対応させる写像を f とすれば,

$$f : \mathbb{R} \to \mathbb{R}, \quad x \mapsto x^2, \quad f(x) = x^2$$

が定まる. これは中学校以来学んでいる関数の一つである.　　　　　　□

　写像 $f : A \to B$ に対して,

$$a \neq a' \quad \Longrightarrow \quad f(a) \neq f(a')$$

が常に成り立つとき, 写像 f は**単射**であるという. また, 任意の B の元 b に対応する A の元が必ずあるとき, すなわち,

$$b \in B \quad \Longrightarrow \quad b = f(a) \text{ となる } a \in A \text{ が必ず存在する}$$

が成り立つとき, 写像 f は**全射**であるという. 単射かつ全射であるような写像 f は**全単射**とよばれる. 上の例 (1) は単射ではないが全射である. (2) は全単射である. 全単射でないと学生が認識できなくなる. (3) は全射でも単射でもない. 実際, $f(2) = f(-2) = 4$ となり, さらに $f(x) = x^2 = -1$ を満たす $x \in \mathbb{R}$ は存在しないからである.

　2 つの集合 A, B に対して, A から B へ全単射な写像があるとき, A と B は**対等**あるいは**同値**であるという. 自然数全体 $\mathbb{N}$ と対等な集合を**可算集合** (countable set) あるいは**可付番集合**とよぶ. A を可算集合とすると, A から $\mathbb{N}$ への全単射な写像 f が存在する. このとき, 任意の $a \in A$ に対応する $m \in \mathbb{N}$ がただ一つだけ対応するから, それを a_m と書くことができる (m 番目の番号を付けることができる) ということから可付番集合とよぶ. 有限集合と可算集合をあわせて**高々可算集合**とよぶことがある. なお, 高々可算集合を**離散集合** (discrete set) とよぶことにする[1].

　以下の定理は証明はしないが重要なので述べておく.

---

1) 位相空間論では, 離散集合は孤立点のみからなる集合として定義されるが, ここでは上記のように定義しておく.

定理 A.1. A, B が高々可算集合ならば $A \cup B$ も高々可算集合である. 一般に, 各 $n \in \mathbb{N}$ に対して A_n が高々可算集合ならば, 和集合 $\bigcup_{n=1}^{\infty} A_n$ も高々可算である.

区　間

さきほど, 1 以上 3 以下の実数 x の集合は $\{x \in \mathbb{R} : 1 \leqq x \leqq 3\}$ と書くことができると述べたが, このような実数 x の集合は**閉区間**とよび $[1,3]$ と書く:

$$[1,3] = \{x \in \mathbb{R} : 1 \leqq x \leqq 3\}.$$

また, -1 より大きく 5 より小さい実数 x の集合は $\{x \in \mathbb{R} : -1 < x < 5\}$ と書けるが, このような集合を**開区間**とよび $(-1,5)$ と書く:

$$(-1,5) = \{x \in \mathbb{R} : -1 < x < 5\}.$$

以下同様に, $a < b$ となる実数 a, b に対する閉区間 $[a,b]$, 開区間 (a,b) に加えて, 半開区間 $(a,b], [a,b)$ などの集合もそれぞれ

$$[a,b] = \{x \in \mathbb{R} : a \leqq x \leqq b\}, \qquad (a,b) = \{x \in \mathbb{R} : a < x < b\},$$

$$(a,b] = \{x \in \mathbb{R} : a < x \leqq b\}, \qquad [a,b) = \{x \in \mathbb{R} : a \leqq x < b\}$$

と表す. このとき, a, b のことを, それぞれの区間の**左端点. 右端点**とよび, これらをあわせて**端点**とよぶ. また,

$$[a,\infty) = \{x \in \mathbb{R} : a \leqq x\}, \qquad (a,\infty) = \{x \in \mathbb{R} : a < x\},$$

$$(-\infty,b] = \{x \in \mathbb{R} : x \leqq b\}, \qquad (-\infty,b) = \{x \in \mathbb{R} : x < b\},$$

$$\mathbb{R} = (-\infty,\infty)$$

と表す. これらを総称して $\mathbb{R}$ の**区間**とよぶ.

上極限集合・下極限集合

集合列の上極限集合・下極限集合を定義しよう[2]. $A_1, A_2, \cdots, A_n, \cdots$ を集合列とする. このとき,

$$\limsup_{n \to \infty} A_n = \bigcap_{n=1}^{\infty} \Big(\bigcup_{k=n}^{\infty} A_k \Big), \qquad \liminf_{n \to \infty} A_n = \bigcup_{n=1}^{\infty} \Big(\bigcap_{k=n}^{\infty} A_k \Big)$$

と定め, $\limsup_{n \to \infty} A_n$ を集合列 $\{A_n\}$ の**上極限集合**といい, $\liminf_{n \to \infty} A_n$ を $\{A_n\}$ の**下極限集合**という. 特に, これらが一致するとき, すなわち,

$$\limsup_{n \to \infty} A_n = \bigcap_{n=1}^{\infty} \Big(\bigcup_{k=n}^{\infty} A_k \Big) = \bigcup_{n=1}^{\infty} \Big(\bigcap_{k=n}^{\infty} A_k \Big) = \liminf_{n \to \infty} A_n$$

であるとき, それを $\lim_{n \to \infty} A_n$ と書いて集合列 $\{A_n\}$ の**極限集合**という.

---

2) 数列の**上極限**や**下極限**については微分積分学と名の付くテキストを参照のこと.

ところで,任意の $n \in \mathbb{N}$ に対して,$\overline{A}_n = \displaystyle\bigcup_{k=n}^{\infty} A_k$ とおくと,

$$\limsup_{n \to \infty} A_n = \bigcap_{n=1}^{\infty} \Big(\bigcup_{k=n}^{\infty} A_k \Big) = \bigcap_{n=1}^{\infty} \overline{A}_n$$

となるから,

$$a \in \limsup_{n \to \infty} A_n \iff a \in \bigcap_{n=1}^{\infty} \overline{A}_n \iff \text{すべて } n \text{ について } a \in \overline{A}_n$$

である.さらに,

$$a \in \overline{A}_n = \bigcup_{k=n}^{\infty} A_k \iff a \in A_k \text{ となる } k \geqq n \text{ がある.}$$

いい換えると,a は『$A_n, A_{n+1}, \cdots$ のどこかには属する』ということである.したがって,まとめると

- $a \in \displaystyle\limsup_{n \to \infty} A_n \iff a \in A_n$ を満たす n が無限個ある

である.同様に,任意の $n \in \mathbb{N}$ に対して,$\underline{A}_n = \displaystyle\bigcap_{k=n}^{\infty} A_k$ とおくと,

$$\liminf_{n \to \infty} A_n = \bigcup_{n=1}^{\infty} \Big(\bigcap_{k=n}^{\infty} A_k \Big) = \bigcup_{n=1}^{\infty} \underline{A}_n$$

より,

$$a \in \liminf_{n \to \infty} A_n \iff a \in \bigcup_{n=1}^{\infty} \underline{A}_n \iff a \in \underline{A}_n \text{ となる } n \text{ がある.}$$

さらに,

$$a \in \underline{A}_n = \bigcap_{k=n}^{\infty} A_k \iff \text{すべての } k \geq n \text{ に対して } a \in A_k \text{ である}$$

から,

$$a \in \underline{A}_n = \bigcap_{k=n}^{\infty} A_k \iff a \notin A_n \text{ となる } n \text{ は有限個しかない.}$$

よって,まとめると

- $a \in \displaystyle\liminf_{n \to \infty} A_n \iff$ ある k があって,すべての $n \geq k$ について $a \in A_n$

である.また,ド・モルガンの法則によって,

$$\Big(\limsup_{n \to \infty} A_n \Big)^c = \Big(\bigcap_{n=1}^{\infty} \Big(\bigcup_{k=n}^{\infty} A_k \Big) \Big)^c = \bigcup_{n=1}^{\infty} \Big(\bigcup_{k=n}^{\infty} A_k \Big)^c$$

$$= \bigcup_{n=1}^{\infty} \Big(\bigcap_{k=n}^{\infty} A_k^c \Big) = \liminf_{n \to \infty} A_n^c,$$

$$\Big(\liminf_{n \to \infty} A_n \Big)^c = \Big(\bigcup_{n=1}^{\infty} \Big(\bigcap_{k=n}^{\infty} A_k \Big) \Big)^c = \bigcap_{n=1}^{\infty} \Big(\bigcap_{k=n}^{\infty} A_k \Big)^c$$

$$= \bigcap_{n=1}^{\infty} \Big(\bigcup_{k=n}^{\infty} A_k^c \Big) = \limsup_{n \to \infty} A_n^c$$

となることがわかる.

◇**例 A.2.** 各 n に対して, $A_n = \left(-\dfrac{1}{n}, 1+n \right]$ とおく. このとき,

$$n \leqq k \implies -\frac{1}{n} \leqq -\frac{1}{k}, \quad 1+n \leqq 1+k$$

が成り立つから,

$$\bigcup_{k=n}^{\infty} A_k = \bigcup_{k=n}^{\infty} \left(-\frac{1}{k}, 1+k \right] = \left(-\frac{1}{n}, \infty \right),$$

$$\bigcap_{k=n}^{\infty} A_k = \bigcap_{k=n}^{\infty} \left(-\frac{1}{k}, 1+k \right] = [0, 1+n]$$

となる. よって,

$$\limsup_{n \to \infty} A_n = \bigcap_{n=1}^{\infty} \left(-\frac{1}{n}, \infty \right) = [0, \infty),$$

$$\liminf_{n \to \infty} A_n = \bigcup_{n=1}^{\infty} [0, 1+n] = [0, \infty)$$

となることから, $\lim\limits_{n \to \infty} A_n = [0, \infty)$ である.　　　　　　　　　　□

A.2　テイラー展開

$f(x)$ を区間 $I = [a, b]$ 上の C^n 級関数とする. すなわち, $f(x)$ は n 回微分可能で n 階導関数 $f^{(n)}(x)$ は連続とする. このとき, 任意の $x_0, x \in I$ に対して, 適当な $0 < \theta < 1$ が存在して,

$$f(x) = f(x_0) + f'(x_0)(x - x_0) + \frac{f''(x_0)}{2!}(x - x_0)^2 + \cdots$$

$$+ \frac{f^{(n-1)}(x_0)}{(n-1)!}(x - x_0)^{n-1} + \frac{f^{(n)}(x_0 + \theta(x - x_0))}{n!}(x - x_0)^n \quad \text{(A.1)}$$

と書き表される. これを f の **x_0 における n 次テイラー展開**とよぶ. 最後の項

$$\frac{f^{(n)}(x_0 + \theta(x - x_0))}{n!}(x - x_0)^n$$

を**剰余項**とよぶ. 特に, $0 \in I$ のとき, 0 における n 次テイラー展開を **n 次マクローリン展開**とよぶ:

$$f(x) = f(0) + f'(0)x + \frac{f''(0)}{2!}x^2 + \cdots + \frac{f^{(n-1)}(0)}{(n-1)!}x^{n-1} + \frac{f^{(n)}(\theta x)}{n!}x^n. \quad \text{(A.2)}$$

さて, (A.1) を $n = 1$ のときに適用すると, 適当な $0 < \theta < 1$ があって,

$$f(x) - f(x_0) = f'(x_0 + \theta(x - x_0))(x - x_0)$$

となる. これを**平均値の定理**とよぶ. このとき, $x = x_0 + \Delta x$ とおくと, $\Delta x \to 0$ ならば $f'(x_0 + \theta \Delta x) \to f'(x_0)$ より, Δx が 0 に十分近ければ, 近似的に

$$f(x_0 + \Delta x) - f(x_0) = f'(x_0)\Delta x \tag{A.3}$$

とできる. これを

$$df(x_0) = f'(x_0)\, dx \tag{A.4}$$

と書き, f の x_0 における**微分**あるいは**微分形式**とよぶ. 通常 (A.4) は

$$\frac{df}{dx}(x_0) = f'(x_0)$$

と書くことが多い.

　よく用いられる極限公式をマクローリン展開を使って示しておこう.

◇**例 A.3.** $\lim\limits_{x \to 0}(1-x)^{1/x} = e^{-1}$.

　解説: 2 次のマクローリン展開を, 関数 $\log(1-x)$, $x < 1$ に対して適用すると, 適当な $0 < \theta < 1$ があって,

$$\log(1-x) = -x + \frac{x^2}{(1-\theta x)^2}$$

が成り立つ. よって,

$$\log(1-x)^{1/x} = \frac{1}{x}\log(1-x) = -1 + \frac{x}{(1-\theta x)^2}$$

となる. 特に, $|x| < 1/2$ ならば $|1 - \theta x| \geqq 1/2$ だから, 右辺は $x \to 0$ のとき -1 に収束する. ゆえに,

$$\lim_{x \to 0}\log(1-x)^{1/x} = -1, \quad \text{したがって,} \quad \lim_{x \to 0}(1-x)^{1/x} = e^{-1}$$

となる.　　　　　　　　　　　　　　　　　　　　　　　　　　　　　　□

　次に, 関数 $f(x)$ が区間 $[a,b]$ 上で何回でも微分可能であって, 任意の $x, x_0 \in I$ および $n \in \mathbb{N}$ に対して, x_0 における n 次テイラー展開 (A.1) の剰余項が

$$\lim_{n \to \infty}\frac{f^{(n)}(x_0 + \theta(x-x_0))}{n!}(x-x_0)^n = 0$$

を満たすとき,

$$f(x) = f(x_0) + f'(x_0)(x-x_0) + \frac{f''(x_0)}{2!}(x-x_0)^2 + \cdots + \frac{f^{(n)}(x_0)}{n!}(x-x_0)^n + \cdots$$

$$= \sum_{n=0}^{\infty}\frac{f^{(n)}(x_0)}{n!}(x-x_0)^n \tag{A.5}$$

と無限級数で表すことができる. これを, f の x_0 における**テイラー級数 (展開)** とよぶ. 同じく, $x_0 = 0 \in I$ のときを**マクローリン級数 (展開)** とよぶ.

◇**例 A.4.** $f(x) = e^x$, $x \in \mathbb{R}$ とおく. このとき, $f(x)$ は何回も微分可能であり, 任意の $n \in \mathbb{N}$ に対して, $f^{(n)}(x) = e^x$ である. よって, n 次マクローリン展開は, 適当な $0 < \theta < 1$ があって,

$$f(x) = e^x = 1 + x + \frac{x^2}{2!} + \cdots + \frac{x^{n-1}}{(n-1)!} + \frac{e^{\theta x}}{n!} x^n$$

となる. 次に, $x \neq 0$ に対して, $|x|$ を超える最小の整数を k とし, $r = |x|/k$ とおくと,

$$k - 1 \leqq |x| < k, \quad 0 < r = \frac{|x|}{k} < 1$$

を満たす. このとき, 任意の $n > k$ に対して,

$$\left| \frac{e^{\theta x}}{n!} x^n \right| = \frac{e^{\theta x}}{n!} |x|^n = \frac{e^{\theta x} |x|^k}{k!} \cdot \overbrace{\frac{|x| \cdot |x| \cdots |x|}{(k+1)(k+2) \cdots (n-1) \cdot n}}^{(n-k)\,\text{個}}$$

$$= \frac{e^{\theta x} |x|^k}{k!} \cdot \overbrace{\frac{|x|}{k+1} \cdot \frac{|x|}{k+2} \cdots \frac{|x|}{n-1} \cdot \frac{|x|}{n}}^{(n-k)\,\text{個}}$$

$$< \frac{e^{\theta x} |x|^k}{k!} \cdot \overbrace{r \cdot r \cdots r \cdot r}^{(n-k)\,\text{個}} = \frac{e^{\theta x} |x|^k}{k!} \cdot r^{n-k} \to 0 \quad (n \to \infty)$$

となることから, e^x は

$$e^x = 1 + x + \frac{x^2}{2!} + \cdots + \frac{x^{n-1}}{(n-1)!} + \frac{x^n}{n!} + \cdots = \sum_{n=0}^{\infty} \frac{x^n}{n!}$$

とマクローリン級数展開できる. □

A.3 凸関数の諸性質

実数空間 $\mathbb{R}$ の区間 I を定義域とする関数 f が **I 上の凸関数** (convex function) であるとは, 任意の $x, y \in I$, $0 \leqq \lambda \leqq 1$ に対して,

$$f(\lambda x + (1 - \lambda)y) \leqq \lambda f(x) + (1 - \lambda)f(y) \tag{A.6}$$

が成り立つときをいう.

◇**例 A.5**. 次の関数は, それぞれの区間上で凸である.
(1) $a \geqq 1$ とするとき, $f(x) = |x|^a$, $x \in \mathbb{R}$.
(2) $f(x) = e^x$, $x \in \mathbb{R}$.
(3) $f(x) = -\log x$, $x \in (0, \infty)$. □

定理 A.2 (イエンセンの不等式 I). f を区間 I 上の凸関数とする. 任意の $n \in \mathbb{N}$ に対して, $\{\lambda_i\}_{i=1}^n \subset (0, \infty)$ を $\lambda_1 + \lambda_2 + \cdots + \lambda_n = 1$ を満たす数列とする. このとき, 任意の点列 $\{x_i\}_{i=1}^n \subset I$ に対して,

$$f\left(\sum_{i=1}^n \lambda_i x_i \right) \leqq \sum_{i=1}^n \lambda_i f(x_i)$$

が成り立つ.

証明：帰納法により示すことができる. □

◎**問 A.1.** 数学的帰納法を用いて，実際にイエンセンの不等式 I (定理 A.2) を示せ.

系 A.1. $\{\alpha_i\}_{i=1}^n \subset [0, \infty)$ を，$\alpha_1 + \alpha_2 + \cdots + \alpha_n = 1$ を満たす正数の数列とする. このとき，任意の $\{x_i\}_{i=1}^n \subset (0, \infty)$ に対して，

$$x_1^{\alpha_1} x_2^{\alpha_2} \cdots x_n^{\alpha_n} \leqq \alpha_1 x_1 + \alpha_2 x_2 + \cdots + \alpha_n x_n$$

が成り立つ.

証明：$f(x) = e^x$ は $\mathbb{R}$ 上の凸関数である. $\{x_i\}_{i=1}^n \subset (0, \infty)$ に対して，$y_i = \log x_i$ とおくと，$x_i = e^{y_i}$ である. イエンセンの不等式 (定理 A.2) を $\{y_i\}$ に対して適用すると，

$$
\begin{aligned}
x_1^{\alpha_1} x_2^{\alpha_2} \cdots x_n^{\alpha_n} &= e^{\alpha_1 y_1} e^{\alpha_2 y_2} \cdots e^{\alpha_n y_n} \\
&= f(\alpha_1 y_1 + \alpha_2 y_2 + \cdots + \alpha_n y_n) \\
&\leqq \alpha_1 f(y_1) + \alpha_2 f(y_2) + \cdots + \alpha_n f(y_n) \\
&= \alpha_1 e^{y_1} + \alpha_2 e^{y_2} + \cdots + \alpha_n e^{y_n} \\
&= \alpha_1 x_1 + \alpha_2 x_2 + \cdots + \alpha_n x_n
\end{aligned}
$$

となる. □

系 A.2 (相加・相乗平均の不等式). 任意の $n \in \mathbb{N}$ および $\{x_i\}_{i=1}^n \subset (0, \infty)$ に対して

$$\sqrt[n]{x_1 x_2 \cdots x_n} \leqq \frac{x_1 + x_2 + \cdots + x_n}{n} \tag{A.7}$$

が成り立つ.

証明：上の系 A.1 において $\alpha_i = \frac{1}{n}$, $i = 1, 2, \cdots, n$ とおけばよい. □

系 A.3 (ヤングの不等式). $1 < p < \infty$ に対して，q は $\frac{1}{p} + \frac{1}{q} = 1$ を満たすとする. このとき，任意の $x, y > 0$ に対して，

$$xy \leqq \frac{x^p}{p} + \frac{y^q}{q}$$

が成り立つ.

証明：系 A.1 において $n = 2$, $x_1 = x^p$, $x_2 = y^q$, $\alpha_1 = \frac{1}{p}, \alpha_2 = \frac{1}{q}$ とおけばよい.
□

系 A.4 (ヘルダーの不等式 I). $1 < p < \infty$ に対して，q は $\frac{1}{p} + \frac{1}{q} = 1$ を満たすとする. このとき，任意の実数列 $\{x_i\}_{i=1}^n$, $\{y_i\}_{i=1}^n$ に対して，

$$\sum_{i=1}^n |x_i y_i| \leqq \left(\sum_{i=1}^n |x_i|^p \right)^{1/p} \left(\sum_{i=1}^n |y_i|^q \right)^{1/q} \tag{A.8}$$

が成り立つ.

証明： $\sum_{i=1}^{n} |x_i|^p = 0$ または $\sum_{i=1}^{n} |y_i|^q = 0$ ならば,

$$x_i = 0, \quad i = 1, 2, \cdots, n, \quad \text{または} \quad y_i = 0, \quad i = 1, 2, \cdots, n$$

が成り立つことから, (A.8) は "$0 \leqq 0$" として成り立つことがわかる. よって,

$$A = \Big(\sum_{i=1}^{n} |x_i|^p \Big)^{1/p}, \quad B = \Big(\sum_{i=1}^{n} |y_i|^q \Big)^{1/q}$$

とおいたとき, $A > 0$ かつ $B > 0$ のときを示せばよい. このとき, 各 i に対して,

$$x = \frac{|x_i|}{A}, \quad y = \frac{|y_i|}{B}$$

にヤングの不等式 (系 A.3) を適用すると

$$\frac{|x_i y_i|}{AB} \leq \frac{1}{p} \frac{|x_i|^p}{A^p} + \frac{1}{q} \frac{|y_i|^q}{B^q}$$

となる. 各 $i = 1, 2, \cdots, n$ について現れる不等式の辺々の和をとると,

$$\frac{1}{AB} \sum_{i=1}^{n} |x_i y_i| \leqq \frac{1}{p} \cdot \underbrace{\frac{1}{A^p} \sum_{i=1}^{n} |x_i|^p}_{=1} + \frac{1}{q} \cdot \underbrace{\frac{1}{B^q} \sum_{i=1}^{n} |y_i|^q}_{=1}$$

$$= \frac{1}{p} + \frac{1}{q} = 1.$$

したがって, 分母を払うことで

$$\sum_{i=1}^{n} |x_i y_i| \leqq AB = \Big(\sum_{i=1}^{n} |x_i|^p \Big)^{1/p} \Big(\sum_{i=1}^{n} |y_i|^q \Big)^{1/q}$$

を得る.   □

命題 A.1 (ヘルダーの不等式 II). $1 < p < \infty$ に対して, q は $\frac{1}{p} + \frac{1}{q} = 1$ を満たすとする. 確率変数 X は p 次モーメントをもち, 確率変数 Y は q 次モーメントをもつとする：$E[|X|^p] < \infty$, $E[|Y|^q] < \infty$. このとき, 次の不等式が成り立つ：

$$E[|XY|] \leqq \big(E[|X|^p] \big)^{1/p} \cdot \big(E[|Y|^q] \big)^{1/q}. \tag{A.9}$$

さらに, $1 \leqq r < p$ を満たす r に対して, X は r 次モーメントをもち,

$$\big(E[|X|^r] \big)^{1/r} \leqq \big(E[|X|^p] \big)^{1/p} \tag{A.10}$$

が成り立つ.

証明： $E[|X|^p] > 0$ かつ $E[|Y|^q] > 0$ のときを示せば十分である. このとき,

$$\widetilde{X} = \frac{|X|}{\big(E[|X|^p] \big)^{1/p}}, \quad \widetilde{Y} = \frac{|Y|}{\big(E[|Y|^q] \big)^{1/q}}$$

とおき, ヤングの不等式 (A.3) を用いると

$$\frac{|XY|}{\left(E[|X|^p]\right)^{1/p}\left(E[|Y|^q]\right)^{1/q}} = \widetilde{X}\widetilde{Y} \leqq \frac{\widetilde{X}^p}{p} + \frac{\widetilde{Y}^q}{q} = \frac{1}{p}\cdot\frac{|X|^p}{E[|X|^p]} + \frac{1}{q}\cdot\frac{|Y|^q}{E[|Y|^q]}.$$

よって，両辺の期待値をとると，

$$\frac{E[|XY|]}{\left(E[|X|^p]\right)^{1/p}\left(E[|Y|^q]\right)^{1/q}} = E\Big[\frac{|XY|}{\left(E[|X|^p]\right)^{1/p}\left(E[|Y|^q]\right)^{1/q}}\Big]$$

$$\leqq E\Big[\frac{1}{p}\cdot\frac{|X|^p}{\left(E[|X|^p]\right)} + \frac{1}{q}\cdot\frac{|Y|^q}{\left(E[|Y|^q]\right)}\Big]$$

$$= \frac{1}{p}\cdot\frac{E[|X|^p]}{E[|X|^p]} + \frac{1}{q}\cdot\frac{E[|Y|^q]}{E[|Y|^q]} = \frac{1}{p}+\frac{1}{q} = 1$$

となる．よって，分母を払えば (A.9) が得られる．

次に，$1 \leqq r < p$ に対して，$s = p/r > 1$, $t = p/(p-r) > 1$ とおくと $1/s+1/t = 1$ を満たす．よって，ヘルダーの不等式 (A.9) により，

$$E[|X|^r] = E[|X|^r\cdot 1] \leqq \left(E[(|X|^r)^{p/r}]\right)^{r/p}\cdot\left(E[1^{p/(p-r)}]\right)^{(p-r)/p} = \left(E[|X|^p]\right)^{r/p}$$

となる．よって，あとは両辺の r 乗根をとれば (A.10) を得る．　　　　□

また，$f(x)$ を区間 I 上の凸関数とし，$a,b,c \in I$ を，$a < b < c$ を満たすようにとると，

$$\frac{f(b)-f(a)}{b-a} \leqq \frac{f(c)-f(a)}{c-a} \leqq \frac{f(c)-f(b)}{c-b} \tag{A.11}$$

が成り立つ．

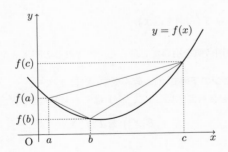

実際，$a < b < c$ より，点 b は線分 $\overline{ac}$ の内分点である．よって，適当な $0 < \lambda < 1$ を用いて $b = \lambda a + (1-\lambda)c$ と書くことができる．$f(x)$ は凸関数であるから，

$$f(b) = f(\lambda a + (1-\lambda)c) \leqq \lambda f(a) + (1-\lambda)f(c)$$

が成り立つ．したがって，

$$\frac{f(b)-f(a)}{b-a} \leqq \frac{(\lambda f(a) + (1-\lambda)f(c)) - f(a)}{(\lambda a + (1-\lambda)c) - a}$$

$$= \frac{(1-\lambda)(f(c)-f(a))}{(1-\lambda)(c-a)} = \frac{f(c)-f(a)}{c-a}.$$

同様に考えると，

$$\frac{f(c) - f(b)}{c - b} \geqq \frac{f(c) - \bigl(\lambda f(a) + (1 - \lambda)f(c)\bigr)}{c - \bigl(\lambda a + (1 - \lambda)c\bigr)} = \frac{\lambda(f(c) - f(a))}{\lambda(c - a)} = \frac{f(c) - f(a)}{c - a}.$$

(A.11) を用いると，次の定理が成り立つことがわかる．

定理 A.3. $f(x)$ を開区間 I 上の凸関数とする．このとき，以下が成り立つ．
(1) 各 $x \in I$ に対して，$f(x)$ には右微分 $f'_+(x)$ および左微分 $f'_-(x)$ が存在する．
(2) 各 $x, y \in I \, (x < y)$ に対して，

$$f'_-(x) \leqq \frac{f(y) - f(x)}{y - x} \leqq f'_+(y) \tag{A.12}$$

が成り立つ．特に，上の不等式において $y \to x+$ とすると，

$$f'_-(x) \leqq f'_+(x)$$

となる．

▷ **注意 A.1.** 上の定理により，$f(x)$ が開区間 I 上の凸関数とすると，$y = f(x)$ のグラフは，常に I の各点 a を通り，$f'_+(a)$ を傾きとする直線 (右接線とよぶ)，または $f'_-(a)$ を傾きとする直線 (左接線とよぶ) の上側にある．すなわち，

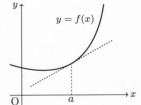

$$f(x) \geqq f'_\pm(a)(x - a) + f(a), \quad x \in I$$

が成り立つことがわかる (右図をみよ)．

次に，確率変数の期待値を用いて表現したイエンセンの不等式を示そう．

命題 A.2 (イエンセンの不等式 II). 確率変数 X は 1 次モーメントをもつとする．また，I は X の値域を含む開区間とし，$f(x)$ はその上の凸関数とする．このとき，

$$f\bigl(E[X]\bigr) \leqq E[f(X)] \tag{A.13}$$

が成り立つ．

　証明： $f(x)$ を開区間 I 上の凸関数とする．注意 A.1 より，任意の $a \in I$ に対して，$f(x)$ のグラフは点 a における右接線より上側にあることから，

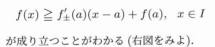

$$f(x) \geqq f'_+(a)(x - a) + f(a), \quad x \in I$$

が成り立つ．よって，$a = E[X] \in I$ とおくと，

$$f(X(\omega)) \geqq f'_+(E[X])(X(\omega) - E[X]) + f(E[X]), \quad \omega \in \Omega$$

となる．ゆえに，両辺の期待値をとると，

$$E[f(X)] \geqq E\Bigl[f'_+(E[X])(X - E[X]) + f(E[X])\Bigr]$$

$$= f'_+(E[X])(E[X] - E[X]) + f(E[X]) = f(E[X])$$

となり，イエンセンの不等式 (A.13) を得る. □

A.4 スターリングの公式

本節において，ガンマ関数 $\Gamma(x)$ の $x \to \infty$ のときの挙動を表すスターリングの公式と
よばれる極限公式を紹介する．まず，**漸近同値性** (asymptotic equivalence) を定義しよ
う．適当な半直線 $I = [a, \infty)$ で定義された関数 $f(x)$, $g(x)$ が $\underline{x \to \infty$ のとき漸近同値}
であるとは，

$$\lim_{x \to \infty} \frac{f(x)}{g(x)} = 1$$

が成り立つときをいい，

$$f(x) \approx g(x) \quad (x \to \infty) \tag{A.14}$$

と書くことにする. (A.14) は

$$g(x) \approx f(x) \quad (x \to \infty), \qquad \frac{f(x)}{g(x)} \approx 1 \quad (x \to \infty), \qquad \frac{g(x)}{f(x)} \approx 1 \quad (x \to \infty)$$

などとも同値であることに注意する．さらに，$f(x)$ または $g(x)$ が $[a, \infty)$ 上で有界な
らば，次の極限が存在することもわかる：

$$\lim_{x \to \infty} |f(x) - g(x)| = 0.$$

数列 $\{a_n\}$, $\{b_n\}$ に対して，

$$\lim_{n \to \infty} \frac{a_n}{b_n} = 1$$

が成り立つとき，数列 $\underline{\{a_n\} \text{ と } \{b_n\}}$ は漸近同値であるといい，

$$a_n \approx b_n \quad (n \to \infty) \tag{A.15}$$

と書くことにする.
さて，ガンマ関数 $\Gamma(x)$ は

$$\Gamma(x) = \int_0^\infty t^{x-1} e^{-x} \, dt, \quad x > 0 \tag{A.16}$$

で定義された ((2.14) をみよ). 変数変換 $t = xs$ を行うと，

$$\Gamma(x+1) = x^{x+1} \int_0^\infty s^x e^{-xs} \, ds = x^{x+1} e^{-x} \int_0^\infty e^{-x\{(s-1) - \log s\}} \, ds \tag{A.17}$$

を得る．以下，$x > 0$ が十分大きいときの $\Gamma(x+1)$ について考えたい．そこで，

$$I(x) = \int_0^\infty e^{-x\{(s-1) - \log s\}} \, ds, \quad f(s) = (s-1) - \log s, \ s > 0$$

とおこう. $f'(s) = 1 - 1/s$, $f''(s) = 1/s^2$ より, $(0, \infty)$ では $f(s)$ は $s = 1$ のとき最小値 $f(1) = 0$ をとる. したがって, $I(x)$ の積分は, x が十分大きいときは $s = 1$ の近傍の積分だけが重要になる. 実際, $1/3 < \alpha < 1/2$ に対して,

$$0 \leqq \int_0^{1 - x^{-\alpha}} e^{-x\{(s-1) - \log s\}} ds \leqq e^{x\{x^{-\alpha} + \log(1 - x^{-\alpha})\}}(1 - x^{-\alpha}) \to 0 \quad (x \to \infty)$$

である[3]. また, $f(s)/s$ が $s > 1$ において単調増加であることから, $1 + x^{-\alpha} < s$ ならば

$$\frac{x^{-\alpha} - \log(1 + x^{-\alpha})}{1 + x^{-\alpha}} s \leqq (s - 1) - \log s$$

となる. よって,

$$0 \leqq \int_{1 + x^{-\alpha}}^{\infty} e^{-x\{(s-1) - \log s\}} ds \leqq \int_{1 + x^{-\alpha}}^{\infty} \exp\left(-\frac{x^{-\alpha} - \log(1 + x^{-\alpha})}{1 + x^{-\alpha}} xs\right) ds$$

$$= \frac{1 + x^{-\alpha}}{(x^{-\alpha} - \log(1 + x^{-\alpha}))x} e^{-(x^{-\alpha} - \log(1 + x^{-\alpha}))x} \to 0 \quad (x \to \infty)$$

が成り立つから,

$$\lim_{x \to \infty} \left| I(x) - \int_{1 - x^{-\alpha}}^{1 + x^{-\alpha}} e^{-x\{(s-1) - \log s\}} ds \right| = 0 \tag{A.18}$$

となる. そこで,

$$J(x) = \int_{1 - x^{-\alpha}}^{1 + x^{-\alpha}} e^{-x\{(s-1) - \log s\}} ds$$

とおこう. $f(s) = (s - 1) - \log s$ を $s = 1$ における 3 次テイラー展開を行うと, 適当な $0 < \theta = \theta(s) < 1$ があって,

$$f(s) = \frac{1}{2}(s - 1)^2 - \frac{(s - 1)^3}{3(1 + \theta(s - 1))^3}$$

より,

$$J(x) = \int_{1 - x^{-\alpha}}^{1 + x^{-\alpha}} \exp\left(-\frac{x}{2}(s - 1)^2 + \frac{x(s - 1)^3}{3(1 + \theta(s - 1))^3}\right) ds$$

となるが, 実は

$$\lim_{x \to \infty} \left| J(x) - \int_{1 - x^{-\alpha}}^{1 + x^{-\alpha}} \exp\left(-\frac{x}{2}(s - 1)^2\right) ds \right| = 0$$

となる. 実際,

$$\left| J(x) - \int_{1 - x^{-\alpha}}^{1 + x^{-\alpha}} \exp\left(-\frac{x}{2}(s - 1)^2\right) ds \right|$$

---

[3] $\alpha (< 1/2) < 1$ のとき, $x\{x^{-\alpha} + \log(1 - x^{-\alpha})\} \to -\infty \ (x \to \infty)$ となることを用いた.

$$\leqq \int_{1-x^{-\alpha}}^{1+x^{-\alpha}} e^{-\frac{x(s-1)^2}{2}} \left| 1 - \exp\left(\frac{x(s-1)^3}{3(1+\theta(s-1))^3}\right) \right| ds$$

であり，また，x が 1 より十分大きいとき，$1/3 < \alpha < 1/2$ に注意すると，$1-x^{-\alpha} \leqq s \leqq 1+x^{-\alpha}$ ならば

$$\left| \frac{x(s-1)^3}{3(1+\theta(s-1))^3} \right| \leqq \frac{|x|\,|s-1|^3}{3(1-|s-1|)^3} \leqq |x|^{1-3\alpha} \ (\leqq 1)$$

となるから，

$$\left| 1 - \exp\left(\frac{x(s-1)^3}{3(1+\theta(s-1))^3}\right) \right| \leqq e x^{1-3\alpha}$$

が成り立つ．よって，

$$\left| J(x) - \int_{1-x^{-\alpha}}^{1+x^{-\alpha}} e^{-\frac{x(s-1)^2}{2}}\, ds \right| \leqq e x^{1-3\alpha} \int_{1-x^{-\alpha}}^{1+x^{-\alpha}} e^{-\frac{x(s-1)^2}{2}}\, ds \to 0 \quad (x \to \infty)$$

となる．さらに，

$$\widetilde{J}(x) = \int_{1-x^{-\alpha}}^{1+x^{-\alpha}} e^{-\frac{x(s-1)^2}{2}}\, ds$$

において，$\sqrt{x}(s-1) = u$ と変換を行えば，

$$\widetilde{J}(x) = \frac{1}{\sqrt{x}} \int_{-x^{1/2-\alpha}}^{x^{1/2-\alpha}} e^{-\frac{u^2}{2}}\, du$$

となるから，x を十分大きくすると，$x^{1/2-\alpha} \to \infty$ だから，

$$\int_{-x^{1/2-\alpha}}^{x^{1/2-\alpha}} e^{-\frac{u^2}{2}}\, du \approx \int_{-\infty}^{\infty} e^{-\frac{u^2}{2}}\, du = \sqrt{2\pi} \quad (x \to \infty).$$

これらをまとめると，

$$I(x) \approx J(x) \approx \widetilde{J}(x) \approx \sqrt{\frac{2\pi}{x}} \quad (x \to \infty)$$

となる．ゆえに，

$$\Gamma(x+1) = x^{x+1} e^{-x} I(x) \approx x^{x+1} e^{-x} \sqrt{\frac{2\pi}{x}} = \sqrt{2\pi x}\, x^x e^{-x} \quad (x \to \infty)$$

となる．

まとめると，次の定理を得る．

定理 A.4 (ガンマ関数のスターリングの公式).

$$\Gamma(x+1) = \int_0^\infty t^{-x} e^{-x}\, dt \approx \sqrt{2\pi x}\, x^x e^{-x} \quad (x \to \infty). \tag{A.19}$$

問題 2.16 によって，x が自然数 n のとき $\Gamma(n+1) = n!$ だから，次の系が成り立つことがわかる．こちらを通常スターリングの公式とよぶ．

系 A.5 (スターリングの公式).

$$n! \approx \sqrt{2\pi n}\left(\frac{n}{e}\right)^n \quad (n \to \infty). \tag{A.20}$$

A.5 正規分布にかかわる様々な分布

中心極限定理によると，データ数 (無作為標本) が大量にあるときは，データを適当に規格化することによって，正規分布に従う確率変数が現れてくる．したがって，推定・検定を行うために，正規分布にかかわる様々な標本分布の性質についてまとめておく．

カイ 2 乗分布: $\chi^2(n)$

はじめにカイ 2 乗分布の再生性を紹介しよう．

命題 A.3. 確率変数 X, Y は独立で，それぞれカイ 2 乗分布 $\chi^2(n)$, $\chi^2(m)$ に従うとする．このとき，$X + Y \sim \chi^2(n+m)$ である．

証明：はじめに，カイ 2 乗分布 $\chi^2(n)$ に従う確率変数のモーメント母関数を求めると，

$$\begin{aligned}
M(t) = E[e^{tX}] &= \int_{-\infty}^{\infty} e^{tx} f(x)\,dx \\
&= \frac{1}{2^{\frac{n}{2}}\Gamma(n/2)}\underbrace{\int_{-\infty}^{\infty} e^{tx} x^{\frac{n-2}{2}} e^{-\frac{x}{2}}\,dx}_{y=(1/2-t)x} \\
&= \frac{1}{2^{\frac{n}{2}}\Gamma(n/2)}\int_{-\infty}^{\infty}\left(\frac{y}{1/2-t}\right)^{\frac{n-2}{2}} e^{-y}\,\frac{dy}{1/2-t} \\
&= \frac{1}{(1-2t)^{\frac{n}{2}}\Gamma(n/2)}\int_{-\infty}^{\infty} y^{\frac{n}{2}-1} e^{-y}\,dy \\
&= \frac{1}{(1-2t)^{\frac{n}{2}}\Gamma(n/2)}\cdot\Gamma(n/2) = \frac{1}{(1-2t)^{\frac{n}{2}}}, \quad t < \frac{1}{2}
\end{aligned}$$

である．よって，X, Y は独立であることから，(3.1) により，

$$\begin{aligned}
M_{X+Y}(t) = E[e^{t(X+Y)}] &= E[e^{tX}]E[e^{tY}] \\
&= \frac{1}{(1-2t)^{\frac{n}{2}}}\cdot\frac{1}{(1-2t)^{\frac{m}{2}}} = \frac{1}{(1-2t)^{\frac{n+m}{2}}}, \quad t < \frac{1}{2}
\end{aligned}$$

が成り立つ．よって，一致性定理 (定理 4.6) により，$X + Y \sim \chi^2(n+m)$ であることがわかる．   □

定理 A.5. $(X_1, X_2, \cdots, X_n)$ を正規母集団 $\mathsf{N}(0,1)$ からの大きさ n の標本とする．このとき，

$$Y = X_1^2 + X_2^2 + \cdots + X_n^2 = \sum_{i=1}^{n} X_i^2$$

はカイ 2 乗分布 $\chi^2(n)$ に従う．

証明: 各 X_i は標準正規分布 $\mathsf{N}(0,1)$ に従うから, 例題 2.8 から $X_i^2 \sim \chi^2(1)$ である. よって, 先の命題 A.3 を帰納的に使うことにより, $Y = \sum_{i=1}^{n} X_i^2 \sim \chi^2(n)$ となることが示される. $\qquad\square$

スチューデントのティー分布: $\mathsf{t}(n)$

定理 A.6. X, Y を独立な確率変数とし, $X \sim \mathsf{N}(0,1)$, $Y \sim \chi^2(n)$ とすると,

$$\frac{X}{\sqrt{Y/n}} \sim \mathsf{t}(n)$$

である.

証明: X, Y は独立であるから, (X, Y) の結合確率密度関数 $f(x,y)$ は X と Y のそれぞれの周辺確率密度関数の積である:

$$f(x,y) = f_X(x) f_Y(y)$$

$$= \begin{cases} \dfrac{1}{\sqrt{2\pi}} e^{-\frac{x^2}{2}} \cdot \dfrac{1}{2^{\frac{n}{2}}\,\Gamma(n/2)} y^{\frac{n-2}{2}} e^{-\frac{y}{2}}, & x \in \mathbb{R},\ y > 0, \\[2mm] 0, & x \in \mathbb{R},\ y \leqq 0. \end{cases}$$

次に, $T = X/\sqrt{Y/n}$ とおく. $z \in \mathbb{R}$ に対して, $\mathbb{R}^2$ の部分集合 D を

$$D = \{(x,y):\ y > 0,\ -\infty < x \leqq z\sqrt{y/n}\}$$

とおき, $h(x,y)$ を D 上で 1, それ以外は 0 となる 2 変数関数とすると, (3.20) より

$$F_T(z) = P(T \leqq z) = E[h(X,Y)] = \iint_D f(x,y)\,dxdy$$

$$= \frac{1}{2^{\frac{n+1}{2}}\sqrt{\pi}\,\Gamma(n/2)} \iint_D y^{\frac{n-2}{2}} e^{-\frac{x^2}{2}-\frac{y}{2}}\,dxdy$$

である. ここで次のような st-平面から xy-平面への変換を考える: $x = x(s,t) = s\sqrt{\dfrac{t}{n}}$, $y = y(s,t) = t$. すると, この変換により st-平面の縦線領域

$$E = \{(s,t):\ -\infty < s \leqq z,\ t > 0\}$$

が D 上へ 1 対 1 に変換される. また, ヤコビ行列式は

$$J = \frac{\partial(x,y)}{\partial(s,t)} = \det \begin{pmatrix} \dfrac{\partial x}{\partial s} & \dfrac{\partial x}{\partial t} \\[2mm] \dfrac{\partial y}{\partial s} & \dfrac{\partial y}{\partial t} \end{pmatrix} = \det \begin{pmatrix} \sqrt{\dfrac{t}{n}} & \dfrac{s}{2\sqrt{nt}} \\[2mm] 0 & 1 \end{pmatrix} = \sqrt{\dfrac{t}{n}}$$

より, E の内部のいたるところで $J \neq 0$ だから, 次の重積分の変換公式が成り立つ:

$$\iint_D y^{\frac{n-2}{2}} e^{-\frac{x^2}{2}-\frac{y}{2}}\,dxdy = \iint_E t^{\frac{n-2}{2}} e^{-\frac{s^2 t}{2n}-\frac{t}{2}} \sqrt{\frac{t}{n}}\,dsdt$$

$$= \frac{1}{\sqrt{n}} \int_{-\infty}^{z} \underbrace{\left(\int_{0}^{\infty} t^{\frac{n-1}{2}} e^{-\frac{1}{2}(\frac{s^2}{n}+1)t} \, dt \right)}_{(s^2/n+1)t/2=u} ds$$

$$= \frac{1}{\sqrt{n}} \int_{-\infty}^{z} \left(\int_{0}^{\infty} \left(\frac{2u}{1+\frac{s^2}{n}} \right)^{\frac{n-1}{2}} e^{-u} \frac{2\,du}{1+\frac{s^2}{n}} \right) ds$$

$$= \frac{1}{\sqrt{n}} \int_{-\infty}^{z} \left(\frac{2}{1+\frac{s^2}{n}} \right)^{\frac{n+1}{2}} \underbrace{\left(\int_{0}^{\infty} u^{\frac{n-1}{2}} e^{-u} \, du \right)}_{=\Gamma((n+1)/2)} ds$$

$$= \frac{2^{\frac{n+1}{2}} \Gamma((n+1)/2)}{\sqrt{n}} \int_{-\infty}^{z} \left(1+\frac{s^2}{n} \right)^{-\frac{n+1}{2}} ds.$$

よって，まとめると

$$F_T(z) = \frac{1}{2^{\frac{n+1}{2}} \sqrt{\pi} \, \Gamma(n/2)} \cdot \frac{2^{\frac{n+1}{2}} \Gamma((n+1)/2)}{\sqrt{n}} \int_{-\infty}^{z} \left(1+\frac{s^2}{n} \right)^{-\frac{n+1}{2}} ds$$

$$= \frac{\Gamma((n+1)/2)}{\sqrt{n}\sqrt{\pi} \, \Gamma(n/2)} \int_{-\infty}^{z} \left(1+\frac{s^2}{n} \right)^{-\frac{n+1}{2}} ds$$

となるが，ガンマ関数とベータ関数の関係およびその性質 (問題 2.16) により，

$$\mathsf{B}\left(\frac{1}{2}, \frac{n}{2}\right) = \frac{\Gamma(\frac{1}{2})\Gamma(\frac{n}{2})}{\Gamma(\frac{n+1}{2})} = \frac{\sqrt{\pi}\,\Gamma(\frac{n}{2})}{\Gamma(\frac{n+1}{2})} \tag{A.21}$$

が成り立つことから，

$$f_T(z) = \frac{dF_T}{dz}(z) = \frac{1}{\sqrt{n}\,\mathsf{B}(1/2, n/2)} \left(1+\frac{z^2}{n} \right)^{-\frac{n+1}{2}}, \quad z \in \mathbb{R}$$

となる．これは，自由度 n のティー分布の確率密度関数である (§2.3 参照)．　　　　□

　ところで，ティー分布の確率密度関数のグラフの形は原点対称であり，裾が標準正規分布の確率密度関数より厚い (大きい)．しかし，自由度 n が大きくなると標準正規分布に近くなっていく (下図をみよ)．

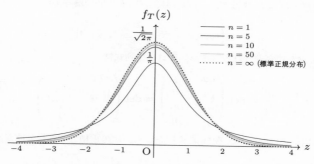

実際，次の命題が成立する：

命題 A.4. 自由度 n のティー分布の確率密度関数 $f_T(z)$ は, $n \to \infty$ とすると, 標準正規分布 $\mathsf{N}(0,1)$ の確率密度関数に収束する:

$$\lim_{n \to \infty} f_T(z) = \lim_{n \to \infty} \frac{1}{\sqrt{n}\,\mathsf{B}(1/2, n/2)}\Big(1 + \frac{z^2}{n}\Big)^{-\frac{n+1}{2}} = \frac{1}{\sqrt{2\pi}}e^{-\frac{z^2}{2}}, \quad z \in \mathbb{R}.$$

証明: ベータ関数の性質 (A.21) およびスターリングの公式 (A.19) により, $z \neq 0$ に対して,

$$\frac{1}{\sqrt{n}\,\mathsf{B}(1/2, n/2)}\Big(1 + \frac{z^2}{n}\Big)^{-\frac{n+1}{2}} = \frac{\Gamma(\frac{n+1}{2})}{\sqrt{n}\sqrt{\pi}\,\Gamma(\frac{n}{2})}\Big\{\Big(1 + \frac{z^2}{n}\Big)^{\frac{n}{z^2}}\Big\}^{-\frac{n+1}{2}\cdot\frac{z^2}{2}}$$

$$\approx \frac{\sqrt{2\pi\frac{n+1}{2}}\,(\frac{n+1}{2})^{\frac{n+1}{2}}e^{-\frac{n+1}{2}}}{\sqrt{n}\sqrt{\pi}\sqrt{2\pi\frac{n}{2}}\,(\frac{n}{2})^{\frac{n}{2}}e^{-\frac{n}{2}}}e^{-\frac{z^2}{2}}$$

$$= \frac{1}{\sqrt{2\pi}}\cdot\frac{n+1}{n}\cdot\Big(\frac{n+1}{n}\Big)^{\frac{n}{2}}e^{-\frac{1}{2}}e^{-\frac{z^2}{2}}$$

$$\approx \frac{1}{\sqrt{2\pi}}\cdot 1 \cdot e^{\frac{1}{2}}\cdot e^{-\frac{1}{2}}\cdot e^{-\frac{z^2}{2}} = \frac{1}{\sqrt{2\pi}}e^{-\frac{z^2}{2}} \quad (n \to \infty)$$

である. $\square$

エフ分布: $\mathsf{F}(n, m)$

定理 A.7. 確率変数 X, Y は独立で, それぞれカイ 2 乗分布 $\chi^2(n)$, $\chi^2(m)$ に従うとする. このとき,

$$\frac{X/n}{Y/m} \sim \mathsf{F}(n, m)$$

となる.

証明: X, Y は独立であるから, 定理 A.6 と同様に (X, Y) の結合確率密度関数は X と Y のそれぞれの周辺確率密度関数の積である:

$$f(x, y) = f_X(x)f_Y(y)$$

$$= \begin{cases} \dfrac{1}{2^{n/2}\Gamma(n/2)}x^{\frac{n-2}{2}}e^{-\frac{x}{2}}\cdot\dfrac{1}{2^{m/2}\Gamma(m/2)}y^{\frac{m-2}{2}}e^{-\frac{y}{2}}, & x > 0,\, y > 0, \\ 0, & \text{その他の } x, y. \end{cases}$$

次に, $Z = (X/n)/(Y/m)$ とおく. $z > 0$ に対して, $\mathbb{R}^2$ の部分集合 D を

$$D = \{(x, y): x/n \leqq zy/m,\ x > 0,\ y > 0\}$$

とおき, $h(x, y)$ を D 上で 1, それ以外では 0 となる 2 変数関数とすると,

$$F_Z(z) = P(Z \leqq z) = E[h(x, y)] = \iint_D f(x, y)\,dxdy$$

$$= \frac{1}{2^{\frac{n+m}{2}}\Gamma(n/2)\Gamma(m/2)}\iint_D x^{\frac{n-2}{2}}y^{\frac{m-2}{2}}e^{-\frac{x+y}{2}}\,dxdy$$

となる. ここで, 次のような st-平面から xy-平面への変数変換を考える: $x = x(s,t) = \dfrac{n}{m}st,\ y = y(s,t) = t$. すると, この変換により st-平面の縦線領域

$$E = \{(s,t) : 0 < s \leqq z,\ t > 0\}$$

が D 上へ 1 対 1 に変換される. また, この変換のヤコビ行列式は

$$J = \frac{\partial(x,y)}{\partial(s,t)} = \det \begin{pmatrix} \dfrac{\partial x}{\partial s} & \dfrac{\partial x}{\partial t} \\ \dfrac{\partial y}{\partial s} & \dfrac{\partial y}{\partial t} \end{pmatrix} = \det \begin{pmatrix} \dfrac{n}{m}t & \dfrac{n}{m}s \\ 0 & 1 \end{pmatrix} = \frac{n}{m}t$$

となり, E の内部のいたるところで $J \neq 0$ だから, 次の重積分の変換公式が成り立つ:

$$F_Z(z) = \frac{1}{2^{\frac{n+m}{2}}\Gamma(n/2)\Gamma(m/2)} \int_0^z \int_0^\infty \left(\frac{n}{m}st\right)^{\frac{n-2}{2}} t^{\frac{m-2}{2}} e^{-\frac{1}{2}\cdot(\frac{n}{m}s+1)t} \frac{n}{m}t\, dt ds$$

$$= \frac{1}{2^{\frac{n+m}{2}}\Gamma(n/2)\Gamma(m/2)} \left(\frac{n}{m}\right)^{\frac{n}{2}} \int_0^z s^{\frac{n-2}{2}} \left(\int_0^\infty t^{\frac{n+m}{2}-1} e^{-\frac{1}{2}(\frac{n}{m}s+1)t} dt\right) ds.$$

ここで, 右辺の累次積分の t に関する積分に注目すると,

$$\underbrace{\int_0^\infty t^{\frac{n+m}{2}-1} e^{-\frac{1}{2}(\frac{n}{m}s+1)t} dt}_{(ns/m+1)t/2=u}$$

$$= \int_0^\infty \left(\frac{2u}{\frac{n}{m}s+1}\right)^{\frac{n+m}{2}-1} e^{-u} \frac{2}{\frac{n}{m}s+1}\, du$$

$$= \left(\frac{2}{\frac{n}{m}s+1}\right)^{\frac{n+m}{2}} \int_0^\infty u^{\frac{n+m}{2}-1} e^{-u} du = \left(\frac{2}{\frac{n}{m}s+1}\right)^{\frac{n+m}{2}} \Gamma\left(\frac{n+m}{2}\right)$$

となることから,

$$F_Z(z) = \frac{1}{2^{\frac{n+m}{2}}\Gamma(n/2)\Gamma(m/2)} \left(\frac{n}{m}\right)^{\frac{n}{2}} \Gamma\left(\frac{n+m}{2}\right) \int_0^z s^{\frac{n-2}{2}} \left(\frac{2}{\frac{n}{m}s+1}\right)^{\frac{n+m}{2}} ds$$

$$= \frac{\Gamma((n+m)/2)}{\Gamma(n/2)\Gamma(m/2)} \left(\frac{n}{m}\right)^{\frac{n}{2}} \int_0^z s^{\frac{n-2}{2}} \left(\frac{n}{m}s+1\right)^{-\frac{n+m}{2}} ds$$

が得られる. よって, $Z = (X/n)/(Y/m)$ の確率密度関数は,

$$f_Z(z) = \frac{dF_Z}{dz}(z) = \frac{\Gamma((n+m)/2)}{\Gamma(n/2)\Gamma(m/2)} \left(\frac{n}{m}\right)^{\frac{n}{2}} z^{\frac{n-2}{2}} \left(\frac{n}{m}z+1\right)^{-\frac{n+m}{2}}$$

$$= \frac{n^{\frac{n}{2}} m^{\frac{m}{2}} \Gamma((n+m)/2)}{\Gamma(n/2)\Gamma(m/2)} \cdot \frac{z^{\frac{n-2}{2}}}{(nz+m)^{\frac{n+m}{2}}}, \quad z > 0$$

となる. したがって, 関係式

$$\mathsf{B}\left(\tfrac{n}{2}, \tfrac{m}{2}\right) = \frac{\Gamma(n/2)\Gamma(m/2)}{\Gamma((n+m)/2)}$$

に注意することにより, $f_Z(z)$ は自由度 (n,m) のエフ分布 $\mathsf{F}(n,m)$ の確率密度関数と一致することがわかる.

$\square$

A.6 定理 4.1 (2) の証明 *

クラメールの大偏差原理の "下からの評価"(定理 4.1 (2)) の証明を行う. そのため, 確率変数の 1 次元分布 (= 確率測度) の性質を用いて示すことにする.

まず, 任意に $a < b$ をとる. また, $a < y < b$ を満たす y を任意にとり, $\delta > 0$ を $a < y - \delta < y + \delta < b$ を満たすようにとる. このとき, 確率の単調性により,

$$\frac{1}{n} \log P(a < \bar{X}_n < b) \geqq \frac{1}{n} \log P(y - \delta < \bar{X}_n < y + \delta)$$

であるから,

$$\liminf_{n \to \infty} \frac{1}{n} \log P(y - \delta < \bar{X}_n < y + \delta) \geqq -I(y) \tag{A.22}$$

を示すことができれば, 定理 4.1 (2) の証明が終わる. 定義と仮定から

$$I(y) = \sup_{\theta \in \mathbb{R}} \left(\theta y - \log M(\theta) \right), \quad M(\theta) = E[e^{\theta X_1}] < \infty$$

である. 以下,

$$I(y) = \sup_{\theta \in \mathbb{R}} \left(\theta y - \log M(\theta) \right) = \theta_0 y - \log M(\theta_0)$$

を満たす $\theta_0 \in \mathbb{R}$ が存在するとした仮定の下で (A.22) を示すことにする. $g(\theta) = \theta y - \log M(\theta)$ とおくと, $M(\theta)$ は微分可能であることより,

$$\frac{dg}{d\theta}(\theta_0) = y - \frac{M'(\theta_0)}{M(\theta_0)} = 0 \quad \Longleftrightarrow \quad y = \frac{M'(\theta_0)}{M(\theta_0)}.$$

$(\mathbb{R}, \mathcal{B}(\mathbb{R}))$ 上の確率測度 $\mu_0(A)$ を

$$\mu_0(A) = \frac{1}{M(\theta_0)} \int_A e^{\theta_0 x} \mu(dx), \quad A \in \mathcal{B}(\mathbb{R})$$

と定義する. ここで, $\mu(A)$ は独立同分布の確率変数列 $\{X_n\}$ の定める共通の法則 (= 1 次元分布) を表す:

$$\mu(A) = P(X_n \in A), \quad A \in \mathcal{B}(\mathbb{R}).$$

このとき, μ_0 の平均は,

$$\int_{\mathbb{R}} x \mu_0(dx) = \frac{1}{M(\theta_0)} \int_{\mathbb{R}} x e^{\theta_0 x} \mu(dx) = \frac{M'(\theta_0)}{M(\theta)} = y$$

となる. 次に, $0 < \delta_1 < \delta$ を満たす δ_1 に対して,

$$\left| \frac{x_1 + x_2 + \cdots + x_n}{n} - y \right| < \delta_1$$

$$\Longleftrightarrow \quad |(x_1 + x_2 + \cdots + x_n) - ny| < n\delta_1$$

$$\Longleftrightarrow \quad ny - n\delta_1 < x_1 + x_2 + \cdots + x_n < ny + n\delta_1 \tag{A.23}$$

であるから,

$$\theta_0\big(x_1 + x_2 + \cdots + x_n\big) < \theta_0 n y + |\theta_0| n \delta_1$$

となる. 以下, $s_n = x_1 + x_2 + \cdots + x_n$ とおくと,

$$
\begin{aligned}
P(y - \delta < \bar{X}_n < y + \delta) &= \int \cdots \int_{|s_n/n - y| < \delta} \mu(dx_1)\mu(dx_2)\cdots\mu(dx_n) \\
&\geqq \int \cdots \int_{|s_n/n - y| < \delta_1} \mu(dx_1)\mu(dx_2)\cdots\mu(dx_n) \\
&\geqq \int \cdots \int_{|s_n/n - y| < \delta_1} e^{\theta_0 s_n - (\theta_0 n y + |\theta_0| n \delta_1)} \mu(dx_1)\mu(dx_2)\cdots\mu(dx_n) \\
&= e^{-n(\theta_0 y + |\theta_0|\delta_1)} M(\theta_0)^n \int \cdots \int_{|s_n/n - y| < \delta_1} \mu_0(dx_1)\mu_0(dx_2)\cdots\mu_0(dx_n)
\end{aligned}
$$

となる. 右辺の 2 つ目の不等式で関係式 (A.23) を用いた. よって,

$$
\begin{aligned}
\frac{1}{n} &\log P(y - \delta < \bar{X}_n < y + \delta) \\
&\geqq -(\theta_0 y + |\theta_0|\delta_1) + \log M(\theta_0) \\
&\quad + \frac{1}{n} \log \Big(\int \cdots \int_{|s_n/n - y| < \delta_1} \mu_0(dx_1)\mu_0(dx_2)\cdots\mu_0(dx_n) \Big) \tag{A.24}
\end{aligned}
$$

となる. ここで, μ_0 を (共通の) 法則としてもつ IID の確率変数列を $\{Y_n\}$ とすると, $(Y_1, Y_2, \cdots, Y_n)$ の分布が $\mu_0(dx_1)\mu_0(dx_2)\cdots\mu_0(dx_n)$ であることより,

$$
P\Big(\Big| \frac{Y_1 + Y_2 + \cdots + Y_n}{n} - y \Big| < \delta_1 \Big) = \int \cdots \int_{|s_n/n - y| < \delta_1} \mu_0(dx_1)\mu_0(dx_2)\cdots\mu_0(dx_n)
$$

となることに注意する. さらに $\{Y_n\}$ の共通の平均が y であることを用いると, ($\{Y_n\}$ に対する) 大数の (弱) 法則 (定理 4.2) により,

$$
\lim_{n \to \infty} \int \cdots \int_{|s_n/n - y| < \delta_1} \mu_0(dx_1)\mu_0(dx_2)\cdots\mu_0(dx_n) = 1
$$

となることがわかる. よって, (A.24) の右辺の第 2 項は $n \to \infty$ のとき 0 に収束することから,

$$
\begin{aligned}
\liminf_{n \to \infty} \frac{1}{n} \log P(y - \delta < \bar{X}_n < y + \delta) &\geqq -(\theta_0 y + |\theta_0|\delta_1) + \log M(\theta_0) \\
&= -I(y) - |\theta_0|\delta_1
\end{aligned}
$$

となり, $\delta_1 \to 0$ とすると求める不等式 (A.22) が得られる.

□

問・章末問題の略解

問 1.1 (1) $\Omega = \{0, 1, 2, \cdots, 100\}$ (2) $\Omega = \{0, 1, 2, \cdots, n, \cdots\}$
(3) $\Omega = \{x \in \mathbb{R} : x \geqq 0\}$

問 1.2 (1) 分類   (2) 順序   (3) 比   (4) 順序   (5) 分類

問 1.3 (1) $B^c = \{4, 5, 6\}$, $C^c = \{1, 2, 3, 4, 5\}$, $A \cup B = \{1, 2, 3, 4, 6\}$,
$C \cup A = \{2, 4, 6\}$ (2) $B \cap C = \varnothing$, $C \cap A = \{6\}$, $(A \cup B \cup C)^c = \{5\}$
(3) $A^c \cap B = \{1, 3\}$, $B^c \cap C = \{6\}$, $C^c \cap A = \{2, 4\}$

問 1.4 $\frac{12}{36} = \frac{1}{3}$

問 1.5 (1) $\Omega = \{$HHHH, HHHT, HHTH, HHTT, HTHH, HTHT, HTTH, HTTT,
THHH, THHT, THTH, THTT, TTHH, TTHT, TTTH, TTTT$\}$ (2) $1 - \frac{1}{2^4} = \frac{15}{16}$

問 1.6 (1) $n = 3$ の場合の包含公式によって $1 = 0.25 + 0.55 + P(C) - 0.1 - 0.1 - 0.1 + 0$ だから, $P(C) = 0.5$.   (2) まず, $P(A \cap B) = 0.1, P(B \cap C) = P(C \cap A) = 0$ であることに注意する. よって, 確率の単調性 (p.6) より, $P(A \cap B \cap C) = 0$ がわかる. 求めるものは $A^c \cap B^c \cap C^c$ の確率であるから, 余事象の確率と $n = 3$ のときの包含公式をふたたび用いると, $P(A^c \cap B^c \cap C^c) = 0.2$ がわかる.

問 1.7 (1) $\frac{1}{3}$ (2) $\frac{3}{11}$

問 1.8 (1) $\frac{3^3}{10^3} = \frac{27}{1000}$ (2) $\frac{7^2 \times 3}{10^3} = \frac{147}{1000}$

問 1.9 $B = (A \cap B) \cup (A^c \cap B)$ かつ $(A \cap B) \cap (A^c \cap B) = \varnothing$ より, $P(B) = P(A \cap B) + P(A^c \cap B) = P(A)P(B) + P(A^c \cap B)$ となる. よって,

$$P(A^c \cap B) = P(B) - P(A)P(B) = (1 - P(A))P(B) = P(A^c)P(B)$$

だから, A^c と B は独立となる. 同様に, $A = (A \cap B) \cup (A \cap B^c)$ かつ $(A \cap B) \cap (A \cap B^c) = \varnothing$ より, $P(A) = P(A \cap B) + P(A \cap B^c) = P(A)P(B) + P(A \cap B^c)$ となる. よって,

$$P(A \cap B^c) = P(A) - P(A)P(B) = P(A)(1 - P(B)) = P(A)P(B^c)$$

だから, A と B^c も独立となることがわかる.

問 1.10 $P(B) > 0$ とする. A と B が独立ならば $P(A \cap B) = P(A)P(B)$ である. このとき, $P(A|B) = \dfrac{P(A \cap B)}{P(B)} = \dfrac{P(A)P(B)}{P(B)} = P(A)$ となる. 次に,
$P(A|B) = P(A)$ ならば, $P(A) = P(A|B) = \dfrac{P(A \cap B)}{P(B)}$ より, 右辺の分母を払うと
$P(A \cap B) = P(A)P(B)$ より, A と B は独立である.

問 1.11 $B = (B \cap A) \cup (B \cap A^c)$ かつ $(B \cap A) \cap (B \cap A^c) = \varnothing$ より，$P(B) = P(B \cap A) + P(B \cap A^c)$ が成り立つ．よって，$P(B) > 0$ のとき，

$$P(A|B) = \frac{P(B \cap A)}{P(B)} = \frac{P(B) - P(B \cap A^c)}{P(B)} = 1 - \frac{P(B \cap A^c)}{P(B)}.$$

問 1.12 A をポンプが故障する事象，B をボイラーが故障する事象とすると，$P(A \cup B)$ が求めるものである．A と B は独立であるから，$P(A \cup B) = P(A) + P(B) - P(A \cap B) = P(A) + P(B) - P(A)P(B) = \theta_1 + \theta_2 - \theta_1\theta_2.$

問 1.13 (1) $\frac{5}{7}$ (2) $\frac{25}{119}$ (3) $\frac{25}{34}$

問 1.14 A を不良品である事象，B を検査で不合格となる事象とすると，$P(A) = 0.04, P(B|A^c) = 0.02, P(B^c|A) = 0.01$ である．また，$P(A^c) = 0.96, P(B|A) = \frac{P(A \cap B)}{P(A)} = \frac{P(A) - P(A \cap B^c)}{P(A)} = 1 - P(B^c|A) = 0.99$ である．よって，検査で不合格となる事象 B の確率は，$\{A, A^c\}$ は Ω の分割だから，全確率の公式により $P(B) = P(B|A)P(A) + P(B|A^c)P(A^c) = 0.99 \times 0.04 + 0.02 \times 0.96 = 0.0588$．次に，不合格とされてしまった製品で，それが不良品でない確率は $P(A^c|B)$ であるから，ベイズの定理により $P(A^c|B) = \frac{P(A^c \cap B)}{P(B)} = \frac{P(B|A^c)P(A^c)}{P(B)} = \frac{0.02 \times 0.96}{0.0588} = \frac{16}{49}.$

問題 1.1 (1) $A \cap B = \{7\}$ (2) $A \cap C^c = \{4, 6\}$ (3) $A^c \cap (B \cup C) = \{3, 5\}$ (4) $(A \cap C) \cup (B \cap C) = (A \cup B) \cap C = \{2, 5\}$

問題 1.2 (1) $A = \{(1, 2), (1, 4), (1, 6)\}$ (2) $A \cup B = \{(1, 1), (1, 2), (1, 3), (1, 4), (1, 5), (1, 6), (2, 1), (2, 3), (2, 5), (3, 2), (3, 4), (3, 6), (4, 1), (4, 3), (4, 5), (5, 2), (5, 4), (5, 6), (6, 1), (6, 3), (6, 5)\}$ (3) $B \cap C = \{(1, 6)\}$ (4) $A \cap B^c = \{(2, 1), (2, 3), (2, 5), (3, 2), (3, 4), (3, 6), (4, 1), (4, 3), (4, 5), (5, 2), (5, 4), (5, 6), (6, 1), (6, 3), (6, 5)\}$ (5) $B^c \cap C = \{(2, 5), (3, 4), (4, 3), (5, 2), (6, 1)\}$

問題 1.3 (1) Ω (2) $\varnothing$ (3) A (4) $A \cap B$ (5) $(A \cap C) \cup B$

問題 1.4 (1) $\frac{4}{15} \cdot \frac{5}{15} \cdot \frac{6}{15} = \frac{8}{225}$ (2) $\frac{4}{15} \cdot \frac{5}{14} \cdot \frac{6}{13} = \frac{4}{91}$

問題 1.5 $\frac{11}{36}$

問題 1.6 $\frac{{}_{13}C_3}{{}_{15}C_3} = \frac{22}{35}$

問題 1.7 (1) $P(A \cup B) = 0.8$ (2) $P(A \cap B) = 0.2$

問題 1.8 (1) $P(A) = P(B) = \frac{1}{6}, P(A \cap B) = \frac{1}{36}$ より，A と B は独立である．(2) $P(C) = \frac{1}{6}, P(A \cap C) = \frac{1}{36}$ より，A と C も独立である．

問題 1.9 (1) $\frac{5}{8} \cdot \frac{3}{5} = \frac{3}{8}$ (2) $\frac{5}{8} \cdot \frac{2}{5} + \frac{3}{8} \cdot \frac{3}{5} = \frac{19}{40}$ (3) $\frac{9}{40} / \frac{19}{40} = \frac{9}{19}$

問題 1.10 (1) $A \cap B = \varnothing$ のとき，$P(A \cup B) = P(A) + P(B) - P(A \cap B) = P(A) + P(B) - P(\varnothing) = 0.3 + 0.4 - 0 = 0.7$． (2) A と B が独立のとき，$P(A \cup B) = P(A) + P(B) - P(A \cap B) = P(A) + P(B) - P(A)P(B) = 0.3 + 0.4 - 0.3 \times 0.4 = 0.58.$

問題 1.11 (1), (2) いずれも A, B は独立．

問題 1.12 (1) 余事象の確率とド・モルガンの法則より

$$P(A^c \cap B^c \cap C^c) = 1 - P\big((A^c \cap B^c \cap C^c)^c\big) = 1 - P(A \cup B \cup C).$$

ここで, $n = 3$ の場合の包含排除公式 (命題 1.2 (p.6) の脚注をみよ) および A, B, C の独立性により,

$$P(A^c \cap B^c \cap C^c) = 1 - \Big(P(A) + P(B) + P(C) - P(A \cap B)$$
$$- P(B \cap C) - P(C \cap A) + P(A \cap B \cap C) \Big)$$

$$= 1 - P(A) - P(B) - P(C) + P(A)P(B) + P(B)P(C) + P(C)P(A)$$
$$- P(A)P(B)P(C)$$

$$= \big(1 - P(A)\big) - \big(1 - P(A)\big)P(B) - \big(1 - P(A)\big)P(C) + \big(1 - P(A)\big)P(B)P(C)$$

$$= \big(1 - P(A)\big)\big(1 - P(B) - P(C) + P(B)P(C)\big)$$

$$= \big(1 - P(A)\big)\big(1 - P(B)\big)\big(1 - P(C)\big) = P(A^c)P(B^c)P(C^c).$$

(2) (1) と同様に考える. 結合法則と包含排除公式を用いると,

$$P\big(A \cap (B \cup C)\big) = P\big((A \cap B) \cup (A \cap C)\big)$$
$$= P(A \cap B) + P(A \cap C) - P(A \cap B \cap C)$$
$$= P(A)P(B) + P(A)P(C) - P(A)P(B)P(C)$$
$$= P(A)\big(P(B) + P(C) - P(B)P(C)\big) = P(A)P(B \cup C).$$

第 2 章

問 2.1 $R_X = \{0, 1, 2, 3\}$,

x	0	1	2	3	計
$P(X = x)$	$\frac{1}{14}$	$\frac{3}{7}$	$\frac{3}{7}$	$\frac{1}{14}$	1

問 2.2 $R_Y = \{2, 3, 4, 5, 6, 7, 8, 9, 10, 11, 12\}$. 出た目の和が 10 以上となる事象は $\{Y \geqq 10\} = \{(4,6), (5,5), (5,6), (6,4), (6,5), (6,6)\}$ より, 求める確率は $P(Y \geqq 10) = \frac{6}{36} = \frac{1}{6}$.

問 2.3 $\alpha = 0.5$, $\beta = 1$, $P(1 < X \leqq 1.5) = 0.25$, $P(0.5 < X \leqq 0.8) = 0.36$

問 2.4 (1) $P(X \leqq \pi/4) = F(\pi/4) = \sin\frac{\pi}{4} = \frac{1}{\sqrt{2}}$

(2) $P(\pi/6 < X \leqq \pi/3) = F(\pi/3) - F(\pi/6) = \sin\frac{\pi}{3} - \sin\frac{\pi}{6} = \frac{\sqrt{3}-1}{2}$

(3) $P(\pi/3 < X) = 1 - P(X \leqq \pi/3) = 1 - F(\pi/3) = 1 - \sin\frac{\pi}{3} = \frac{2-\sqrt{3}}{2}$

問 2.5 (1) $p_3 = P(X = 3) = 0.2 \times 0.8^2 = 0.128$　　(2) $p_5 = 0.2 \times 0.8^4 = 0.08192$

(3) $n \in \mathbb{N}$ に対して, $F_X(n) = \sum_{k=1}^{n} p(k) = \sum_{k=1}^{n} 0.2 \times 0.8^{k-1} = \dfrac{0.2(1 - 0.8^n)}{1 - 0.8} = 1 - 0.8^n$.

問 2.6 $R_X = \{0, 1, 2, 3, 4, 5\}$ であり, $p(x) = P(X = x) = \dfrac{{}_{20}\mathsf{C}_x \cdot {}_{80}\mathsf{C}_{5-x}}{{}_{100}\mathsf{C}_5}$, $x = 0, 1, 2, 3, 4, 5$.

問 2.7 $(x+1)^{p+q} = (x+1)^p (x+1)^q$ の両辺に二項定理を適用すると

$$\sum_{k=0}^{p+q} {}_{p+q}\mathsf{C}_k x^k = \Big(\sum_{i=0}^{p} {}_{p}\mathsf{C}_i x^i \Big) \Big(\sum_{j=0}^{q} {}_{q}\mathsf{C}_j x^j \Big) = \sum_{i=0}^{p} \Big(\sum_{j=0}^{q} {}_{p}\mathsf{C}_i \cdot {}_{q}\mathsf{C}_j \, x^{i+j} \Big)$$

となる. ここで, $0 \leqq \ell \leqq p+q$ を満たす任意の $\ell \in \mathbb{Z}$ に対して, 両辺の x^ℓ の係数を比較すると, 左辺の係数は ${}_{p+q}\mathsf{C}_\ell$ である. 一方, 右辺の係数を考えると, $i+j = \ell$ となる (i,j) の組が $(0,\ell), (1,\ell-1), \cdots, (\ell,0)$ の $(\ell+1)$ 通りあり, それぞれの係数は

$${}_{p}\mathsf{C}_0 \cdot {}_{q}\mathsf{C}_\ell, \quad {}_{p}\mathsf{C}_1 \cdot {}_{q}\mathsf{C}_{\ell-1}, \cdots, {}_{p}\mathsf{C}_\ell \cdot {}_{q}\mathsf{C}_0$$

である. よって, 右辺の x^ℓ の係数はこれらの和で与えられる. ここで, $m < n$ のとき ${}_{m}\mathsf{C}_n = 0$ とした約束を用いた. よって, ${}_{p+q}\mathsf{C}_\ell = \sum_{k=0}^{\ell} {}_{p}\mathsf{C}_k \cdot {}_{q}\mathsf{C}_{\ell-k}$.

問 2.8 $X \sim \mathsf{Un}(-1, 1)$ より, $F(x) = \frac{1}{2}(x+1)$, $-1 \leqq x \leqq 1$ に注意する.
(1) $P(X = -1) = 0$ (2) $P(0 < X < 2) = F(2) - F(0) = 1 - \frac{1}{2} = \frac{1}{2}$
(3) $P(-0.5 < X) = 1 - F(0.5) = 1 - \frac{1}{4} = \frac{3}{4}$

問 2.9 広義積分 $\displaystyle\int_{-\infty}^{\infty} f(t)\,dt = \frac{1}{\pi} \int_{-\infty}^{\infty} \frac{\sigma}{(t-\mu)^2 + \sigma^2}\,dt$ において, $t - \mu = \sigma s$ と変数変換すると, 与式は $\displaystyle\frac{1}{\pi} \int_{-\infty}^{\infty} \frac{\sigma}{\sigma^2 s^2 + \sigma^2} \sigma\,ds = \frac{1}{\pi} \int_{-\infty}^{\infty} \frac{ds}{s^2 + 1} = \frac{1}{\pi} \big[\tan^{-1} s \big]_{-\infty}^{\infty}$ $= 1$ となる.

問 2.10 求める確率は $P(T > 20000) = 1 - P(T \leqq 20000) = 1 - F(20000) = e^{-20000/10000} = e^{-2} \fallingdotseq 0.135$.

問 2.11 (1) 標準正規分布表により, $P(X \geqq 2.4) = 0.0082$.   (2) 標準正規分布表により, $P(-1 \leqq X \leqq 2) = P(X \leqq 2) - P(X < -1) = 1 - P(X > 2) - P(X \geqq 1) = 1 - 0.0228 - 0.1587 = 0.8185$.

問 2.12 X を $Z = (X - 10)/5 \sim \mathsf{N}(0,1)$ と正規化する. すると, $X = 5Z + 10$ である.   (1) $P(10 \leqq X \leqq a) = P(10 \leqq 5Z + 10 \leqq a) = P(0 \leqq Z \leqq (a-10)/5) = 0.5 - P((a-10)/5 \leqq Z)$ だから, $P((a-10)/5 \leqq Z) = 0.0228$ を満たす a を求めればよい. よって, 標準正規分布表より $(a-10)/5 = 2.0$ だから, $a = 20$.
(2) $P(|X - 10| \leqq a) = P(|5Z| \leqq a) = P(|Z| \leqq a/5)$ となる. Z の対称性から, $P(|Z| \leqq a/5) = 2P(0 \leqq Z \leqq a/5) = 2(0.5 - P(Z \geqq a/5))$. よって, $0.6826 = 1 - 2P(Z \geqq a/5)$, したがって, $P(Z \geqq a/5) = 0.1587$ となる a を求めればよい. 標準正規分布表より $a/5 = 1.0$ だから, $a = 5$.

問 2.13 $\chi_{50}^2(0.995) = 27.9907$, $\quad \chi_{50}^2(0.005) = 79.4900$

問 2.14 $F_{10}^5(0.05) = 3.3258$, $\quad F_{15}^3(0.05) = 3.2874$

問 2.15 $\mathsf{t}_{10}(0.005) = 3.1693$, $\quad \mathsf{t}_{20}(0.025) = 2.0860$

問題 2.1 (1) 56   (2) 56   (3) 15   (4) 21   (5) 120

問題 2.2 ${}_{n}\mathsf{C}_k = \dfrac{n!}{k!(n-k)!} = {}_{n}\mathsf{C}_{n-k}$

問題 2.3 ${}_{n-1}\mathsf{C}_{k-1} + {}_{n-1}\mathsf{C}_k = \dfrac{(n-1)!}{(k-1)!(n-k)!} + \dfrac{(n-1)!}{k!(n-k-1)!}$

$$= \frac{(n-1)!}{(k-1)!(n-k-1)!}\left(\frac{1}{n-k}+\frac{1}{k}\right)$$

$$= \frac{(n-1)!}{(k-1)!(n-k-1)!} \cdot \frac{n}{k(n-k)} = \frac{n!}{k!(n-k)!} = {}_n\mathsf{C}_k$$

問題 2.4 (1) $\frac{2}{5}$ (2) $\frac{3}{4}$ (3) $\frac{2}{9}$

問題 2.5 (1) $\Omega = \{\mathsf{HHH}, \mathsf{HHT}, \mathsf{HTH}, \mathsf{HTT}, \mathsf{THH}, \mathsf{THT}, \mathsf{TTH}, \mathsf{TTT}\}$

(2) $R_X = \{0, 1, 2\}$, $p_0 = \frac{1}{8}, p_1 = \frac{3}{8}, p_2 = \frac{3}{8}, p_3 = \frac{1}{8}$ より, $P(X \geqq 1) = 1 - P(X = 0) = \frac{7}{8}$.

問題 2.6 $R_X = \{1, 2, 3, 4, 5, 6\}$,

x	1	2	3	4	5	6	合計
P	$\frac{1}{36}$	$\frac{3}{36}$	$\frac{5}{36}$	$\frac{7}{36}$	$\frac{9}{36}$	$\frac{11}{36}$	1

問題 2.7 $R_X = \{0, 1, 2, 3, 4, 5\}$,

x	0	1	2	3	4	5	合計
P	$\frac{6}{36}$	$\frac{10}{36}$	$\frac{8}{36}$	$\frac{6}{36}$	$\frac{4}{36}$	$\frac{2}{36}$	1

問題 2.8 $a = \frac{1}{36}$, $P(-2 \leqq X \leqq 1) = \frac{2}{3}$

問題 2.9 $a = 1$, $P(-0.2 \leqq X \leqq 0.5) = \frac{111}{200}$

問題 2.10 (1) $\frac{5}{6}$ (2) $\frac{2}{3}$ (3) $\frac{1}{5}$

問題 2.11 $X \sim \mathsf{Un}(0, 1)$ より, $F(x) = P(X \leqq x) = \int_0^x 1\, dt = x,\ 0 \leqq x \leqq 1$ である. X は連続型確率変数であるから, $Y = -\log X$ とおくと, 任意の $x \geqq 0$ に対して,

$$F_Y(x) = P(Y \leqq x) = P(-\log X \leqq x) = P(X \geqq e^{-x}) = 1 - F(e^{-x})$$

となる. よって, $f_Y(x) = F_Y'(x) = e^{-x}F'(e^{-x}) = e^{-x}$ となることから

$$Y = -\log X \sim \mathsf{Exp}(1).$$

問題 2.12 $X \sim \mathsf{C}(0, 1)$ に対して, $Y = X^2$ とおく. 例題 2.1 より, $f_Y(x) = \frac{f_X(\sqrt{x})}{2\sqrt{x}} + \frac{f(-\sqrt{x})}{2\sqrt{x}},\ x > 0$ であり, また $f_X(x) = \frac{1}{\pi} \cdot \frac{1}{x^2 + 1},\ x \in \mathbb{R}$ より,

$$f_Y(x) = \frac{1}{2\pi\sqrt{x}}\left(\frac{1}{(\sqrt{x})^2 + 1} + \frac{1}{(-\sqrt{x})^2 + 1}\right) = \frac{1}{\pi\sqrt{x}(x+1)},\ \ x > 0$$

であるが, これは $\mathsf{F}(1, 1)$ の確率密度関数

$$\frac{1^{1/2} \cdot 1^{1/2}}{\mathsf{B}(1/2, 1/2)} \cdot \frac{x^{(1-2)/2}}{(1 \cdot x + 1)^{(1+1)/2}} = \frac{1}{\pi\sqrt{x}(x+1)},\ \ x > 0$$

と一致する. よって, $Y = X^2 \sim \mathsf{F}(1, 1)$.

問題 2.13 $X \sim \mathsf{Weib}(\alpha, \theta)$ の確率密度関数は $f(t) = \frac{\alpha}{\theta}\left(\frac{t}{\theta}\right)^{\alpha-1}e^{(t/\theta)^\alpha},\ t > 0$ より,

$$F(x) = P(X \leqq x) = \int_0^x f(t)\,dt = \int_0^x \frac{\alpha}{\theta}\left(\frac{t}{\theta}\right)^{\alpha-1} e^{(t/\theta)^\alpha}\,dt$$
$$= \left[e^{(t/\theta)^\alpha}\right]_0^x = 1 - e^{(x/\theta)^\alpha}, \quad x > 0.$$

問題 2.14 逆関数の定義により，$0 < x < 1$ に対して，

$$F_Y(x) = P(Y \leqq x) = P(F_X(X) \leqq x) = P(X \leqq F_X^{-1}(x)) = F_X(F_X^{-1}(x)) = x$$

となることから，$Y \sim \mathsf{Un}(0,1)$ がわかる.

問題 2.15

$$\int_{\mathbb{R}} f(t)\,dt = \underline{\int_0^\infty \frac{\theta^\alpha}{\Gamma(\alpha)} t^{\alpha-1} \exp(-\theta t)\,dt}_{\;s=\theta t} = \frac{\theta^\alpha}{\Gamma(\alpha)} \int_0^\infty \left(\frac{s}{\theta}\right)^{\alpha-1} e^{-s} \frac{ds}{\theta}$$
$$= \frac{1}{\Gamma(\alpha)} \underline{\int_0^\infty s^{\alpha-1} e^{-s}\,ds}_{\;=\Gamma(\alpha)} = 1$$

後半は略.

問題 2.16 (1) 部分積分の公式により，$\Gamma(t+1) = \int_0^\infty e^{-x} x^t\,dt = \int_0^\infty (-e^{-x})' x^t\,dt$

$= \left[-e^{-x} x^t\right]_0^\infty + t\int_0^\infty e^{-x} x^{t-1}\,dt = t\Gamma(t)$ (2) $\Gamma(1) = \int_0^\infty e^{-x}\,dx = 1$

(3) $\Gamma\left(\frac{1}{2}\right) = \int_0^\infty e^{-x} x^{-1/2}\,dx = \int_0^\infty e^{-s^2} s^{-1} \cdot 2s\,ds = 2\int_0^\infty e^{-s^2}\,ds = \sqrt{\pi}$

（2つ目の等号で $s = x^{1/2}$ と変数変換を行った．）

(4) $\mathsf{B}(r,s) = \int_0^1 x^{r-1}(1-x)^{s-1}\,dx = \int_1^0 (1-y)^{r-1} y^{s-1}(-dy)$

$\qquad = \int_0^1 y^{s-1}(1-y)^{r-1}\,dy = \mathsf{B}(s,r).$

（2つ目の等号で $y = 1-x$ と変数変換を行った．）

(5) $\mathsf{B}(r, s+1) = \int_0^1 x^{r-1}(1-x)^s\,dx = \int_0^1 \left(\frac{x^r}{r}\right)'(1-x)^s\,dx$

$\qquad = \left[\frac{x^r}{r}(1-x)^s\right]_0^1 + \frac{s}{r}\int_0^1 x^r(1-x)^{s-1}\,dx = \frac{s}{r}\mathsf{B}(r+1, s).$

(6) $\Gamma(r)\Gamma(s) = \left(\int_0^\infty e^{-x} x^{r-1} dx\right)\left(\int_0^\infty e^{-y} y^{s-1} dy\right)$

$\qquad = \int_0^\infty \int_0^\infty e^{-(x+y)} x^{r-1} y^{s-1}\,dxdy = \int_0^\infty \int_0^\infty e^{-(x+y)} x^{r-1} y^{s-1}\,dxdy$

ここで，uv-平面から xy-平面への変換を考える：$x = x(u,v) = uv$, $y = y(u,v) = u(1-v)$. この変換により，uv-平面の縦線領域 $E = \{(u,v) : 0 \leqq u, \ 0 \leqq v \leqq 1\}$ が $D = \{(x,y) : 0 \leqq x, \ 0 \leqq y\}$ 上への 1 対 1 に変換される．また，ヤコビ行列式 J は

$$J = \frac{\partial(x,y)}{\partial(u,v)} = \det\begin{pmatrix} \dfrac{\partial x}{\partial u} & \dfrac{\partial x}{\partial v} \\ \dfrac{\partial y}{\partial u} & \dfrac{\partial y}{\partial v} \end{pmatrix} = \det\begin{pmatrix} v & u \\ 1-v & -u \end{pmatrix} = -u$$

より，E の内部のいたるところで $J \neq 0$ だから，次の重積分の変換の公式が成立する：

$$\Gamma(r)\Gamma(s) = \int_0^1 \Big(\int_0^\infty e^{-u}(uv)^{r-1}\big(u(1-v)\big)^{s-1} |-u|\, du \Big) dv$$

$$= \int_0^1 \Big(\int_0^\infty e^{-u} u^{r+s-1} v^{r-1}(1-v)^{s-1} du \Big) dv$$

$$= \Big(\int_0^1 v^{r-1}(1-v)^{s-1} dv \Big) \Big(\int_0^\infty e^{-u} u^{r+s-1} du \Big) = \mathsf{B}(r,s)\Gamma(r+s).$$

問題 2.17 エフ分布の確率密度関数に現れる係数 $n^{n/2}m^{m/2}/\mathsf{B}(n/2,m/2)$ を $a_{n,m}$ とおくと，ベータ関数 $\mathsf{B}(s,t)$ の対称性（前問 2.16 の (4)）により，$a_{n,m} = a_{m,n}$ となる．$X \sim \mathsf{F}(n,m)$ に対して，$Y = 1/X$ とおく．$x > 0$ に対して，

$$F_Y(x) = P(Y \leqq x) = P(1/X \leqq x) = P(1/x \leqq X) = 1 - P(X < 1/x)$$

$$= 1 - F_X(1/x)$$

であるから，両辺 x に関して微分すると，

$$f_Y(x) = -F'(1/x) \cdot \Big(-\frac{1}{x^2} \Big) = f_X(1/x) \cdot \frac{1}{x^2} = \frac{a_{n,m}(1/x)^{(n-2)/2}}{(n(1/x)+m)^{(n+m)/2}} \cdot \frac{1}{x^2}$$

$$= \frac{a_{n,m}\, x^{-(n-2)/2-2}}{(n+mx)^{(n+m)/2} \cdot x^{-(n+m)/2}} = \frac{a_{m,n} x^{(m-2)/2}}{(n+mx)^{(n+m)/2}}$$

となることから，$1/X = Y \sim \mathsf{F}(m,n)$ であることがわかる．

第3章

問 3.1 X の確率分布表は

x	0	1	2	3	合計
p_x	$\frac{1}{27}$	$\frac{10}{27}$	$\frac{8}{27}$	$\frac{8}{27}$	1

期待値は $E[X] = \frac{50}{27}$．

問 3.2 $\mathsf{Var}[g(X)] = 2500$

問 3.3 $X \sim \mathsf{Un}(13)$ である．よって，$p_i = \frac{1}{13}$, $i = 1,2,\cdots,13$である．$E[X] = \sum_{i=1}^{13} i \cdot p_i = \frac{1}{13} \cdot \frac{13 \times 14}{2} = 7$, $\mathsf{Var}[X] = \sum_{i=1}^{13} (i-E[X])^2 p_i = \frac{1}{13} \sum_{i=1}^{13} (i-7)^2 = 14$.

問 3.4 $R_{X,Y} = \{(0,3),(1,3),(2,3),(3,0),(3,1),(3,2)\}$ である．

	$p(x,y)$	x 0	1	2	3
y	0	0	0	0	θ^3
	1	0	0	0	$3\theta^3(1-\theta)$
	2	0	0	0	$6\theta^3(1-\theta)^2$
	3	$(1-\theta)^3$	$3\theta(1-\theta)^3$	$6\theta^2(1-\theta)^3$	0

X の周辺確率関数は，$R_X = \{0,1,2,3\}$ であることから，$p_X(0) = (1-\theta)^3$, $p_X(1) = 3\theta(1-\theta)^3$, $p_X(2) = 6\theta^2(1-\theta)^3$, $p_X(3) = \theta^3$.

問 3.5 (1) $P(X > Y) = 0.1 + 0.1 + 0.2 = 0.4$

(2) $P(X = Y) = 0.1 + 0.1 + 0.1 = 0.3$

問 3.6 (1) $P(X > Y) = 0.1 + 0.1 + 0.2 = 0.4$ (2) $P(X + Y > 0) = 0.1 + 0.1 + 0.1 = 0.3$ (3) $P(X > 0, Y > 0) = 0.1$

問 3.7 $R_X = \{-1, 0, 1\}$ より, $p_X(-1) = 0.3$, $p_X(0) = 0.1$, $p_X(1) = 0.6$. また, $R_Y = \{-1, 0, 1\}$ であり, $p_Y(-1) = 0.5$, $p_Y(0) = 0.3$, $p_Y(1) = 0.2$. $E[X + Y] = E[X] + E[Y] = 0.3 + (-0.3) = 0$.

問 3.8 (1) $P(X = Y) = 0.16$ (2) $P(XY = 0) = 0.16 + 0.12 + 0.12 + 0.14 + 0.1 = 0.64$ (3) $P(X + Y \leqq 4) = 0.16 + 0.12 + 0.14 + 0.09 + 0.1 = 0.61$
(4) $p_X(0) = P(X = 0) = 0.16 + 0.12 + 0.12 = 0.4$ より $p_{Y|X}(0|0) = \frac{p(0,0)}{p_X(0)} = \frac{1.16}{0.4} = 0.4$. 同様に $p_{Y|X}(2|0) = 0.3$, $p_{Y|X}(5|0) = 0.3$.

問 3.9 $Y = X - N$ とおくと, $X \sim \mathsf{Po}(\theta)$, $N \sim \mathsf{Po}(\theta)$. すると, 形式的には $R_Y = \mathbb{Z}$ となるが, X は $N = n \, (\in \{0, 1, 2, \cdots\})$ が与えられたもとでは, $\mathsf{Bi}(n, p)$ に従うことから, $R_Y = \{0, 1, 2, \cdots\}$ である. よって, $k = 0, 1, 2, \cdots$ に対して, 全確率の公式および (3.18) により

$$P(Y = k) = P(N - X = k) = P(X = N - k)$$

$$= \sum_{\ell=k}^{\infty} P(X = N - k | N = \ell)P(N = \ell) = \sum_{\ell=k}^{\infty} P(X = \ell - k | N = \ell)P(N = \ell)$$

$$= \sum_{\ell=k}^{\infty} {}_\ell\mathsf{C}_{\ell-k} \, p^{\ell-k}(1-p)^{\ell-(\ell-k)} \cdot \frac{e^{-\theta}\theta^\ell}{\ell!} = \frac{e^{-\theta}(1-p)^k\theta^k}{k!} \sum_{\ell=k}^{\infty} \frac{p^{\ell-k}\theta^{\ell-k}}{(\ell-k)!}$$

$$= \frac{e^{-\theta}(1-p)^k\theta^k}{k!} \cdot e^{p\theta} = \frac{e^{-\theta(1-p)}(\theta(1-p))^k}{k!}$$

となるから, $Y \sim \mathsf{Po}(\theta(1-p))$ となる.

問 3.10 例題 3.5 より

$$f_Y(y) = \int_{-\infty}^{\infty} f(x, y)\,dx = \int_{-\infty}^{\infty} \frac{1}{2\pi|\mathbf{\Sigma}|^{1/2}} \exp\left(-\frac{1}{2}(\boldsymbol{x} - \boldsymbol{\mu})\mathbf{\Sigma}^{-1}{}^{\mathsf{T}}(\boldsymbol{x} - \boldsymbol{\mu})\right)dx$$

である. また,

$$(\boldsymbol{x} - \boldsymbol{\mu})\mathbf{\Sigma}^{-1}{}^{\mathsf{T}}(\boldsymbol{x} - \boldsymbol{\mu})$$

$$= \frac{1}{|\mathbf{\Sigma}|}\left\{\sigma_{22}(x - \mu_1)^2 - 2\sigma_{12}(x - \mu_1)(y - \mu_2) + \sigma_{11}(y - \mu_2)^2\right\}$$

$$= \frac{1}{|\mathbf{\Sigma}|}\left\{\frac{|\mathbf{\Sigma}|}{\sigma_{22}}(y - \mu_2)^2 + \sigma_{22}\left((x - \mu) - \frac{\sigma_{12}}{\sigma_{22}}(y - \mu_2)\right)^2\right\}$$

に注意して, $f_X(x)$ のときと同様に指数 $(\exp(\underline{\quad}))$ の中身を計算することで

$$f_Y(y) = \frac{1}{2\pi|\mathbf{\Sigma}|^{1/2}} \exp\left(-\frac{(y - \mu_2)^2}{2\sigma_{22}}\right)$$

$$\times \int_{-\infty}^{\infty} \exp\left(-\frac{\sigma_{22}}{2|\mathbf{\Sigma}|}\left\{(x - \mu_1) - \frac{\sigma_{12}}{\sigma_{22}}(y - \mu_2)\right\}^2\right)dx$$

$$= \frac{1}{2\pi|\mathbf{\Sigma}|^{1/2}} \exp\Big(-\frac{(y-\mu_2)^2}{2\sigma_{22}} \Big) \int_{-\infty}^{\infty} e^{-t^2} \sqrt{\frac{2|\mathbf{\Sigma}|}{\sigma_{22}}} \, dt$$

$$= \frac{1}{\sqrt{2\pi\sigma_{22}}} \exp\Big(-\frac{(y-\mu_2)^2}{2\sigma_{22}} \Big)$$

を得る．ここでも，2つ目の等号では変数変換 $x \mapsto t$, $t = \sqrt{\dfrac{\sigma_{22}}{2|\mathbf{\Sigma}|}}\Big\{(x-\mu_1) -$

$\dfrac{\sigma_{12}}{\sigma_{22}}(y-\mu_2)\Big\}$ を用いた．

問 3.11 例題 3.4 (1) より，X の周辺確率密度関数は，$0 \leqq x \leqq 1$ のとき $f_X(x) = 2(1-x)$ と与えられるから，$X = x$ が与えられたときの Y の条件付確率密度関数は，$0 \leqq x < 1$ のとき $f_{Y|X}(y|x) = \begin{cases} \dfrac{1}{1-x}, & x \leqq y \leqq 1, \\ 0, & \text{その他の } y \end{cases}$ である．

問 3.12 (1) $\alpha = \frac{1}{30}$ (2) $p_X(x) = \frac{1}{6}x \ (x=1,2,3)$, $p_Y(y) = \frac{1}{5}y^2 \ (y=1,2)$
(3) $p(x,y) = \frac{1}{30}xy^2 = p_X(x)p_Y(y)$ より，X と Y は独立である．

問 3.13 (1) $\alpha = \frac{1}{4}$ (2) $f_X(x) = \dfrac{1}{4}\displaystyle\int_0^2 xy\,dy = \dfrac{x}{2}$, $0 < x < 2$, $f_Y(y) =$

$\dfrac{1}{4}\displaystyle\int_0^2 xy\,dx = \dfrac{y}{2}$, $0 < y < 2$ より，$f(x,y) = \dfrac{xy}{4} = f_X(x)f_Y(y)$ だから，X と Y は独立である．   (3) (3.22) より，

$$P(X+Y \leqq 2) = \frac{1}{4}\int_0^2 \Big(\int_0^{2-x} xy\,dy \Big)dx = \frac{1}{4}\int_0^x \Big[\frac{xy^2}{2} \Big]_0^{2-x} dx$$

$$= \frac{1}{8}\int_0^2 x(2-x)^2 \, dx = \frac{1}{6}.$$

問題 3.1 (1) $R_{3X-2} = \{-2,1,4,\cdots,298\}$, $E[3X-2] = 73$, $\mathsf{Var}[3X-2] = \frac{675}{4}$
(2) $R_{-2X} = \{0,-2,-4,\cdots,-200\}$, $E[-2X] = -50$, $\mathsf{Var}[-2X] = 75$
(3) $R_{\frac{X-10}{5}} = \big\{ -\frac{10}{5}, -\frac{9}{5}, -\frac{8}{5}, \cdots, \frac{90}{5} \big\}$, $E\big[\frac{X-10}{5}\big] = 5$, $\mathsf{Var}\big[\frac{X-10}{5}\big] = \frac{3}{4}$

問題 3.2 $c = \frac{6}{7}$, $E[X] = \frac{15}{14}$, $\mathsf{Var}[X] = \frac{177}{980}$

問題 3.3 $R_X = \{0,1,2,3\}$. 確率分布表は

x	0	1	2	3	合計
p_x	$\frac{1}{8}$	$\frac{3}{8}$	$\frac{3}{8}$	$\frac{1}{8}$	1

期待値は $E[X] = \frac{3}{2}$, 分散は $\mathsf{Var}[X] = \frac{3}{4}$.

問題 3.4 $R_X = \{2,3,4,5,6,7,8,9,10,11,12\}$, $p_2 = p_{12} = \frac{1}{36}$, $p_3 = p_{11} = \frac{2}{36}$, $p_4 = p_{10} = \frac{3}{36}$, $p_5 = p_9 = \frac{4}{36}$, $p_6 = p_8 = \frac{5}{36}$, $p_7 = \frac{6}{36}$ である．よって，$E[X] = 7$, $\mathsf{Var}[X] = \frac{35}{6}$.

問題 3.5 $R_X = \{20,60,100,110,150,200,510,550,600\}$, 確率分布表は

x	20	60	100	110	150	200	510	550	600	合計
p_x	$\frac{1}{21}$	$\frac{4}{21}$	$\frac{1}{21}$	$\frac{4}{21}$	$\frac{4}{21}$	$\frac{1}{21}$	$\frac{2}{21}$	$\frac{2}{21}$	$\frac{2}{21}$	1

$P(X \leqq 200) = \frac{15}{21}$, X の期待値は $E[X] = \frac{468}{7}$, 分散は $\mathsf{Var}[X] = 40364$.

問題 3.6 X の値域が $\{0, 1, 2, \cdots, n, \cdots\}$ であるから,

$$E[X] = \sum_{n=0}^{\infty} np_n = \sum_{n=1}^{\infty} nP(X = n) = \sum_{n=1}^{\infty} \Big(\sum_{k=1}^{n} 1 \Big) P(X = n)$$

$$= \sum_{n=1}^{\infty} \Big(\sum_{k=1}^{\infty} \chi_n(k) \Big) P(X = n) = \sum_{k=1}^{\infty} \sum_{n=1}^{\infty} \chi_n(k) P(X = n)$$

$$= \sum_{k=1}^{\infty} \Big(\sum_{n=k}^{\infty} P(X = n) \Big) = \sum_{k=1}^{\infty} P\Big(\bigcup_{n=k}^{\infty} \{X = n\} \Big) = \sum_{k=1}^{\infty} P(X \geq k)$$

$$= \sum_{k=0}^{\infty} P(X > k). \quad \text{ただし,} \quad \chi_n(k) = \begin{cases} 1, & k \leqq n, \\ 0, & k > n. \end{cases}$$

問題 3.7 $M(t) = E[e^{tX}] = \sum_{n=1}^{\infty} e^{tn} p(1-p)^{n-1} = pe^t \sum_{n=1}^{\infty} \big(e^t(1-p) \big)^{n-1}$ より,

$e^t(1-p) < 1$, すなわち, $t < -\log(1-p)$ のとき, $M(t) = \dfrac{pe^t}{1 - e^t(1-p)}$ となる.

よって, $M'(t) = \dfrac{pe^t(1 - e^t(1-p)) + pe^{2t}(1-p)}{(1 - e^t(1-p))^2} = \dfrac{pe^t}{(1 - e^t(1-p))^2}$, $M''(t) =$
$\dfrac{pe^t(1 - e^t(1-p))^2 + 2pe^{2t}(1-p)(1 - e^t(1-p))}{(1 - e^t(1-p))^4}$ より, $E[X] = M'(0) = \dfrac{1}{p}$,

$$E[X^2] = M''(0) = \frac{p(1 - (1-p))^2 + 2(1-p)(1 - (1-p))}{(1 - (1-p))^4} = \frac{2-p}{p^2}.$$

ゆえに, $\mathsf{Var}[X] = M''(0) - (M'(0))^2 = \dfrac{2-p}{p^2} - \dfrac{1}{p^2} = \dfrac{1-p}{p^2}$.

問題 3.8 (1) $E[e^{tX}] = \displaystyle\int_0^{\infty} e^{tx} \cdot \frac{\theta^n}{(n-1)!} x^{n-1} e^{-\theta x} dx = \frac{\theta^n}{(n-1)!} \int_0^{\infty} x^{n-1}$
$\cdot e^{-(\theta-t)x} dx$ である. よって, $t < \theta$ のとき, $(\theta - t)x = y$ と変数変換を行うと

$$E[e^{tX}] = \frac{\theta^n}{(n-1)!} \int_0^{\infty} \Big(\frac{y}{\theta - t} \Big)^{n-1} \frac{dy}{\theta - t} = \frac{\theta^n}{(n-1)!} \frac{\Gamma(n)}{(\theta - t)^n} = \Big(\frac{\theta}{\theta - t} \Big)^n.$$

また, $M'(t) = \dfrac{n\theta^n}{(\theta - t)^{n+1}}$, $M''(t) = \dfrac{n(n+1)\theta^n}{(\theta - t)^{n+2}}$ より,

$$E[X] = M'(0) = \frac{n}{\theta}, \quad \mathsf{Var}[X] = M''(0) - (M'(0))^2 = \frac{n(n+1)}{\theta^2} - \Big(\frac{n}{\theta} \Big)^2 = \frac{n}{\theta^2}.$$

(2) $E[e^{tX}] = \displaystyle\int_0^{\infty} e^{tx} \cdot \frac{x^{\frac{n-2}{2}} e^{-\frac{x}{2}}}{2^{n/2}\Gamma(n/2)} dx = \frac{1}{2^{n/2}\Gamma(n/2)} \int_0^{\infty} x^{\frac{n-2}{2}} e^{-(1/2-t)x} dx$
である. よって, $t < 1/2$ のとき, $(1/2 - t)x = y$ と変数変換を行うと,

$$E[e^{tX}] = \frac{1}{2^{n/2}\Gamma(n/2)} \int_0^{\infty} \Big(\frac{y}{1/2 - t} \Big)^{\frac{n-2}{2}} e^{-y} \frac{dy}{1/2 - t}$$

$$= \frac{1}{2^{n/2}\Gamma(n/2)} \cdot \frac{\Gamma(n/2)}{(1/2 - t)^{n/2}} = \frac{1}{(1 - 2t)^{n/2}}.$$

また, $M'(t) = \dfrac{n}{(1-2t)^{n/2+1}}$, $M''(t) = \dfrac{n(n+2)}{(1-2t)^{n/2+2}}$ より,

$$E[X] = M'(0) = n, \quad \mathsf{Var}[X] = M''(0) - (M'(0))^2 = n(n+2) - n^2 = 2n.$$

問題 3.9 (1) $Y = \log X \sim \mathsf{N}(\mu, \sigma^2)$ とおくと, $X = e^Y$ である. よって, $x > 0$ に対して, $F(x) = P(X \leqq x) = P(e^Y \leqq x) = P(Y \leqq \log x) = F_Y(\log x)$ である. したがって,

$$f(x) = \frac{d}{dx}\big(F_Y(\log x)\big) = F_Y'(\log x) \cdot \frac{1}{x} = \frac{1}{\sqrt{2\pi\sigma^2}\,x} \exp\Big(-\frac{(\log x - \mu)^2}{2\sigma^2}\Big).$$

(2) (1) の結果により, X の期待値は

$$E[X] = \int_0^\infty x f(x)\,dx = \frac{1}{\sqrt{2\pi\sigma^2}} \underbrace{\int_0^\infty e^{-\frac{(\log x - \mu)^2}{2\sigma^2}}\,dx}_{y=\log x}$$

$$= \frac{1}{\sqrt{2\pi\sigma^2}} \int_{-\infty}^\infty e^{-\frac{(y-\mu)^2}{2\sigma^2}} \cdot e^y\,dy$$

$$= \frac{e^{\mu+\sigma^2/2}}{\sqrt{2\pi\sigma^2}} \underbrace{\int_{-\infty}^\infty e^{-\frac{(y-\mu-\sigma^2)^2}{2\sigma^2}}\,dy}_{=\sqrt{2\pi\sigma^2}} = e^{\mu+\sigma^2/2}.$$

一方, 分散公式により

$$\mathsf{Var}[X] = E[X^2] - (E[X])^2 = \frac{1}{\sqrt{2\pi\sigma^2}} \underbrace{\int_0^\infty x e^{-\frac{(\log x - \mu)^2}{2\sigma^2}}\,dx}_{y=\log x} - e^{2\mu+\sigma^2}$$

$$= \frac{1}{\sqrt{2\pi\sigma^2}} \int_{-\infty}^\infty e^{-\frac{(y-\mu)^2}{2\sigma^2}} \cdot e^{2y}\,dy - e^{2\mu+\sigma^2}$$

$$= \frac{e^{2\mu+2\sigma^2}}{\sqrt{2\pi\sigma^2}} \underbrace{\int_{-\infty}^\infty e^{-\frac{(y-\mu-2\sigma^2)^2}{2\sigma^2}}\,dy}_{=\sqrt{2\pi\sigma^2}} - e^{2\mu+\sigma^2}$$

$$= e^{2\mu+2\sigma^2} - e^{2\mu+\sigma^2} = e^{2\mu+\sigma^2}(e^{\sigma^2} - 1).$$

問題 3.10 (1) $R_{XY} = \{(0,0), (0,1), (0,2), (1,0), (1,1), (1,2), (2,0), (2,1),$ $(2,2), (3,0), (3,1), (3,2)\}$ (2) $p_{XY}(x,y) = p(x,y)$ $(x = 0,1,2,3, y = 0,1,2)$ は次の表である.

		x		
$p(x,y)$	0	1	2	3
y 0	$\frac{4}{84}$	$\frac{18}{84}$	$\frac{12}{84}$	$\frac{1}{84}$
1	$\frac{12}{84}$	$\frac{24}{84}$	$\frac{6}{84}$	0
2	$\frac{4}{84}$	$\frac{3}{84}$	0	0

(3) 上の表により, $p_X(0) = \frac{20}{84}$, $p_X(1) = \frac{45}{84}$, $p_X(2) = \frac{18}{84}$, $p_X(3) = \frac{1}{84}$, $p_Y(0) = \frac{35}{84}$, $p_Y(1) = \frac{42}{84}$, $p_Y(2) = \frac{7}{84}$. (4) 独立ではない.

問題 3.11 $Z = X + Y$ とおくと, $R_Z = \{0, 1, 2, 3, \cdots\}$ である. よって, $k = 0, 1, 2, 3, \cdots$ に対して, 全確率の公式と (X, Y) の独立性を用いると

$$p_Z(k) = P(Z = k) = P(X + Y = k)$$

$$= \sum_{\ell=0}^{k} P(X + Y = k | Y = \ell) P(Y = \ell) = \sum_{\ell=0}^{k} P(X = k - \ell | Y = \ell) P(Y = \ell)$$

$$= \sum_{\ell=0}^{k} P(X = k - \ell) P(Y = \ell) = \sum_{\ell=0}^{k} \frac{e^{-\theta_1} \theta_1^{k-\ell}}{(k-\ell)!} \cdot \frac{e^{-\theta_2} \theta_2^{\ell}}{\ell!}$$

$$= \frac{e^{-(\theta_1 + \theta_2)}}{k!} \sum_{\ell=0}^{k} {}_k C_\ell \, \theta_1^{k-\ell} \theta_2^{\ell} = \frac{e^{-(\theta_1 + \theta_2)}}{k!} (\theta_1 + \theta_2)^k$$

より, $Z = X + Y \sim \mathsf{Po}(\theta_1 + \theta_2)$ となることがわかる.

問題 3.12 (1) $1 = c \int_0^2 \left(\int_x^2 xy \, dy \right) dx$ より $c = \frac{1}{2}$. (2) $f_X(x) = \frac{1}{2} \int_x^2 xy \, dy$ $= \frac{x}{4}(4 - x^2), \ 0 < x < 2, \ f_Y(y) = \frac{1}{2} \int_0^y xy \, dx = \frac{y^3}{4}, \ 0 < y < 2$ となる. よっ て, $f(x, y) \neq f_X(x) f_Y(y)$ より X と Y は独立ではない.

問題 3.13 $\int_0^1 \int_0^2 c(x^2 + y) \, dy dx = \frac{8}{3} c = 1$ より $c = \frac{3}{8}$.

$$f_X(x) = \int_0^2 f(x, y) \, dy = \frac{3}{8} \int_0^2 (x^2 + y) \, dy = \frac{3}{4}(x^2 + 1), \quad 0 \leqq x \leqq 1$$

より, $E[X] = \frac{9}{16}$, $\mathsf{Var}[X] = \frac{107}{1280}$. 次に, $f_Y(y) = \frac{1}{8}(3y + 1), \ 0 \leqq y \leqq 2$ より, $E[Y] = \frac{5}{4}$. よって,

$$\mathsf{Cov}[X, Y] = \frac{3}{8} \int_0^1 \left(\int_0^2 xy(x^2 + y) \, dy \right) dx - \frac{9}{16} \cdot \frac{5}{4} = -\frac{1}{64}.$$

問題 3.14 $z > 0$ に対して, $D = \{(x, y) : x > 0, y > 0, xy \leqq z\}$ とおくと, $Z = XY$ の分布関数は

$$F_Z(z) = P(Z \leqq z) = P(XY \leqq z) = \iint_D \frac{y}{(1 + xy)^2 (1 + y)^2} \, dxdy$$

で与えられる. このとき, $D = \{(x, y) : 0 < y, 0 < x \leqq z/y\}$ と書くこともできて, これは "横線領域" となるから累次積分になる :

$$F_Z(z) = \int_0^\infty \left(\int_0^{z/y} \frac{y}{(1 + xy)^2 (1 + y)^2} \, dx \right) dy = \frac{z}{1 + z}.$$

よって, $f_Z(z) = \frac{dF_Z(z)}{dz} = \frac{1}{(1 + z)^2}, \ z > 0$ となる. 一方,

$$f_Y(y) = \int_0^\infty f(x, y) \, dx = \int_0^\infty \frac{y}{(1 + xy)^2 (1 + y)^2} \, dx = \frac{1}{(1 + y)^2}$$

より, $Z = XY$ と Y は共通の確率密度関数をもつことから, 共通の分布関数

$$F_Y(y) = P(Y \leqq y) = \int_0^y \frac{1}{(1+t)^2}\, dt = \frac{y}{1+y}, \quad y > 0$$

をもつことがわかる. 次に, $y > 0, z > 0$ に対して, Y と Z の結合分布関数は

$$F(y,z) = P(Y \leqq y, Z \leqq z) = \iint_E f(s,t)\, ds dt$$

と書くことができる. ただし, $E = \{(s,t) : 0 < s \leqq y, 0 < t \leqq z/s\}$. よって,

$$F(y,z) = \int_0^y \left(\int_0^{z/y} \frac{s}{(1+st)^2(1+s)^2}\, dt \right) ds$$
$$= \int_0^y \left[-\frac{1}{(1+st)(1+s)^2} \right]_{t=0}^{t=z/s} ds$$
$$= \frac{z}{1+z} \int_0^y \frac{ds}{(1+s)^2} = \frac{y}{1+y} \cdot \frac{z}{1+z} = F_Y(y) \cdot F_Z(z)$$

となることから, Y と Z は独立である.

問題 3.15 X の平均と分散をそれぞれ μ_X, σ_X^2, Y の平均と分散をそれぞれ μ_Y, σ_Y^2 と表すことにする. このとき, 任意の $t \in \mathbb{R}$ に対して, 確率変数 Z を $Z = (X-\mu_X)-t(Y-\mu_Y)$ と定義する. すると, $E[Z] = E[X-\mu_X]-tE[Y-\mu_Y] = 0$ であることがわかる. また,

$$\mathsf{Var}[Z] = E[Z^2] - (E[Z])^2 = E\big[\{(X-\mu_X)-t(Y-\mu_Y)\}^2\big]$$
$$= E[(X-\mu_X)^2] - 2tE[(X-\mu_X)(Y-\mu_Y)] + t^2 E[(Y-\mu_Y)^2]$$
$$= \mathsf{Var}[X] - 2t\mathsf{Cov}(X,Y) + t^2\mathsf{Var}[Y]$$
$$= \sigma_X^2 - 2t\mathsf{Cov}(X,Y) + t^2\sigma_Y^2 \ (\geqq 0)$$

となる. t は任意の実数であることから, 最右辺を t に関する 2 次関数と考えると, そのグラフの頂点の y 座標は 0 以上でなければならない. よって,

$$\sigma_X^2 - 2t\mathsf{Cov}(X,Y) + t^2\sigma_Y^2 = \left(\sigma_Y t - \frac{\mathsf{Cov}(X,Y)}{\sigma_Y}\right)^2 + \sigma_X^2 - \left(\frac{\mathsf{Cov}(X,Y)}{\sigma_Y}\right)^2$$

より, $\sigma_X^2 - \left(\dfrac{\mathsf{Cov}(X,Y)}{\sigma_Y}\right)^2 \geqq 0$, したがって, $1 \geqq \left(\dfrac{\mathsf{Cov}(X,Y)}{\sigma_X\sigma_Y}\right)^2 = (\rho(X,Y))^2$.

第4章

問 4.1 (1) $\frac{23}{3}$ (2) $\frac{293}{225}$ (3) $\frac{125}{6}$

問 4.2 $X \sim \mathrm{Bi}(10, \frac{1}{2})$ より, $\mathsf{Var}[X] = 10 \times \frac{1}{2} \times (1-\frac{1}{2}) = \frac{5}{2}$.

問 4.3 (1) 0 (2) 8 (3) −1 (4) −8 (5) 12 (6) 2 (7) 5 (8) 58

問 4.4 $X_1, X_2, \cdots, X_8$ をそれぞれのレースの記録を表す確率変数とすると, $X_i \sim \mathrm{Un}(10.44, 15.86)$ である. 1 位の選手の記録は最小統計量 $Y = \min\{X_1, X_2, \cdots, X_8\}$ である. 例 4.6 によって, Y の分布関数は $F_Y(x) = 1 - (1 - F(x))^8$ となる. ただし, $F(x)$ は一様分布の分布関数である. ここで, 求める確率は $P(Y < 10.56)$ である. ゆえ

に, $P(Y < 10.56) = F_Y(10.56) = 1 - (1 - F(10.56))^8 = 1 - (1 - \frac{10.56-10.44}{15.86-10.44})^8 \fallingdotseq$ 0.164.

問 4.5 チェビシェフの不等式 (4.8) より, $P(|X - E[X]| \geqq 2\sigma) \leqq \mathsf{Var}[X]/(2\sigma^2) = 1/4$.

問 4.6 $P(0 \leqq X \leqq 400) = P(|X - 200| \geqq 200) = P(|X - E[X]| \geqq \sigma^2) \leqq \mathsf{Var}[X]/\sigma^4 = 1/\sigma^2 = 1/4000$

問 4.7 $g(t)$ を t で微分すると, $g'(t) = -ae^{-at}(1 - p + e^t p) + pe^{-at+t} = e^{-at}((1-a)pe^t - a(1-p))$ より, $g'(t) = 0 \Leftrightarrow e^t = (1-p)a/p(1-a)$ である. $1 - a = 1 - (1 + \delta)p > 0$ に注意すると, $t = \log(1-p)a - \log p(1-a)$ が $g(t)$ の最小値であることがわかる.

問 4.8 例題 4.6 より, $P(|\bar{X}_n - \mu| < \sigma/10) \geqq 1 - 100/n$ である. このとき, 左辺の確率が 0.99 以上となるためには, $1 - 100/n \geqq 0.99$, すなわち, $n \geqq 10000$ でなければならない.

問 4.9 X を 1 ページ当たりにある誤植文字数とすると, 1 ページには $15 \times 40 = 600$ 文字数があり, 1 文字当たり誤植の確率は 0.0005 であるから, $X \sim \mathsf{Bi}(600, 0.0005)$ である. $p = 0.0005$ は十分小さいので, $np = 600 \times 0.0005 = 0.3$ としてポアソンの少数の法則を適用すると $X \sim \mathsf{Po}(3)$ である. よって,

$$P(X \geqq 3) = 1 - P(X \leqq 2)$$
$$= 1 - \Big(\frac{0.3^0 e^{-0.3}}{0!} + \frac{0.3^1 e^{-0.3}}{1!} + \frac{0.3^2 e^{-0.3}}{2!}\Big) \fallingdotseq 0.0036.$$

問題 4.1 $X \sim \mathsf{Be}(n,p)$, $Y \sim \mathsf{Be}(m,p)$ より, 例 3.3 (3) によって, $E[e^{tX}] = (q + e^t p)^n$, $E[e^{tY}] = (q + e^t p)^m$ である. ただし, $q = 1 - p$. また, X と Y は独立であるから, 系 4.1 より $E[e^{t(X+Y)}] = E[e^{tX}]E[e^{tY}] = (q + e^t p)^n(q + e^t p)^m = (q + e^t p)^{n+m}$ となる. よって, $X + Y \sim \mathsf{Be}(n + m, p)$ である.

問題 4.2 $X \sim \mathsf{N}(\mu_1, \sigma_1^2)$, $Y \sim \mathsf{N}(\mu_2, \sigma_2^2)$ より, 例 3.5 (2) によって, $E[e^{tX}] = e^{\mu_1 t + \sigma_1^2 t^2/2}$, $E[e^{tY}] = e^{\mu_2 t + \sigma_2^2 t^2/2}$ である. X と Y は独立より, $E[e^{t(X+Y)}] = E[e^{tX}]E[e^{tY}] = e^{\mu_1 t + \sigma^2 t^2/2}e^{\mu_2 t + \sigma^2 t^2/2} = e^{(\mu_1+\mu_2)t + (\sigma_1^2+\sigma_2^2)t^2/2}$ となる. よって, $X + Y \sim \mathsf{N}(\mu_1 + \mu_2, \sigma_1^2 + \sigma_2^2)$ である.

問題 4.3 $S_n \sim \mathsf{Bi}(n,p)$ となるから, $E[S_n] = np$, $\mathsf{Var}[S_n] = np(1-p)$ に注意すると, チェビシェフの不等式により,

$$P\Big(\Big|\frac{S_n}{n} - p\Big| \geqq \varepsilon\Big) = P(|S_n - np| \geqq n\varepsilon) \leqq \frac{\mathsf{Var}[S_n]}{n^2\varepsilon^2} = \frac{p(1-p)}{n\varepsilon^2}.$$

問題 4.4 前問題の不等式の右辺は, $0 < p < 1$ のとき,

$$p(1-p) = -p^2 + p = -\Big(p - \frac{1}{2}\Big)^2 + \frac{1}{4} \leqq \frac{1}{4}$$

が常に成立することから,

$$P\Big(\Big|\frac{S_n}{n}-p\Big|\geqq\varepsilon\Big)\leqq\frac{p(1-p)}{n\varepsilon^2}\leqq\frac{1}{4n\varepsilon^2}.$$

問題 4.5 $E[X_n]=1\cdot\Big(1-\dfrac{1}{n^2}\Big)+n\cdot\dfrac{1}{n^2}=1-\dfrac{1}{n^2}+\dfrac{1}{n}$ より, $E[X_n]\to 1\ (n\to\infty)$
である. 任意の $\varepsilon>0$ に対して,

$$P(|X_n-1|\geqq\varepsilon)=P(X_n=n)=\frac{1}{n^2}\to 0\quad(n\to\infty)$$

より, X_n は 1 に確率収束する.

問題 4.6 $E[X_n]=1\cdot\Big(1-\dfrac{1}{\sqrt{n}}\Big)+n\cdot\dfrac{1}{\sqrt{n}}=1-\dfrac{1}{\sqrt{n}}+\sqrt{n}$ より, $E[X_n]\to$
$\infty\ (n\to\infty)$ である. 任意の $\varepsilon>0$ に対して,

$$P(|X_n-1|\geqq\varepsilon)=P(X_n=n)=\frac{1}{\sqrt{n}}\to 0\quad(n\to\infty)$$

より, X_n は 1 に確率収束する.

問題 4.7 例題 4.6 により, 最大値統計量 Y_n の分布関数は $F_{Y_n}(x)=P(Y_n\leqq x)=$
$(F(x))^n$ と表される. よって, 任意の $\varepsilon>0$ に対して,

$$\begin{aligned}
P(|Y_n-x_0|>\varepsilon)&=P(Y_n<x_0-\varepsilon)+P(Y_n>x_0+\varepsilon)\\
&=P(Y_n<x_0-\varepsilon)+1-P(Y_n\leqq x_0+\varepsilon)\\
&\leqq P(Y_n\leqq x_0-\varepsilon)+1-P(Y_n\leqq x_0+\varepsilon)\\
&=(F(x_0-\varepsilon))^n+1-(F(x_0+\varepsilon))^n
\end{aligned}$$

となる. ここで, 仮定より $\gamma=F(x_0-\varepsilon)<1,\ F(x_0+\varepsilon)=1$ となるから,

$$0\leqq P(|Y_n-x_0|>\varepsilon)\leqq\gamma^n+1-1^n=\gamma^n\to 0\quad(n\to\infty)$$

より, $\{Y_n\}$ は x_0 に確率収束する.

問題 4.8 X_i の分布関数 $F(x)=P(X\leqq x)$ は

$$F(x)=\int_{-\infty}^{x}f(t)\,dt=\begin{cases}\displaystyle\int_{x_0}^{x}e^{-(t-x_0)}\,dt,&x\geqq x_0\\[2mm]0,&x<x_0,\end{cases}=\begin{cases}1-e^{-(x-x_0)},&x\geqq x_0,\\0,&x<x_0\end{cases}$$

である. よって, Z_n の確率密度関数 $f_{Z_n}(x)$ は, 例題 4.6 により

$$f_{Z_n}(x)=n\big(1-F(x)\big)^{n-1}f(x)=\begin{cases}ne^{-n(x-x_0)},&x\geqq x_0,\\0,&x<x_0\end{cases}$$

である. したがって, 任意の $\varepsilon>0$ に対して,

$$\begin{aligned}
P(|Z_n-x_0|>\varepsilon)&=\int_{-\infty}^{x_0-\varepsilon}f(x)\,dx+\int_{x_0+\varepsilon}^{\infty}f(x)\,dx\\
&=\int_{x_0+\varepsilon}^{\infty}ne^{-n(x-x_0)}\,dx=e^{-n\varepsilon}\to 0\quad(n\to\infty)
\end{aligned}$$

が成り立つことから, $\{Z_n\}$ は x_0 に確率収束することがわかる.

第 5 章

問 5.1「非復元抽出」によって選び出される総数は $(1,2,3), (1,2,4), (1,3,4), (2,3,4)$ の $_4C_3 = 4$ 通りである．それぞれの中央の値を考えると，それが 2 となるのが 2 通り，3 となるのが 2 通りある．よって，この推定量の期待値は $2 \times 0.5 + 3 \times 0.5 = 2.5$．よって，不偏推定量である．また，分散は $(2-2.5)^2 \times 0.5 + (3-2.5)^2 \times 0.5 = 0.25$ である．よって，この推定量は iii) より有効ではないが，i), ii) の推定量よりは有効である．

問 5.2 X を表の出た回数を表す確率変数とすると，(i) の推定量は $X/20$ である．$X \sim \mathsf{Bi}(20,p)$ より，$E[X/20] = 20 \cdot p/20 = p$ となるから不偏推定量である．次に，偶数回だけ観測したときに表の出た回数を表す確率変数を Y とすると $Y \sim \mathsf{Bi}(10,p)$ である．このとき，(ii) の推定量は $Y/10$ となる．$E[Y/10] = 10 \cdot p/10 = p$ となり，これも不偏推定量となる．一方，$\mathsf{Var}[X/20] = 20p(1-p)/400 = p(1-p)/20$，$\mathsf{Var}[Y/10] = 10p(1-p)/100 = p(1-p)/10$ となる．このことから，(i) の推定量が (ii) の推定量より有効といえる．

問 5.3 アーラン分布 $\mathsf{Erl}(n,\theta)$ に従う確率変数 X のモーメント母関数は，問題 3.8 (1) より，$M(t) = \left(\dfrac{\theta}{\theta-t}\right)^n$，$t < \theta$ である．このとき，X_i の 1 次モーメントを μ_1，2 次モーメントを μ_2 とすると，

$$\begin{cases} \mu_1 = E[X_i] = M'(0) = \dfrac{n}{\theta} & \cdots \text{(i)} \\[2mm] \mu_2 = E[X_i^2] = M''(0) = \dfrac{n(n+1)}{\theta^2} & \cdots \text{(ii)} \end{cases}$$

である．(i) より $n = \theta\mu_1$ を得るから，これを (ii) に代入してまとめると，$\theta\mu_2 = \mu_1(\theta\mu_1 + 1)$ となるから，$\theta = \mu_1/(\mu_2 - \mu_1^2)$ を得る．よって，$n = \mu_1^2/(\mu_2 - \mu_1^2)$．一方，$\mu_1$ は標本平均 $\bar{X}_n$，μ_2 は 2 次モーメント統計量 $(1/n)\sum_{i=1}^{n} X_i^2$ より，

$$\widehat{n} = \dfrac{\bar{X}_n^2}{\dfrac{1}{n}\sum_{i=1}^{n} X_i^2 - \bar{X}_n^2}, \qquad \widehat{\theta} = \dfrac{\bar{X}_n}{\dfrac{1}{n}\sum_{i=1}^{n} X_i^2 - \bar{X}_n^2}.$$

問 5.4 母集団分布は $\mathsf{Ge}(p)$ に従うとしてよい．このとき，大きさ 5 の標本 $(4,5,2,10,3)$ に対する尤度関数は

$$L_5(p) = p(1-p)^3 \cdot p(1-p)^4 \cdot p(1-p) \cdot p(1-p)^9 \cdot p(1-p)^2 = p^5(1-p)^{19}$$

となる．よって，これを p で微分して尤度方程式を解くと，

$$\frac{d}{dp}L_5(p) = 5p^4(1-p)^{19} - 19p^5(1-p)^{18} = 0; \quad 5(1-p) = 19p, \quad \text{したがって，} \quad p = \frac{5}{24}$$

である．よって，p に対する最尤推定量は $\widehat{p} = \dfrac{5}{24} = \dfrac{5}{4+5+2+10+3}$．

問 5.5 例題 5.5 より，

$$\widehat{a} = \min\{2.8, 0.6, 1.7, 4.2, 3.3\} = 0.6, \quad \widehat{b} = \min\{2.8, 0.6, 1.7, 4.2, 3.3\} = 4.2.$$

問 5.6 尤度関数は $L_n(p) = \prod_{i=1}^{n} {}_m\mathsf{C}_{x_i} p^{x_i}(1-p)^{m-x_i}$ で与えられる. 対数尤度関数を考えると,

$$\ell_n(p) = \log L_n(p) = c + \Big(\sum_{i=1}^{n} x_i\Big) \log p + \Big(\sum_{i=1}^{n}(m-x_i)\Big) \log(1-p)$$

である. ただし, $c = \sum_{i=1}^{n} {}_m\mathsf{C}_{x_i}$. よって, 尤度方程式を求めると

$$\frac{d}{dp}\ell_n(p) = \frac{1}{p}\sum_{i=1}^{n} x_i - \frac{1}{1-p}\Big(mn - \sum_{i=1}^{n} x_i\Big) = 0$$

となる. これを満たす p を求めると, $\frac{1}{p}\sum_{i=1}^{n} x_i = \frac{1}{1-p}\Big(mn - \sum_{i=1}^{n} x_i\Big)$ より $p = \frac{1}{mn}\sum_{i=1}^{n} x_i$ を得るから, p の最尤推定量は, $\widehat{p} = \frac{1}{m}\cdot\frac{1}{n}\sum_{i=1}^{n} X_i = \frac{1}{m}\bar{X}_n$.

問 5.7 信頼度 90% の信頼区間は (5.8) より, $[\bar{X}_{10} - 1.65 \cdot \sigma/\sqrt{10}, \bar{X}_{10} + 1.65 \cdot \sigma/\sqrt{10}] = [166.61, 175.97]$ である. 同様に信頼度 99% の信頼区間は $[\bar{X}_{10} - 2.58 \cdot \sigma/\sqrt{10}, \bar{X}_{10} + 2.58 \cdot \sigma/\sqrt{10}] = [163.94, 178.62]$ である.

問 5.8 信頼度 95% のもとで推定誤差を 50 時間より小さくしたい場合の標本数は, (5.10) より $n > 1.96^2 \times 210^2 / 50^2 = 67.77$ となるから標本数は 68 あればよい.

問 5.9 不偏分散 U_n^2 と標本分散 S_n^2 の関係は (5.1) より $U_n = \sqrt{n/(n-1)}S_n$ であるから, $\mathsf{t}_{n-1}(\alpha/2) \cdot U_n/\sqrt{n} = \mathsf{t}_{n-1}(\alpha/2) \cdot S_n/\sqrt{n-1}$ に注意すると (5.12) が得られる.

問 5.10 (1) $\bar{X}_{15} = 7.71533$, $U_{15}^2 = 0.00257$ (2) 信頼度 95% の σ の信頼区間は, (5.14) より $[\sqrt{14U_{15}/\chi_{14}(0.05/2)}, \sqrt{14U_{15}/\chi_{14}(1-0.05/2)}] = [0.03712, 0.07995]$ である.

問 5.11 $[0.022, 0.098]$

問題 5.1 (1) $\{X_i\}$ は独立な確率変数列で, すべて $\mathsf{Po}(\theta)$ に従うから,

$$E[X_n] = \frac{1}{n}\sum_{i=1}^{n} E[X_i] = \frac{1}{n}\cdot n\theta = \theta, \quad E[Y] = \frac{E[X_1] + 2E[X_2] + 2E[X_3]}{5} = \frac{5\theta}{5} = \theta$$

より, どちらも θ の不偏推定量である.   (2) $\mathsf{Var}[\bar{X}_n] = \frac{1}{n^2}\sum_{i=1}^{n} \mathsf{Var}[X_i] = \frac{1}{n^2}\cdot n\theta = \frac{\theta}{n}$, $\mathsf{Var}[Y] = \frac{\mathsf{Var}[X_1] + 4\mathsf{Var}[X_n] + 4\mathsf{Var}[X_3]}{5^2} = \frac{9\theta}{25}$ より, $n > \frac{25}{9}$ のとき, したがって, $n \geqq 3$ のときに $\bar{X}_n$ がより有効な推定量となる.

問題 5.2 (1) $E[T_1] = E\left[\dfrac{X_1 + X_2 + X_3}{3}\right] = \frac{1}{3}\big(E[X_1] + E[X_2] + E[X_3]\big) = \frac{\theta}{2} = \mu$, $E[T_2] = E[X_1 + X_2 - X_3] = E[X_1] + E[X_2] - E[X_3] = \frac{\theta}{2}$ となり, T_1, T_2 はともに不偏推定量となる. 一方, 例題 5.2 により, 共通の分布関数を $F(x) = x/\theta$,

確率密度関数を $f(x) = 1/\theta$, $0 < x < \theta$ とすると, $X_{(3)}, X_{(1)}$ の確率密度関数は, それぞれ $f_{(3)}(x) = 3(F(x))^2 f(x) = 3(x/\theta)^2/\theta$, $f_{(1)}(x) = 3(1 - F(x))^2 f(x) = 3(1 - x/\theta)^2/\theta$, $0 < x < \theta$ であるから,

$$E[T_3] = \frac{1}{2}E[X_{(3)}] + \frac{1}{2}E[X_{(1)}] = \frac{3}{2}\int_0^\theta x \cdot \left(\frac{x}{\theta}\right)^2 \cdot \frac{1}{\theta}\,dx + \frac{3}{2}\int_0^\theta x\left(1 - \frac{x}{\theta}\right)^2 \cdot \frac{1}{\theta}\,dx$$

$$= \frac{3}{2\theta^3}\int_0^\theta x^3\,dx + \frac{3}{2\theta}\int_0^\theta \left(x - \frac{2x^2}{\theta} + \frac{x^3}{\theta^2}\right)dx = \frac{3\theta}{8} + \frac{\theta}{8} = \frac{\theta}{2} = \mu$$

となり, T_3 も μ の不偏推定量となる.

(2) $\mathsf{Var}[T_1] = \dfrac{1}{9}\big(\mathsf{Var}[X_1] + \mathsf{Var}[X_2] + \mathsf{Var}[X_3]\big) = \dfrac{1}{9}\left(\dfrac{\theta^2}{12} + \dfrac{\theta^2}{12} + \dfrac{\theta^2}{12}\right) = \dfrac{\theta^2}{36}$,

$\mathsf{Var}[T_2] = \mathsf{Var}[X_1] + \mathsf{Var}[X_2] + \mathsf{Var}[X_3] = \dfrac{\theta^2}{4}$. 一方, 分散公式を用いて計算すると,

$$\mathsf{Var}[T_3] = \frac{1}{4}\Big(\mathsf{Var}[X_{(3)}] + \mathsf{Var}[X_{(1)}]\Big)$$

$$= \frac{1}{4}\Big\{\big(E[X_{(3)}^2] - (E[X_{(3)}])^2\big) + \big(E[X_{(1)}^2] - (E[X_{(1)}])^2\big)\Big\}$$

$$= \frac{1}{4}\Big\{\int_0^\infty x^2 \cdot \frac{3}{\theta}\left(\frac{x}{\theta}\right)^2 dx - \left(\frac{3\theta}{4}\right)^2 + \int_0^\infty x^2 \cdot \frac{3}{\theta}\left(1 - \frac{x}{\theta}\right)^2 dx - \left(\frac{\theta}{4}\right)^2\Big\}$$

$$= \frac{1}{4}\Big\{\frac{3}{\theta^3}\int_0^\theta x^4\,dx - \frac{9}{16}\theta^2 + \frac{3}{\theta}\int_0^\theta \left(x^2 - \frac{2x^3}{\theta} + \frac{x^4}{\theta^2}\right)dx - \frac{1}{16}\theta^2\Big\}$$

$$= \frac{1}{4}\left(\frac{3}{80}\theta^2 + \frac{3}{80}\theta^2\right) = \frac{3}{160}\theta^2.$$

よって, $\mathsf{Var}[T_3] < \mathsf{Var}[T_1] < \mathsf{Var}[T_2]$ より, T_3 がこの中では最も有効な推定量といえる.

問題 5.3 命題 4.6 より, T_n の確率密度関数は $f_{T_n}(t) = n(F(t))^{n-1}f(t) = n(t/\lambda)^{n-1}/\lambda$, $0 < t < \lambda$ で与えられる. よって, 任意の $\varepsilon > 0$ に対して,

$$P(|T_n - \lambda| \geqq \varepsilon) = 1 - P(|T_n - \lambda| < \varepsilon)$$

$$= 1 - P(\lambda - \varepsilon < T_n \leqq \lambda) = \begin{cases} 1 - \displaystyle\int_{\lambda-\varepsilon}^\lambda \left(\frac{n(t/\lambda)^{n-1}}{\lambda}\right)dt, & 0 < \varepsilon < \lambda, \\ 1 - 1, & \lambda \leqq \varepsilon \end{cases}$$

$$= \begin{cases} 1 - \left[\left(\dfrac{t}{\lambda}\right)^n\right]_{\lambda-\varepsilon}^\lambda = \left(\dfrac{\lambda - \varepsilon}{\lambda}\right)^n \to 0\ (n \to \infty), & 0 < \varepsilon < \lambda, \\ 0, & \lambda \leqq \varepsilon \end{cases}$$

より, T_n は λ の一致推定量となる. なお, 2 つ目の等号では $P(T_n > \lambda) = 0$ となることを用いた.

問題 5.4 (1) $\widehat{p} = \bar{X}_n$ (2) $\bar{X}_n = (\widehat{k} + 1)/2$, したがって, $\widehat{k} = 2\bar{X}_n - 1$.
(3) $\widehat{p} = 1/\bar{X}_n$ (4) $\bar{X}_n = 1/\widehat{\lambda}$, したがって, $\widehat{\lambda} = 1/\bar{X}_n$.

問題 5.5 各標本の 1 次モーメントを μ とすると,

$$\mu = E[X_i] = \int_0^\theta x f(x)\,dx = \frac{1}{\theta}\int_0^\theta x\,dx = \frac{\theta}{2}$$

より $\theta = 2\mu$ となる. よって, μ は標本平均 $\bar{X}_n$ だから, θ のモーメント法による推定量 $\widehat{\theta} = 2\bar{X}_n$ を得る.

問題 5.6 $\widehat{\mu} = \bar{X}_n$, $\widehat{\sigma^2} = \dfrac{1}{n}\displaystyle\sum_{k=1}^{n} X_i^2 - \bar{X}_n^2 = \dfrac{1}{n}\displaystyle\sum_{i=1}^{n}(X_i - \bar{X}_n)^2 = S_n^2$.

問題 5.7 $\dfrac{d}{dp}\ell_n(\widehat{p}_n) = \dfrac{n}{\widehat{p}_n} - \dfrac{\displaystyle\sum_{i=1}^{n} X_i - n}{1 - \widehat{p}_n} = 0$, したがって, $\widehat{p}_n = 1/\bar{X}_n$.

問題 5.8 $\dfrac{d}{d\lambda}\ell_n(\widehat{\lambda}_n) = \dfrac{n}{\widehat{\lambda}_n} - \displaystyle\sum_{i=1}^{n} X_i = 0$, したがって, $\widehat{\lambda}_n = \dfrac{n}{\displaystyle\sum_{i=1}^{n} X_i} = 1/\bar{X}_n$.

問題 5.9 1000 人のときは, $\left[0.32 - 1.96\sqrt{\frac{0.32\times 0.68}{1000}}, 0.32 + 1.96\sqrt{\frac{0.32\times 0.68}{1000}}\right] =$ $[0.291, 0.349]$. 2000 人のときは, $\left[0.32 - 1.96\sqrt{\frac{0.32\times 0.68}{2000}}, 0.32 + 1.96\sqrt{\frac{0.32\times 0.68}{2000}}\right]$ $= [0.300, 0.340]$.

第 6 章

問 6.1 $\dfrac{(2.02 + 1.92 + 2.58 + 1.86 + 2.72) - 5\times 2.5}{3/\sqrt{5}} = \dfrac{-1.4\sqrt{5}}{3} = -2.236\ldots <$ -1.96 である. よって, 2.5 とはみなせない.

問 6.2 $3/\sqrt{112/76} = 1.4267\ldots < 1.65$ より, 成績が良いとはいえない.

問 6.3 略

問 6.4 (1) 「$P(X \leqq a) = 0.01 \Leftrightarrow P(1/X \geqq 1/a) = 0.01$」である. $1/X \sim$ $\mathsf{F}(5, 10)$ だから, 付表 3 の F-分布表より $1/a = F_{10}^5(0.01) = 5.6363$. よって, $a = 1/5.6363 \fallingdotseq 0.1774$. (2) 「$P(X > a) = 0.9 \Leftrightarrow P(1/X < 1/a) = 0.9 \Leftrightarrow$ $P(1/X \geqq 1/a) = 1 - 0.9 = 0.1$」である. $1/X \sim \mathsf{F}(5, 10)$ より, $1/a = F_{10}^5(0.1) =$ 2.5216. よって, $a = 1/2.526 \fallingdotseq 0.3966$.

問題 6.1 帰無仮説 「$\mathbf{H_0} : \mu = 250$」, 対立仮説 「$\mathbf{H_1} : \mu < 250$」

問題 6.2 $14 - 10/\sqrt{9/10} = 4.216\ldots > \mathsf{t}_9(0.05) = 1.833$ であるから, 効果があったといえる.

問題 6.3 棄却されるのは,

$$\frac{5.2}{\sqrt{7^2/n + 9^2/n}} \geqq z_{0.01/2}(= 2.57) \iff n \geqq 2.57 \times \frac{140}{(5.2)^2} = 13.3\ldots.$$

問題 6.4 平方和 $s^2 = 8.2^2 + 8.8^2 + 7.9^2 + 8.0^2 + 8.8^2 - \frac{1}{5}(8.2 + 8.8 + 7.9 + 8.0 + 8.8)^2 = 0.75$ より, $0.75/0.1 = 7.5 < \chi_4^2(0.05) = 9.488$ である. よって, 分散は変わらないとはいえない.

問題 6.5 帰無仮説「$\mathbf{H_0}: p = 1/6$」，対立仮説「$\mathbf{H_1}: p \neq 1/6$」として検定を行う．
$z = \dfrac{1/5 - 1/6}{\sqrt{\frac{1/6(1-1/6)}{600}}} = 2.190... < 2.57$ より，出やすいとはいえない．ここで，中心極限
定理を用いた．

問題 6.6 帰無仮説「$\mathbf{H_0}: p = 0.05$」，対立仮説「$\mathbf{H_1}: p > 0.05$」として検定を行
う．$z = \dfrac{0.06 - 0.05}{\sqrt{\frac{0.05(1-0.05)}{1000}}} = 1.450... < 2.326$ より，上昇したとはいえない．ここでも，
中心極限定理を用いた．

問題 6.7 平均寿命が同じであることを帰無仮説とすると，$z = \dfrac{3000 - 2900}{\sqrt{\frac{200^2}{100} + \frac{300^2}{100}}} =$
$2.77... > 2.576$ となることから，平均寿命には差があるといえる．

問題 6.8 $U_1 = 1$, $U_2 = 0.8$ で $U_1/U_2 = 1.25$．$F_5^4(0.025) = 7.388$, $F_5^4(0.975) = 1/F_4^5(0.025) = 1/9.364 = 0.106...$ であるから棄却できない．

付録 A

問 A.1 帰納法による．[1] $n = 2$ のときは凸関数の定義そのものであるから成り
立つ．[2] 任意の $k \in \mathbb{N}$ $(k \geqq 3)$ をとり，$n = k$ のとき定理の主張が成立すると仮定
する．このとき，$\eta_1 + \eta_2 + \cdots + \eta_{k+1} = 1$ を満たす数列 $\{\eta_i\}_{i=1}^{k+1} \subset (0, \infty)$ と点列
$\{y_i\}_{i=1}^{k+1} \subset I$ を任意にとる．各 $i = 1, 2, \cdots, k$ に対して，$\lambda_i = \eta_i/(1 - \eta_{k+1}) > 0$
とおくと $\lambda_1 + \lambda_2 + \cdots + \lambda_k = 1$ を満たす．まず，
$$\sum_{i=1}^{k+1} \eta_i y_i = (1 - \eta_{k+1})\Big(\sum_{i=1}^{k} \lambda_i y_i\Big) + \eta_{k+1} y_{k+1}$$
に注意して，$s = 1 - \eta_{k+1}\,(>0)$, $t = \eta_{k+1}\,(>0)\,(s+t=1)$, $x = \sum_{i=1}^{k} \lambda_i y_i$, $y = y_{k+1}$
に対して，$f(x)$ が凸関数であることを用いると，
$$f\Big(\sum_{i=1}^{k+1} \eta_i y_i\Big) = f\Big((1 - \eta_{k+1})\Big(\sum_{i=1}^{k} \lambda_i y_i\Big) + \eta_{k+1} y_{k+1}\Big)$$
$$\leqq (1 - \eta_{k+1})f\Big(\sum_{i=1}^{k} \lambda_i y_i\Big) + \eta_{k+1} f(y_{k+1})$$
が成り立つ．次に，右辺の第 1 項に帰納法の仮定を用いることで，
$$f\Big(\sum_{i=1}^{k+1} \eta_i y_i\Big) \leqq (1 - \eta_{k+1})\sum_{i=1}^{k} \lambda_i f(y_i) + \eta_{k+1} f(y_{k+1})$$
$$= \sum_{i=1}^{k} \eta_i f(y_i) + \eta_{k+1} f(y_{k+1}) = \sum_{i=1}^{k+1} \eta_i f(y_i)$$
となるから，$n = k+1$ のときも定理の主張が成り立つことがわかる．
よって，[1], [2] より，すべての $n \in \mathbb{N}$ について定理の主張が成り立つ．

付　　表

付表 1　標準正規分布表

標準正規分布 $N(0, 1)$ の上側確率
$(z_\alpha \geqq 0$ のとき$)$:

$$\alpha = P(X \geqq z_\alpha)$$
$$= \int_{z_\alpha}^{\infty} \frac{1}{\sqrt{2\pi}} \exp\left(-\frac{t^2}{2}\right) dt$$

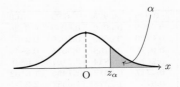

z_α	0	1	2	3	4	5	6	7	8	9
0.0	0.5000	0.4960	0.4920	0.4880	0.4840	0.4801	0.4761	0.4721	0.4681	0.4641
0.1	0.4602	0.4562	0.4522	0.4483	0.4443	0.4404	0.4364	0.4325	0.4286	0.4247
0.2	0.4207	0.4168	0.4129	0.4090	0.4052	0.4013	0.3974	0.3936	0.3897	0.3859
0.3	0.3821	0.3783	0.3745	0.3707	0.3669	0.3632	0.3594	0.3557	0.3520	0.3483
0.4	0.3446	0.3409	0.3372	0.3336	0.3300	0.3264	0.3228	0.3192	0.3156	0.3121
0.5	0.3085	0.3050	0.3015	0.2981	0.2946	0.2912	0.2877	0.2843	0.2810	0.2776
0.6	0.2743	0.2709	0.2676	0.2643	0.2611	0.2578	0.2546	0.2514	0.2483	0.2451
0.7	0.2420	0.2389	0.2358	0.2327	0.2296	0.2266	0.2236	0.2206	0.2177	0.2148
0.8	0.2119	0.2090	0.2061	0.2033	0.2005	0.1977	0.1949	0.1922	0.1894	0.1867
0.9	0.1841	0.1814	0.1788	0.1762	0.1736	0.1711	0.1685	0.1660	0.1635	0.1611
1.0	0.1587	0.1562	0.1539	0.1515	0.1492	0.1469	0.1446	0.1423	0.1401	0.1379
1.1	0.1357	0.1335	0.1314	0.1292	0.1271	0.1251	0.1230	0.1210	0.1190	0.1170
1.2	0.1151	0.1131	0.1112	0.1093	0.1075	0.1056	0.1038	0.1020	0.1003	0.0985
1.3	0.0968	0.0951	0.0934	0.0918	0.0901	0.0885	0.0869	0.0853	0.0838	0.0823
1.4	0.0808	0.0793	0.0778	0.0764	0.0749	0.0735	0.0721	0.0708	0.0694	0.0681
1.5	0.0668	0.0655	0.0643	0.0630	0.0618	0.0606	0.0594	0.0582	0.0571	0.0559
1.6	0.0548	0.0537	0.0526	0.0516	0.0505	0.0495	0.0485	0.0475	0.0465	0.0455
1.7	0.0446	0.0436	0.0427	0.0418	0.0409	0.0401	0.0392	0.0384	0.0375	0.0367
1.8	0.0359	0.0351	0.0344	0.0336	0.0329	0.0322	0.0314	0.0307	0.0301	0.0294
1.9	0.0287	0.0281	0.0274	0.0268	0.0262	0.0256	0.0250	0.0244	0.0239	0.0233
2.0	0.0228	0.0222	0.0217	0.0212	0.0207	0.0202	0.0197	0.0192	0.0188	0.0183
2.1	0.0179	0.0174	0.0170	0.0166	0.0162	0.0158	0.0154	0.0150	0.0146	0.0143
2.2	0.0139	0.0136	0.0132	0.0129	0.0125	0.0122	0.0119	0.0116	0.0113	0.0110
2.3	0.0107	0.0104	0.0102	0.0099	0.0096	0.0094	0.0091	0.0089	0.0087	0.0084
2.4	0.0082	0.0080	0.0078	0.0075	0.0073	0.0071	0.0069	0.0068	0.0066	0.0064
2.5	0.0062	0.0060	0.0059	0.0057	0.0055	0.0054	0.0052	0.0051	0.0049	0.0048
2.6	0.0047	0.0045	0.0044	0.0043	0.0041	0.0040	0.0039	0.0038	0.0037	0.0036
2.7	0.0035	0.0034	0.0033	0.0032	0.0031	0.0030	0.0029	0.0028	0.0027	0.0026
2.8	0.0026	0.0025	0.0024	0.0023	0.0023	0.0022	0.0021	0.0021	0.0020	0.0019
2.9	0.0019	0.0018	0.0018	0.0017	0.0016	0.0016	0.0015	0.0015	0.0014	0.0014
3.0	0.0013	0.0013	0.0013	0.0012	0.0012	0.0011	0.0011	0.0011	0.0010	0.0010

付表 2　χ^2-分布表

自由度 n の $\chi_n^2(\alpha)$-値 x :

$$\alpha = P(X \geqq x) = \int_x^\infty f_n(t)\, dt$$

($f_n(t)$ は自由度 n のカイ 2 乗分布の確率密度関数)

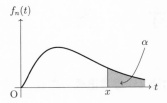

n \ α	0.995	0.975	0.95	0.9	0.5	0.1	0.05	0.025	0.005
1	0.0000	0.0010	0.0039	0.0158	0.4549	2.7055	3.8415	5.0239	7.8794
2	0.0100	0.0506	0.1026	0.2107	1.3863	4.6052	5.9915	7.3778	10.5966
3	0.0717	0.2158	0.3518	0.5844	2.3660	6.2514	7.8147	9.3484	12.8382
4	0.2070	0.4844	0.7107	1.0636	3.3567	7.7794	9.4877	11.1433	14.8603
5	0.4117	0.8312	1.1455	1.6103	4.3515	9.2364	11.0705	12.8325	16.7496
6	0.6757	1.2373	1.6354	2.2041	5.3481	10.6446	12.5916	14.4494	18.5476
7	0.9893	1.6899	2.1673	2.8331	6.3458	12.0170	14.0671	16.0128	20.2777
8	1.3444	2.1797	2.7326	3.4895	7.3441	13.3616	15.5073	17.5345	21.9550
9	1.7349	2.7004	3.3251	4.1682	8.3428	14.6837	16.9190	19.0228	23.5894
10	2.1559	3.2470	3.9403	4.8652	9.3418	15.9872	18.3070	20.4832	25.1882
11	2.6032	3.8157	4.5748	5.5778	10.3410	17.2750	19.6751	21.9200	26.7568
12	3.0738	4.4038	5.2260	6.3038	11.3403	18.5493	21.0261	23.3367	28.2995
13	3.5650	5.0088	5.8919	7.0415	12.3398	19.8119	22.3620	24.7356	29.8195
14	4.0747	5.6287	6.5706	7.7895	13.3393	21.0641	23.6848	26.1189	31.3193
15	4.6009	6.2621	7.2609	8.5468	14.3389	22.3071	24.9958	27.4884	32.8013
16	5.1422	6.9077	7.9616	9.3122	15.3385	23.5418	26.2962	28.8454	34.2672
17	5.6972	7.5642	8.6718	10.0852	16.3382	24.7690	27.5871	30.1910	35.7185
18	6.2648	8.2307	9.3905	10.8649	17.3379	25.9894	28.8693	31.5264	37.1565
19	6.8440	8.9065	10.1170	11.6509	18.3377	27.2036	30.1435	32.8523	38.5823
20	7.4338	9.5908	10.8508	12.4426	19.3374	28.4120	31.4104	34.1696	39.9968
30	13.7867	16.7908	18.4927	20.5992	29.3360	40.2560	43.7730	46.9792	53.6720
40	20.7065	24.4330	26.5093	29.0505	39.3353	51.8051	55.7585	59.3417	66.7660
50	27.9907	32.3574	34.7643	37.6886	49.3349	63.1671	67.5048	71.4202	79.4900
60	35.5345	40.4817	43.1880	46.4589	59.3347	74.3970	79.0819	83.2977	91.9517
70	43.2752	48.7576	51.7393	55.3289	69.3345	85.5270	90.5312	95.0232	104.2149
80	51.1719	57.1532	60.3915	64.2778	79.3343	96.5782	101.8795	106.6286	116.3211
90	59.1963	65.6466	69.1260	73.2911	89.3342	107.5650	113.1453	118.1359	128.2989
100	67.3276	74.2219	77.9295	82.3581	99.3341	118.4980	124.3421	129.5612	140.1695

付表 3　F-分布表

自由度 (n, m) の $F_m^n(\alpha)$-値 x :

$$\alpha = P(X \geqq x) = \int_x^\infty f_{n,m}(t)\, dt$$

($f_{n,m}(t)$ は自由度 (n, m) のエフ分布の確率密度関数)

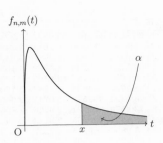

$F_m^n(\alpha)$- 値: $\alpha = 0.01$

m＼n	1	2	3	4	5	6	7	8	9	10
1	4052.1807	4999.5000	5403.3520	5624.5833	5763.6496	5858.9861	5928.3557	5981.0703	6022.4732	6055.8467
2	98.5025	99.0000	99.1662	99.2494	99.2993	99.3326	99.3564	99.3742	99.3881	99.3992
3	34.1162	30.8165	29.4567	28.7099	28.2371	27.9107	27.6717	27.4892	27.3452	27.2287
4	21.1977	18.0000	16.6944	15.9770	15.5219	15.2069	14.9758	14.7989	14.6591	14.5459
5	16.2582	13.2739	12.0600	11.3919	10.9670	10.6723	10.4555	10.2893	10.1578	10.0510
6	13.7450	10.9248	9.7795	9.1483	8.7459	8.4661	8.2600	8.1017	7.9761	7.8741
7	12.2464	9.5466	8.4513	7.8466	7.4604	7.1914	6.9928	6.8400	6.7188	6.6201
8	11.2586	8.6491	7.5910	7.0061	6.6318	6.3707	6.1776	6.0289	5.9106	5.8143
9	10.5614	8.0215	6.9919	6.4221	6.0569	5.8018	5.6129	5.4671	5.3511	5.2565
10	10.0443	7.5594	6.5523	5.9943	5.6363	5.3858	5.2001	5.0567	4.9424	4.8491
11	9.6460	7.2057	6.2167	5.6683	5.3160	5.0692	4.8861	4.7445	4.6315	4.5393
12	9.3302	6.9266	5.9525	5.4120	5.0643	4.8206	4.6395	4.4994	4.3875	4.2961
13	9.0738	6.7010	5.7394	5.2053	4.8616	4.6204	4.4410	4.3021	4.1911	4.1003
14	8.8616	6.5149	5.5639	5.0354	4.6950	4.4558	4.2779	4.1399	4.0297	3.9394
15	8.6831	6.3589	5.4170	4.8932	4.5556	4.3183	4.1415	4.0045	3.8948	3.8049
16	8.5310	6.2262	5.2922	4.7726	4.4374	4.2016	4.0259	3.8896	3.7804	3.6909
17	8.3997	6.1121	5.1850	4.6690	4.3359	4.1015	3.9267	3.7910	3.6822	3.5931
18	8.2854	6.0129	5.0919	4.5790	4.2479	4.0146	3.8406	3.7054	3.5971	3.5082
19	8.1849	5.9259	5.0103	4.5003	4.1708	3.9386	3.7653	3.6305	3.5225	3.4338
20	8.0960	5.8489	4.9382	4.4307	4.1027	3.8714	3.6987	3.5644	3.4567	3.3682

$F_m^n(\alpha)$- 値: $\alpha = 0.05$

m＼n	1	2	3	4	5	6	7	8	9	10
1	161.4476	199.5000	215.7073	224.5832	230.1619	233.9860	236.7684	238.8827	240.5433	241.8817
2	18.5128	19.0000	19.1643	19.2468	19.2964	19.3295	19.3532	19.3710	19.3848	19.3959
3	10.1280	9.5521	9.2766	9.1172	9.0135	8.9406	8.8867	8.8452	8.8123	8.7855
4	7.7086	6.9443	6.5914	6.3882	6.2561	6.1631	6.0942	6.0410	5.9988	5.9644
5	6.6079	5.7861	5.4095	5.1922	5.0503	4.9503	4.8759	4.8183	4.7725	4.7351
6	5.9874	5.1433	4.7571	4.5337	4.3874	4.2839	4.2067	4.1468	4.0990	4.0600
7	5.5914	4.7374	4.3468	4.1203	3.9715	3.8660	3.7870	3.7257	3.6767	3.6365
8	5.3177	4.4590	4.0662	3.8379	3.6875	3.5806	3.5005	3.4381	3.3881	3.3472
9	5.1174	4.2565	3.8625	3.6331	3.4817	3.3738	3.2927	3.2296	3.1789	3.1373
10	4.9646	4.1028	3.7083	3.4780	3.3258	3.2172	3.1355	3.0717	3.0204	2.9782
11	4.8443	3.9823	3.5874	3.3567	3.2039	3.0946	3.0123	2.9480	2.8962	2.8536
12	4.7472	3.8853	3.4903	3.2592	3.1059	2.9961	2.9134	2.8486	2.7964	2.7534
13	4.6672	3.8056	3.4105	3.1791	3.0254	2.9153	2.8321	2.7669	2.7144	2.6710
14	4.6001	3.7389	3.3439	3.1122	2.9582	2.8477	2.7642	2.6987	2.6458	2.6022
15	4.5431	3.6823	3.2874	3.0556	2.9013	2.7905	2.7066	2.6408	2.5876	2.5437
16	4.4940	3.6337	3.2389	3.0069	2.8524	2.7413	2.6572	2.5911	2.5377	2.4935
17	4.4513	3.5915	3.1968	2.9647	2.8100	2.6987	2.6143	2.5480	2.4943	2.4499
18	4.4139	3.5546	3.1599	2.9277	2.7729	2.6613	2.5767	2.5102	2.4563	2.4117
19	4.3807	3.5219	3.1274	2.8951	2.7401	2.6283	2.5435	2.4768	2.4227	2.3779
20	4.3512	3.4928	3.0984	2.8661	2.7109	2.5990	2.5140	2.4471	2.3928	2.3479

$$F_m^n(\alpha)\text{-値}:\ \alpha = 0.1$$

m\n	1	2	3	4	5	6	7	8	9	10
1	39.8635	49.5000	53.5932	55.8330	57.2401	58.2044	58.9060	59.4390	59.8576	60.1950
2	8.5263	9.0000	9.1618	9.2434	9.2926	9.3255	9.3491	9.3668	9.3805	9.3916
3	5.5383	5.4624	5.3908	5.3426	5.3092	5.2847	5.2662	5.2517	5.2400	5.2304
4	4.5448	4.3246	4.1909	4.1072	4.0506	4.0097	3.9790	3.9549	3.9357	3.9199
5	4.0604	3.7797	3.6195	3.5202	3.4530	3.4045	3.3679	3.3393	3.3163	3.2974
6	3.7759	3.4633	3.2888	3.1808	3.1075	3.0546	3.0145	2.9830	2.9577	2.9369
7	3.5894	3.2574	3.0741	2.9605	2.8833	2.8274	2.7849	2.7516	2.7247	2.7025
8	3.4579	3.1131	2.9238	2.8064	2.7264	2.6683	2.6241	2.5893	2.5612	2.5380
9	3.3603	3.0065	2.8129	2.6927	2.6106	2.5509	2.5053	2.4694	2.4403	2.4163
10	3.2850	2.9245	2.7277	2.6053	2.5216	2.4606	2.4140	2.3772	2.3473	2.3226
11	3.2252	2.8595	2.6602	2.5362	2.4512	2.3891	2.3416	2.3040	2.2735	2.2482
12	3.1765	2.8068	2.6055	2.4801	2.3940	2.3310	2.2828	2.2446	2.2135	2.1878
13	3.1362	2.7632	2.5603	2.4337	2.3467	2.2830	2.2341	2.1953	2.1638	2.1376
14	3.1022	2.7265	2.5222	2.3947	2.3069	2.2426	2.1931	2.1539	2.1220	2.0954
15	3.0732	2.6952	2.4898	2.3614	2.2730	2.2081	2.1582	2.1185	2.0862	2.0593
16	3.0481	2.6682	2.4618	2.3327	2.2438	2.1783	2.1280	2.0880	2.0553	2.0281
17	3.0262	2.6446	2.4374	2.3077	2.2183	2.1524	2.1017	2.0613	2.0284	2.0009
18	3.0070	2.6239	2.4160	2.2858	2.1958	2.1296	2.0785	2.0379	2.0047	1.9770
19	2.9899	2.6056	2.3970	2.2663	2.1760	2.1094	2.0580	2.0171	1.9836	1.9557
20	2.9747	2.5893	2.3801	2.2489	2.1582	2.0913	2.0397	1.9985	1.9649	1.9367

付表 4　t-分布表

自由度 ν の $t_\nu(\alpha)$-値 x :

$$\alpha = P(X \geqq x) = \int_x^\infty f_\nu(t)\,dt$$

($f_\nu(t)$ は自由度 ν のティー分布の確率密度関数)

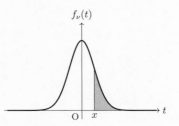

ν \ α	0.1	0.05	0.025	0.01	0.005
1	3.0777	6.3138	12.7062	31.8205	63.6567
2	1.8856	2.9200	4.3027	6.9646	9.9248
3	1.6377	2.3534	3.1824	4.5407	5.8409
4	1.5332	2.1318	2.7764	3.7469	4.6041
5	1.4759	2.0150	2.5706	3.3649	4.0321
6	1.4398	1.9432	2.4469	3.1427	3.7074
7	1.4149	1.8946	2.3646	2.9980	3.4995
8	1.3968	1.8595	2.3060	2.8965	3.3554
9	1.3830	1.8331	2.2622	2.8214	3.2498
10	1.3722	1.8125	2.2281	2.7638	3.1693
11	1.3634	1.7959	2.2010	2.7181	3.1058
12	1.3562	1.7823	2.1788	2.6810	3.0545
13	1.3502	1.7709	2.1604	2.6503	3.0123
14	1.3450	1.7613	2.1448	2.6245	2.9768
15	1.3406	1.7531	2.1314	2.6025	2.9467
16	1.3368	1.7459	2.1199	2.5835	2.9208
17	1.3334	1.7396	2.1098	2.5669	2.8982
18	1.3304	1.7341	2.1009	2.5524	2.8784
19	1.3277	1.7291	2.0930	2.5395	2.8609
20	1.3253	1.7247	2.0860	2.5280	2.8453
30	1.3104	1.6973	2.0423	2.4573	2.7500
40	1.3031	1.6839	2.0211	2.4233	2.7045
50	1.2987	1.6759	2.0086	2.4033	2.6778
60	1.2958	1.6706	2.0003	2.3901	2.6603
70	1.2938	1.6669	1.9944	2.3808	2.6479
80	1.2922	1.6641	1.9901	2.3739	2.6387
90	1.2910	1.6620	1.9867	2.3685	2.6316
100	1.2901	1.6602	1.9840	2.3642	2.6259

索　引

著 者 略 歴

竹 田 雅 好
たけ だ まさ よし

1983 年　大阪大学大学院理学研究科修士
　　　　課程修了
現　在　東北大学名誉教授,
　　　　関西大学システム理工学部教授
　　　　理学博士

上 村 稔 大
うえ むら とし ひろ

1996 年　大阪大学大学院基礎工学研究科
　　　　博士後期課程修了
現　在　関西大学システム理工学部教授
　　　　博士(理学)

2023 年 6 月 2 日　初 版 発 行

理工系のための確率・統計

著　者　竹 田 雅 好
　　　　上 村 稔 大
発行者　山 本　格

発行所　株式会社 培 風 館
東京都千代田区九段南 4-3-12・郵便番号 102-8260
電 話 (03) 3262-5256(代表)・振 替 00140-7-44725

三美印刷・牧 製本

PRINTED IN JAPAN

ISBN 978-4-563-01033-1　C3033